质量管理小组知识
释义及实践

ZHILIANG GUANLI XIAOZU ZHISHI
SHIYI JI SHIJIAN

主　编　周　刚

副主编　袁均祥　刘强强　周富强

中国电力出版社
CHINA ELECTRIC POWER PRESS

内 容 提 要

本书以质量管理和质量管理小组的基本理论阐述为切入点，对《质量管理小组活动准则》（T/CAQ 10201—2016）进行了细致的解读，并用案例进一步解释。书中案例翔实、解析细致、语言平实、通俗易懂，不仅讲述了如何在深入理解《质量管理小组活动准则》的前提下改进 QC 成果，如何保障 QC 小组活动实践更加优质高效，而且阐明了如何利用 QC 小组活动平台、QC 小组活动管理的理念为企业和社会创造更多的有益成果。

全书共包括六章内容，分别为概述、质量管理基本概念、问题解决型 QC 小组活动程序及要点、创新型课题活动程序及要点、QC 小组活动实践方法和 QC 小组活动案例解析与点评。本书可作为从事 QC 小组活动的新成员、骨干和企业管理者学习参考。

图书在版编目（CIP）数据

质量管理小组知识释义及实践 / 周刚主编. —北京：中国电力出版社，2019.11（2022.7 重印）
ISBN 978-7-5198-3727-3

Ⅰ．①质… Ⅱ．①周… Ⅲ．①质量管理–基本知识 Ⅳ．①F273.2

中国版本图书馆 CIP 数据核字（2019）第 203567 号

出版发行：中国电力出版社
地　　　址：北京市东城区北京站西街 19 号（邮政编码 100005）
网　　　址：http://www.cepp.sgcc.com.cn
责任编辑：邓慧都（010-63412636）
责任校对：黄　蓓　闫秀英
装帧设计：张俊霞
责任印制：石　雷

印　　刷：三河市百盛印装有限公司
版　　次：2019 年 11 月第一版
印　　次：2022 年 7 月北京第四次印刷
开　　本：787 毫米×1092 毫米　16 开本
印　　张：14
字　　数：314 千字
定　　价：63.00 元

编　委　会

前　言

当前，中国经济社会的发展已经由高速增长阶段转向高质量发展阶段，中国早已踏上打造"质量强国"的道路，不但高度重视质量建设、不断提高产品和服务质量，而且努力为世界提供着更加优良的中国产品和中国服务、强化中国品牌的力量。越来越多的企业已经把目光从追求产量转向追求质量，各行各业都明确了质量是企业命脉的发展基调。

国网浙江省电力有限公司（简称公司）就是走在质量管理前列的一员，全公司秉承"不忘初心　牢记使命"，响应"大众创业、万众创新"的号召，组织开展各类质量推进活动，传播先进的质量管理理念和方法，提升公司整体质量管理水平，推进质量管理理念在全公司的深化和落地。

在此大背景下，国网浙江省电力有限公司嘉兴供电公司组织编写了《质量管理小组知识释义及实践》。本书以质量管理（Quality Control，QC）和质量管理小组（QC 小组）的基本理论阐述为切入点，对《质量管理小组活动准则》（T/CAQ 10201—2016）进行了细致的解读（简称《准则》），并用案例进一步进行解释，旨在帮助广大 QC 小组活动推进者和小组成员准确理解《准则》条款，准确把握《准则》内涵。书中深入阐述了 QC 小组活动的实践方法，从 QC 小组容易走进的误区着手，阐述 QC 小组实践的关键要素和基本技巧，从而指导读者更好地参与活动实践的全过程，并从中受益。

本书案例翔实，解析细致，语言平实，通俗易懂；不仅讲述了如何在深入理解《准则》的前提下改进 QC 成果，如何保障 QC 小组活动实践更加优质高效，而且阐明了如何利用 QC 小组活动平台、QC 小组活动管理的理念为企业和社会创造更多的有益成果。全书共包括六章内容，分别为概述、质量管理基本概念、问题解决型 QC 小组活动程序及要点、创新型课题活动程序及要点、QC 小组活动实践方法和 QC 小组活动案例解析与点评。因此无论是从事 QC 小组活动的新成员、骨干，还是企业管理者，本书对于他们均具有较强的指导作用。

本书在编写过程中得到了来自社会各界的 QC 小组活动专家、推进者和管理人员的帮助和支持，在此一并深表谢意。

由于编者水平有限，时间仓促，书中难免存在疏漏和不足之处，还望广大读者不吝批评指正。

编　者

2019 年 6 月

目　录

第一章
概 述

第一节 质量管理发展历程

一、质量管理发展史

质量管理（Quality Control，QC）伴随着现代工业发展和科技水平的进步而形成，并逐步完善。随着手工业发展逐步黯淡，工业时代的来临带来了对产品质量的更高要求，人们逐渐从追求数量的眼光中摆脱出来，开始着眼于质量的改进。尤其随着市场经济竞争愈发激烈，企业越来越意识到质量是关乎企业发展的命脉，企业管理水平成为检验企业发展前进的重要标杆。

回首质量管理的发展历程，主要可以分为三个阶段：在第一次工业革命期间是第一阶段——质量检验阶段；到了第二次工业革命期间，自第二次世界大战开始逐步进入第二个阶段——统计质量控制阶段；第三次工业革命后直至今日，正处于全面质量管理阶段。

1. 质量检验阶段

第一次工业革命始于 18 世纪 60 年代的英国。在工厂手工业最为发达的棉纺织业，1765 年织工哈格里夫斯发明了"珍妮纺织机"，引发了发明机器、进行技术革新的连锁反应，揭开了工业革命的序幕。1785 年，瓦特制成的改良型蒸汽机的投入使用，提供了更加便利的动力，其迅速推广，大大推动了机器的普及和发展。人类社会由此进入了"蒸汽时代"。在英国的资本主义生产中，大机器生产开始取代工厂手工业，生产力得到突飞猛进的发展，历史上把这一过程称为"第一次工业革命"。

进入工业革命以后，人们开始有意识地把控产品质量，这时的产品质量管理主要是产品检测，最初由生产者把控，每个生产者对自己所生产的每一件产品负责，通过各类仪器仪表进行检测，这种方式效率低下，对生产力是种极大的束缚。随着企业规模逐渐扩大，企业内部结构划分更加细化。

19 世纪初期，"科学管理之父"弗雷德里克·温斯洛·泰罗提出，管理和劳动分离能够有效提高企业工作效率。他提出采用"职能式的管理"，工长不需要是全才，每个工长根据其所擅长的负责一个职能部门。计划职能和执行职能要分开，并且成立专门检验的职能部门，质量检验的任务由生产者转移至工长，继而又转移到检验人员身上，这样在计划、生产、检查的各环节执行中，都有专人负责，这就是质量管理进入"质量检验"阶段的标志。

"质量"这一理念的出现，说明人们对于产品的需求已不仅限于拥有，而是提出了更高的要求。质量检验手段的日臻完善，对企业确实起到了正向推动作用，但是，质量检验阶段是在对已经生产好的产品进行检测，通过逐个检测将合格品和次品分离，确保出厂质量。这种方式属于事后检测，虽然在产品进入下一环节前提前检出是必要的，但是事已既成，检验出次品也无法对下一次生产过程产生积极的作用，只能阻止它流向客户，并没有起到提前预防的效果，且百分百的检测方式效率低下，依旧具有很大的局限性；而随着生产力的持续提升，生产规模的扩大也会放大废品造成的经济损失。第二次世界大战推动了质量管理进一步发展。

2. 统计质量控制阶段

第二次工业革命始于 19 世纪 70 年代。1866 年，德国人西门子发明了发电机；到 19 世纪 70 年代，实际可用的发电机问世。电器开始用于代替机器，成为补充和取代以蒸汽机为动力的新能源。随后，电灯、电车、电影放映机相继问世，人类进入了"电气时代"。科学技术应用于工业的成就主要表现在四个方面，即电力的广泛应用、内燃机和新交通工具的创制、新通信手段的发明和化学工业的建立等。"电气时代"以电力驱动机器，零部件生产与产品装配实现分工，进入大规模工业生产时代。

第二次世界大战期间，军需订单急剧增加，即使大量增加检验人员也不能满足订单的增长速度。军需物品大量积压，且检验效率低下，废品堆积惊人，既浪费严重又贻误战机，质量检测已经不能满足需要。为了解决这一迫在眉睫的问题，美国军政部门组织了一批专家，深入军工企业查找根源，解决问题。

这一时期质量管理的重要推动者就是被人们尊称为"统计质量控制之父"的美国统计学家沃特·阿曼德·休哈特。休哈特将数理统计引入了质量管理，这一转变将质量管理引入了全新的时代。统计质量控制阶段的主要特点就是将数理统计原理引入质量管理，在生产过程中进行质量控制，及时发现异常情况并采取相应的对策，在事前通过预防防止废品的产生。

休哈特在 1931 年出版了具有里程碑意义的《产品制造质量的经济控制》一书，书中详细阐述了质量控制的基本原理。他采用的控制图，将"预防"的概念引入了质量管理，控制图就是用数理统计的方法进行预防，成为将质量管理从事后检测转为检测加预防的转折点。休哈特提出的"计划—执行—检查—行动循环"的观点，就是在生产的过程中进行检查，并将检查的结果反馈到生产的下一环节，控制图能够发现可能产生废品的因素，通过提前预防降低废品产生的概率。

在统计质量控制阶段，数理统计原理的另一个重要贡献就是罗米格等人在抽样检验方面进行的探索。在第二次世界大战期间，由于战时紧、任务重，大批军需用品亟待上战场，这时再多检验人员的增加都难以应对，抽样检验提供了一个高效的解决途径，使得抽样检验法迅速得到普及推广。

第二次世界大战结束后，质量管理的效果得到了实践的验证，使得质量管理的方法从最初的军方流入了其他各行各业，也从美国逐步流传到了世界其他国家，比如加拿大、法国、意大利、日本等。但是，这类质量管理方法过于强调数理统计的重要性，使得许多人产生了"质量管理就是统计应用"的错觉，自然而然认为"质量管理是统计学家"的事，从而望而却步。到这一阶段，质量管理仍然只涉及制造和检验两个部门，忽略了其他部门对质量的作用，制约了其他部门员工对于质量管理参与的积极性，缺乏推广基础。

3. 全面质量管理阶段

第三次工业革命始于20世纪四五十年代，是发生在第二次世界大战后科技领域的重大革命。主要内容包括原子能技术、航天技术、电子计算机的应用以及人工合成材料、分子生物学和遗传工程等高新技术。20世纪40年代后期的电子管计算机为第一代电子计算机，之后微型计算机迅速发展。电子计算机的广泛应用，促进了生产自动化、管理现代化、科技手段现代化和国防技术现代化，也推动了情报信息的自动化。

随着科技的逐步发展，产品品种日新月异，取得了许多历史性的突破，诸如导弹、火箭等精密、复杂行业的飞速发展对产品可靠性、安全性、精密性的要求愈发严格，仅靠数理统计越来越难以满足质量要求，统计只能作为辅助方法，而不能忽视组织管理，同时，质量不能停留在一点的改进，而应该是全面的提升。这对质量管理提出了更高要求——质量管理应该是一个有机整体，全面质量管理开始慢慢时兴。

1951年，美国质量管理专家约瑟夫·莫西·朱兰在他主编的《朱兰质量控制手册》（Juran Quality Control Handbook）第一版中汇编了关于质量管理的一些重要思想和论文，他认为除了质量控制以外，还有许多其他的职能与质量控制有所关联。

1956年，"全面质量管理之父"阿曼德·费根堡姆首先发表了论文《全面质量控制》（Total Quality Control），首次提出了"全面质量控制"（Total Quality Control，TQC）这一概念。1961年，他将质量管理理念整理成册，出版了《全面质量控制》一书。在费根堡姆的观点里，人员才是质量管理的根本推动力量，而一些特殊方法诸如数理统计，只能视为用来提升管理水平的辅助工具。他强调，必须用全面的、系统的方式管理质量，要求不仅是生产检验部门，而是全部职能部门都要参与到质量管理中来。他提出，"全面质量控制是为了能够在最经济的水平上并考虑到充分满足用户要求的条件下进行市场研究、设计、生产和服务，把企业各部门的研制质量、维持质量和提高质量活动构成为一体的有效体系。"通俗地讲，全面质量控制就是公司上下各部门职员同心协力，应用各领域专业技术，借助数理统计等方法，从产品设计、制造、检测、售后全过程建立质量管理体系，以实现用最经济的手段，获得用户最满意的产品。

之后，质量管理的范围逐渐由产品扩大到了服务业，涉及的行业范围也越来越广泛。20世纪50年代后期美国一些银行、航空公司逐步开始运用质量管理的思想和方法解决当前面临的问题，并且取得了良好的效果。之后，各国纷纷着手学习全面质量控制理念，用来提升本国企业的管理水平，其中，日本的做法最为成功，成就突出。

第二次世界大战之后，日本将全部精力投入到经济发展中，美国派了大量专家前往，援助日本经济复苏，这其中也包括质量管理专家爱德华兹·戴明博士。戴明对日本工业振兴提出了以较低的价格和较好的质量占领市场的战略思想。戴明在援助过程中，提出了致力于产品（服务）和过程的无止境的改进的全面质量管理思想，这种管理思想极大地推动了日本企业的产品（服务）质量提升，很快便被日本所接受并广为发展。

全面质量管理由美国引入日本后被称为"全公司质量管理"（Company-Wide Quality Control，CWQC）。日本 QCC 之父石川馨博士指出，全公司质量管理的特点主要是：所有部门、全体员工都参加的质量管理，把质量的管理作为中心，推行综合性质量管理，同时还要推进成本管理、数量管理和交货期管理。日本凭借全面质量管理的快速发展，一跃成为了世界经济强国，并且直追经济巨头美国的领先地位，同时，"日本制造"逐渐成为了高品质的代名词。

随着全面质量管理水平的不断深化，经过不断提炼发展，到 20 世纪 80 年代后期，全面质量控制（Total Quality Control，TQC），逐步发展成了全面质量管理（Total Quality Management，TQM）。TQM 针对的对象不仅包括产品和服务，还包括活动的过程、组织、人员等，是一种综合的质量管理模式。

总的来说，质量管理发展的三个阶段可以简单总结为：质量检验阶段是"防守型"的质量管理，是一种事后检测手段；统计质量控制阶段是"预防性"的质量管理，是在生产过程中不断优化，消灭问题；全面质量管理阶段兼顾上述优点，可预防可防守，是一种"全能型"的质量管理，对整个系统全管齐下，不断提高。

二、中国全面质量管理的发展

全面质量管理在中国全面推广起源于 1978 年改革开放。当时国内经济严重落后，各行各业百废待兴，质量问题在企业发展中的重要性越来越突出，在全国范围内推行质量管理成为一种必然趋势。日本推动质量管理所取得的巨大成绩获得了中国政府和有关专家的高度重视，在部分行业中开始探索在企业管理中运用全面质量管理理念，并且初见成效。1977 年，石川馨博士率领一众专业人员来到中国，进行全面质量管理的宣贯和指导工作，将日本的全公司质量管理理念引入中国，并掀起了热烈反响。从 1978 年开始，国家经济委员会正式统筹谋划，在全国企业推行全面质量管理理念，在各行各业进行全面质量管理的科普教育及培训工作。随着我国经济和社会发展水平的不断提升，逐渐形成了符合中国企业特点的全面质量管理。

中国的全面质量管理起源于"质量月"活动，后来发展成 QC 小组活动。1978 年 9 月，第一机械工业部首次开展了"质量月"活动；1979 年中国质量管理协会（中国质量协会的前身）成立，标志着中国的企业管理活动开始正规化；1980 年公布实行《工业企业全面质量管理暂行办法》；1990 年以后开始贯彻执行 ISO 9000 质量管理体系和质量认证。2001 年开始，中国质量协会借鉴西方国家的做法，设立了全国质量管理奖。2004 年 8 月 30 日，国家质量监督检验检疫总局和国家标准化管理委员会联合发布了《卓越绩效评价准则》（GB/T 19580—2004），作为质量奖评审的依据。到 2006 年，随着"大质量"概念的普及，"全国质量管理奖"更名为"全国质量奖"。

中国的全面质量管理活动，结合了中国企业的实际情况，将质量管理理论融入企业的管理理念，可以说，在当今时代，各个国家各个行业都已经深刻认识到，得质量者才能领取行业竞争的入场券，质量是保障企业长期发展的关键。

第二节 质量管理小组的产生和发展

一、质量管理小组（QC 小组）的诞生

QC 小组兴起于全面质量管理阶段。虽然全面质量管理理念诞生于美国，但其推广应用却是在日本最为成功。日本将全面质量管理理念与日本本土国情深入结合，走出了一条具有日本特色的全面质量管理之路，并创新开展了 QC 小组的形式。早在 20 世纪 50 年代初，日本就出现了一种名为"现场 QC 讨论会"的组织，是针对现场负责人开展的质量管理培训；1962 年，在日本式质量管理的推动者石川馨的倡导下，正式更名为"QC 小组"。日本把 QC 小组活动作为全面质量管理的重要工作来推广。此后，韩国、泰国、中国、马来西亚等多个国家也相继将这项工作推广开来，虽然活动名称并不相同（中国称之为"QC 小组"，新加坡称之为"品管圈"，还有其他一些国家称之为"质量小组"等），但实际上这些都与"QC 小组"活动的宗旨殊途同归。

二、中国的质量管理小组之路

中国 QC 小组活动的全面铺开有其产生的内外原因。社会主义国家的民主属性是 QC 小组组建的内因基础。中国人民当家做主，有民主参与企业管理的优良传统。早在 20 世纪 50 年代初期，就有马恒昌小组、"毛泽东号"机车组、郝建秀小组等，这些小组奉行"质量至上"的原则，在工作中精益求精，自我要求严格，是我国质量管理工作的奠基者。1964 年，洛阳轴承厂滚子车间终磨小组首次开展了"产品质量信得过"活动，并在之后始终沿着质量优先的道路不断努力，成为全国首批"质量信得过小组"。1977 年国家经济委员会开展"质量信得过班组"活动，诸如此类质量管理活动的开展，为 QC 小组的全面推广奠定了基础。

改革开放的契机是 QC 小组推广的外部环境。石川馨曾说，日本的 QC 小组"在一定程度上也受了中国'三结合'小组的影响"。中国有群众参与管理的历史基础，也就是"两参一改三结合"，中国在不断总结分析既有经验的基础上，又充分借鉴其他国家质量管理先进经验，最终找到了适合中国国情的"QC 小组"之路。1978 年 9 月，北京内燃机总厂成立了第一个 QC 小组，并在当年 12 月，第一次召开 QC 成果发布会。之后，QC 小组活动在全国各地、各行各业铺展开来，最近 30 年来 QC 小组注册数量达到近 3000 万之多。中国 QC 小组活动的发展大致经历了以下四个阶段。

1. 试点阶段

试点阶段是从 1978 年到 1979 年。在这期间 QC 小组活动刚刚从日本传到中国，以北京内燃机总厂为代表的一批试点企业邀请日本质量管理专家来中国宣讲，并向全国各行各业普及开来。1979 年 8 月第一次全国 QC 小组代表会议在京召开；8 月 31 日，中国质量管理协会正式成立；9 月 1 日，举办了第一次"质量月"活动。全国从上到下，通过各种活动广泛宣传全面质量管理理念，带动了 QC 小组活动的建立和发展。

2. 推广阶段

推广阶段是从 1980 年到 1985 年。1980 年 3 月，《工业企业全面质量管理暂行办法》（简

称《办法》）颁布，《办法》对全面质量管理的地位、作用等进行了明确，同时对 QC 小组活动的开展作了相关要求。从此，QC 小组活动逐步开始正规化，到 1983 年 12 月 2 日，国家经济委员会制定颁发了《质量管理小组暂行条例》，为 QC 小组活动的开展指明了方向。1980～1985 年，由中国质量管理协会、中国科学技术协会普及部，联合中央电视台，举办了 6 次《全面质量管理电视讲座》；同时，各级质量管理协会也开展了大量的培训班，为全面质量管理的推广扩充了人员储备。

3. 发展阶段

发展阶段是从 1986 年到 1997 年。1986 年，国家经济委员会要求在"七五"期间，在全国的大中型骨干企业都要有计划、有步骤地推行全面质量管理。之后国家经济贸易委员会联合其他 5 个部门发出通知，要求在全国职工中，普及全面质量管理基本知识，把这项内容作为职工应知应会的内容之一，并且将相应的考核成绩计入职工个人技术档案。这个阶段，还在全国层面建立了有力的指导力量，政府相关部门和其他社团机构也在联合推动，中国质量管理协会总结 QC 小组的活动经验，组织编写了一系列 QC 小组活动的指导教材，并且成立了第一批 QC 小组活动诊断师队伍。这些举措为我国 QC 小组活动的进一步发展和深化创造了良好条件。

4. 深化阶段

从 1998 年至今，QC 小组活动进入了深化阶段。随着国家经济体制的调整，QC 小组活动阵地也发生了转变，从国有大中型企业转向三资企业，从内地企业转向沿海企业，从制造业转向服务业，QC 小组活动也有了新的发展进程。

在总结分析传统问题解决型课题的基础上，结合我国 QC 小组活动开展实际，2000 年中国质量管理协会下发了《关于试点开展"创新型"课题 QC 小组活动的建议》，提出了"创新型"课题项目，并规定了新的活动程序。到 2006 年中国质量协会进一步下发了《开展"创新型"课题 QC 小组活动实施指导意见》，推动了"创新型"QC 小组活动规范、有序开展。

为了加强和世界其他国家的沟通，集百家所长，中国质量协会于 1997 年及 2007 年先后两次举办国际质量管理小组大会，提供平台学习、借鉴其他国家在质量管理方面的先进经验，进一步推动我国 QC 小组活动的提升工作。

第二章
质量管理基本概念

第一节　质　量　管　理

一、质量的概念

质量的概念随着质量管理之路的推进而不断深化，不断演变。在早期，质量被认为是符合规定或者要求。这一观点的重要持有者是美国质量管理专家菲利浦·克劳士比，他从企业者的角度出发，认为质量是相对于特定的规范或者要求而言的，认为合乎规范就是有了质量，现在看来，这种以实用为主的定义，事实上忽略了顾客的需要，是一种片面的定义，一旦在买方市场的环境下，这种定义将无法再给企业带来利好。

之后，美国质量管理专家朱兰提出了一种"适用性"的质量定义，这种"适用性"指的就是产品使用过程中成功满足顾客要求的程度。他将质量概况为两点。

第一，质量是能够满足顾客的需要。这一点将企业的关注点由产品本身跳出，从研究规范要求转为研究顾客需求，使产品的特性能够让顾客满意，从而获得更多效益。

第二，质量还要考虑成本导向，不能一味增加投入，无条件满足顾客需求，而是应该提高效率，以最小的投入追求顾客的最大满足。

朱兰还提出了"大质量"概念，使质量的认知更为扩大，把质量主体从产品扩展到了人、过程、服务、活动等等大范围。通过这些关于质量定义的探讨，可以看到对质量的认识不断深化。在国际标准化组织于2015年修订的《质量管理体系　基础和术语》（ISO 9000：2015）中，对质量作了如下定义：客体的一组固有特性满足要求的程度。

这个概念是目前最广为人们所接受的定义，我们可以分析出这么几层含义。

（1）这个定义可以泛指一切可以被单独研究的事物，可以是活动、组织或者过程等，没有局限于产品或者服务。这反映了质量概念的广泛包容性。

（2）特性可以是实体化的物的性能，也可以是虚化的特性，比如器官的特性（气味、色彩等）、时间的特性（准时性等）等。特性的范围很广，可以是定量的，也可以是定性的，但是质量特性要求必须是固有的，而不能是赋予的。赋予特性不是某事物本来就有的，而是完成产品后因不同的要求而对产品所增加的特性，比如产品的价格、售后服务等。质量特性指的是固有特性，是通过产品、过程或者体系设计和开发及其后的实现过程形成的属性。

（3）质量概念的关键点是"满足要求"。这里的要求包括明示的、通常隐含的或必须履行的需求或期望。明示的要求可以理解为规定的要求，如在文件中阐明的要求或顾客明确提出的要求。通常隐含的是指组织、顾客和其他相关方的惯例或一般做法，所考虑的需求或期望是不言而喻的。必须履行的是指法律法规要求的或有强制性标准要求的。组织在产品的实现过程中必须执行这类标准。

（4）质量的好坏由满足要求的程度来衡量。要求要由不同的相关方提出，不同的相关方对同一产品的要求可能是不相同的。要求可以是多方面的，如需要指出，可以采用修饰词表示，如产品要求、质量管理要求、顾客要求等。

二、质量特性

为了使质量"满足要求"，需要将顾客的"要求"转换为有指标性的特性，用清晰的、技术的或工程的语言表述出来，这就是质量特性。由于顾客的要求是多种多样的，可能是含混的、感性的，这就需要人为将这些要求转换成明晰的指标。而质量管理所参照的，正是这种对于顾客要求的代用指标，这就意味着，这种人为转换的准确性直接影响顾客要求能否被顺利满足。代用指标越准确，越能满足顾客的要求；反之，若转换过程存在偏差，则顾客的要求不能从质量特性中得到满足，即使质量完全符合质量特性，也不能满足顾客的要求。

产品的质量特性主要包括以下几个方面。

（1）性能，指的是产品满足使用目的所具备的技术特性。

（2）寿命，指的是产品在规定的使用条件下完成规定功能的工作总时间。

（3）可靠性，指的是产品在规定的时间内，在规定的条件下，完成规定功能的能力。

（4）安全性，指的是产品保证顾客的生命不受到伤害，身体和精神不受到伤害，以及财产不受到损失的能力。

（5）经济性，指的是产品从设计、制造到整个产品使用寿命周期的成本和费用方面的特征。

服务的质量特性则与产品略有不同。服务的质量特性有些是可以被顾客体会到，比如上菜的速度等；有些质量特征虽然不能被顾客直接感受到，但也会直接影响到服务业绩，比如报警器的差错率等。有的服务质量特性可以被定量考察，比如服务等待时间；有些则只能定性参照，比如菜品的口味等。服务的质量特性一般包括以下几个方面。

（1）功能性，指的是某项服务所发挥的效能和作用，是服务质量中最基本的特性。

（2）时间性，指的是服务在时间上能够满足顾客需要的能力，特征词包括及时、省时等等。

（3）安全性，指的是服务过程中顾客的生命和财产不受伤害和损失的特征。

（4）经济性，指的是顾客为了得到不同服务所需费用的合理程度。

（5）舒适性，指的是服务过程的舒适程度。

（6）文明性，指的是顾客在接受服务过程中满足精神需要的程度。

针对质量特性与顾客满意度之间的关系，狩野纪昭（Noriaki Kano）提出了 KANO 模型（见图 2-1），他将产品服务的质量特性分为五类：逆向质量、必备质量、无差异质量、一维质量和魅力质量。

逆向质量是指引起强烈不满的质量特性或导致低水平满意的质量特性。许多用户根本都没有此需求，提供后用户满意度反而会下降，而且提供的程度与用户满意程度成反比。例如，现在有的遥控器为实现更多功能，按键很多，反而会让顾客无所适从，这就是过多的额外功能带来的逆向质量引起顾客不满。

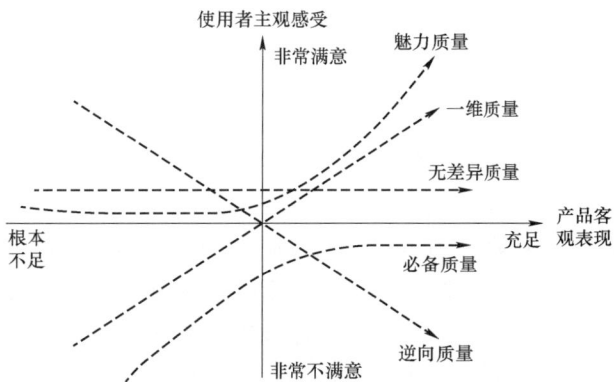

图 2-1　KANO 模型

必备质量是指顾客对企业提供的产品或服务因素的基本要求，是顾客认为产品"必须有"的属性或功能。当其特性不充足（不满足顾客需求）时，顾客很不满意；当其特性充足（满足顾客需求）时，顾客也可能不会因此而表现出满意。对于必备质量，即使超过了顾客的期望，但顾客充其量也只不过达到满意，不会对此表现出更多的好感。例如，夏天家庭使用空调，如果空调正常运行，顾客不会为此而对空调质量感到满意；反之，一旦空调出现问题，无法制冷，那么顾客对该品牌空调的满意水平则会明显下降，投诉、抱怨随之而来。

无差异质量是指不论提供与否，对用户体验无影响，是质量中既不好也不坏的方面，它们不会导致顾客满意或不满意。例如，航空公司为乘客提供的没有实用价值的赠品。

一维质量是指顾客的满意状况与需求的满足程度成比例关系的需求。此类需求得到满足或表现良好的话，顾客满意度会显著增加；当此类需求得不到满足或表现不好的话，顾客的不满也会显著增加。例如，饭店的菜品口味、服务态度都会直接影响顾客的用餐体验。

魅力质量是指不会被顾客过分期望的需求，如果表现充足，会使顾客感到满足，即使不充分也不会产生不满。对于魅力质量，随着满足顾客期望程度的增加，顾客满意也急剧上升，但一旦得到满足，即使表现并不完善，顾客表现出的满意状况也是非常高的；反之，即使在期望不满足时，顾客也不会因而表现出明显的不满意。例如，一些著名品牌的企业能够定时进行产品的质量跟踪和回访，并为顾客提供最便捷的购物方式，提升顾客满意度；对此，即使另一些企业未提供这些服务，顾客也不会由此表现出不满意。

企业想在竞争中占据优势地位，既要注意避免出现逆向质量特性，也要规避无差异质量，首先是必须保障满足必备质量特性，努力提升一维质量特性，如果在其他质量特性条件相同的情况下，魅力质量特性充分的产品或者服务就会获得顾客的额外青睐。当然，质量特性并不是一成不变的，魅力质量随着社会的进步和市场竞争，会逐渐变为一维质量或必备质量特性，企业要关注形势的变化，不可闭门造车。

三、质量管理

质量是通过过程实现的，对于形成质量的过程活动进行的管理就是质量管理。提高质量就是通过对过程活动进行管理和把控。各个质量管理专家对质量管理都有不同的定义和理解。现代质量管理专家朱兰博士将质量管理的过程划分为三个阶段，即质量策划、质量控制和质量改进，每个阶段都有其相应的目标以及实现方法，这就是著名的朱兰质量管理三部曲。

质量策划是整个质量管理的基础。在这个阶段，目的在于对顾客要求进行深入解读，明确产品或服务所要达到的质量要求，并且为实现该要求制订行之有效的方法，部署各类活动。质量策划的首要目标是识别顾客，明确企业面对的内部、外部所有顾客，各顾客的需求点究竟在哪里，产品或服务的哪些质量特性最受关注。在此基础上，进而设定为实现这些要求所必需的过程，确保具有在指定的作业条件下能够实现目标的能力。通过质量策划阶段为最终生产出符合顾客要求的产品和服务打下基础。

质量控制是质量管理的保障。质量控制就是在质量策划的基础上，制定控制标准，结合过程实施情况找出偏差并采取措施纠正偏差。质量控制就是实现质量目标的过程，借助各类数理统计工具来解决问题大多便是在此阶段。

质量改进是质量管理的提升。质量改进是指突破原有计划使质量有了进一步提升。通常有三种途径能够实现质量改进：一是排除偶发性质量故障，此类故障导致质量偏离原定标准，通过改进使其恢复到初始控制状态；二是消除长期性的浪费或者缺陷、故障，使质量达到高于预期的新水平；三是在引进新设备、新工艺的初期，就努力消除可能会导致故障的各种可能性。

朱兰质量管理三部曲的三个阶段是相互关联的，质量策划确定了所需达到的目标和途径，是质量管理的基础；质量控制阶段把控质量管理过程按照既定方式进行，是实现目标的保障；质量改进则是质量管理的提升，使质量管理能够获得高于预期的水准飞跃，实现质量的不断提高。

四、全面质量管理

（一）全面质量管理的概念

ISO 9000 标准中，对全面质量管理作了以下定义：一个组织以质量为中心，以全员参与为基础，目的在于通过让顾客满意和本组织所有成员及社会受益而达到长期成功的管理途径。

从这个含义中，可以看出以下几点。

（1）全面质量管理强调一个组织必须以质量为中心来开展活动，而不能以其他职能取代质量的中心地位。

（2）全面质量管理要求全员参与，这是全面质量管理区别于前期质量管理的关键项。

（3）全面质量管理追求的是长期成功，而不是短期收益，这就要求企业建立不断改进的质量体系，制定长期的、进取的质量管理战略。

（4）全面质量管理是一种组织的管理途径，但也不是企业管理的唯一途径。

（二）全面质量管理的特点

全面质量管理的特点可以概况为"三全一多样"，即全员、全过程、全组织企业质量管理，运用多种多样的科学方法。

1. 全员

产品或者服务的质量，是企业全体部门通力合作的结果，企业的每一名员工的工作质量都会或多或少、直接或间接地影响最终产品或者服务的质量。因此，要从以下几个方面抓起。

（1）组织全员的培训和教育。

（2）明确各部门、各人员的质量管理责任，明确职责，各司其职。

（3）开展多种形式的质量管理活动，为全员参与质量管理搭建平台。

2．全过程

全面质量管理为了提高质量就要把影响产品或服务的所有环节控制起来，这就包括了市场调研、设计研发、生产制造、售后服务等全部环节的控制。全面质量管理着重于形成一个防检结合、不断改进的综合性质量管理体系，强调以下两个思想。

（1）注重预防为主。事后检验的方法不能为企业后续质量提高做贡献，必须把质量管理的关口前移，从管结果变为管预防。在过程中及时检验出问题的苗头，及时反馈修正，防止再发生。

（2）注重为顾客服务。这里的顾客有外部顾客和内部顾客之分，前者就是常规理解的，产品或服务最终面对的消费者、经销商等等，后者则是企业质量形成过程中的下道关口。为顾客服务不仅是满足外部顾客的要求，更要重视内部顾客，也就是树立"下道工序就是顾客，服务好下道工序"的思想。上道工序的瑕疵会延续到下道工序，甚至可能导致蝴蝶效应，进而影响到最终的质量。因此，识别顾客需求是全面质量管理的出发点，满足顾客需求就是最终落脚点。

3．全组织

建立全企业的质量管理体系是要求企业各管理层次都有相对的质量管理职能。高层质量管理侧重于组织协调，主要是制订目标、政策、计划等；中层质量管理侧重于贯彻落实，执行高层制定的管理路线，对基层工作进行管理；基层质量管理侧重于职工执行，每个职工按标准规范操作，开展 QC 小组活动。各层次各司其职，整个企业的质量管理才能有序良性运转。

4．运用多种多样的管理方法

如今影响质量的因素越来越多样，为了将复杂的因素系统地控制起来，就要求广泛、灵活地运用多种多样的管理方法来分析、解决质量问题。常用的质量管理方法主要有老七种工具（因果图、排列图、直方图、散布图、控制图、分层图、调查表），新七种工具（关联图、KJ 法、系统图、矩阵图、矩阵数据分析法、PDPC 法、矢线图），以及近年来广泛使用的新方法［如六西格玛法、头脑风暴法、质量功能展开（QFD）、业务流程再造（BPR）等］。

上述"三全一多样"就是全面质量管理的特点，也是围绕以"有效地利用人力、物力、财力、信息等资源，以最经济的手段生产出顾客满意的产品"这一出发点制定的。

（三）质量管理活动的原则

在对各国质量管理活动不断总结提升的过程中，质量管理原则逐渐被厘清。经过不断修订提炼，ISO 9000：2015 将质量管理活动的原则归纳为以下七点。

（1）以顾客为关注点。质量的追求点就在于满足顾客的需求，并努力超越顾客的要求。

在与顾客接触的各个环节，都可以用来分析顾客，了解顾客的当前要求，以及可能的未来期望，这是企业质量不断提升的不竭动力。

（2）领导作用。领导为企业活动确定宗旨和方向，并且创造能够激励员工充分参与组织目标的内部环境，使得企业上下目标统一，劲儿往一处使。

（3）全员积极参与。全体员工不分职能均积极鼓励参与，充分利用全体员工的聪明才干，有助于实现更为高效的质量管理。

（4）过程方法。将各相关的活动和资源作为过程来系统地管理时，可以有效得到期望的结果。

（5）改进。针对内部、外部条件的不断变化，做出相应的改进，能够有助于保持并提高组织的总体业绩。

（6）循证决策。基于数据和信息的分析进行决策，这样决策能够更为客观、真实，更有可能产生预期的结果。

（7）关系管理。组织管理所有相关方的关系，有助于实现持续成功。

第二节 质 量 管 理 小 组

一、QC 小组的定义

1997 年 3 月 20 日，由国家经济贸易委员会、财政部、中国科学技术协会、中华全国总工会、共青团中央委员会以及中国质量管理协会六个部门联合发出的《关于推进企业质量管理小组活动的意见》中，对 QC 小组作了以下定义：QC 小组是指在生产或工作岗位上从事各种劳动的职工，围绕企业的经营战略、方针目标和现场存在的问题，以改进质量、降低消耗、提高人的素质和经济效益为目的组织起来，运用质量管理的理论和方法开展活动的小组。

围绕 QC 小组的定义，我们可以大致归纳出四层含义。

（1）参与质量管理的人员范围，囊括了公司各个层面、各个部门的全体员工，不仅限于管理人员，而是全体员工均可参与。

（2）QC 小组活动针对的问题范围非常广泛，可以涵盖企业发展的方方面面，包括企业的经营战略、方针目标和现场存在的问题。

（3）活动开展的目的非常明确，即发挥人员的积极性创造性，提高生产效益。

（4）活动开展借助的是质量管理的理论和方法，以科学有效的手段实现小组活动的高效开展。

二、QC 小组的特点

（1）明显的自主性。QC 小组由员工自愿参与，自由组合，自主管理，通过参与人员群策群力，发挥聪明才智、积极性和创造性，碰撞出活动成果。

（2）广泛的群众性。QC 小组号召全体员工参与进质量管理中来，管理不再仅限于管理人员的职责，更注重吸引服务、生产一线的员工参加，更为广泛的群众基础将会通过更为广泛的视角带来质量管理新思路。

（3）高度的民主性。通过自主组建的 QC 小组，其组长也是通过民主推选的，并且不是一成不变的，可以由小组成员轮流担任，以培养和发现人才。在 QC 小组活动中，成员之间不分职位高低，不论技术等级，大家可以畅所欲言，各抒己见，高度发扬民主作风。

（4）严密的科学性。QC 小组活动开展借助科学的质量管理工具，遵循科学的工作程序，坚持用数据"说话"，摒弃经验论，用科学的方法分析问题、解决问题。

三、QC 小组活动的基本方法

QC 小组活动的基本方法是 PDCA 循环。PDCA 最早是由美国"统计质量控制之父"休哈特提出的 PDS（Plan-Do-See）演化而来的，由美国质量管理专家戴明改进成为 PDCA 模式，所以又称为"戴明环"。PDCA 由英语单词 Plan（计划）、Do（执行）、Check（检查）和 Act（纠正）的第一个字母组合而成，PDCA 循环就是按照这样的顺序进行质量管理，并且循环不止地进行下去的科学程序。

P——计划（Plan）。包括方针和目标的确定，以及活动规划的制订。

D——执行（Do）。根据已知的信息，设计具体的方法、方案和计划布局，再根据设计和布局，进行具体运作，实现计划中的内容。

C——检查（Check）。总结执行计划的结果，分清哪些对了，哪些错了，明确效果，找出问题。

A——纠正（Act）。对总结检查的结果进行处理，对成功的经验加以肯定，并予以标准化；对于失败的教训也要总结，引起重视。对于没有解决的问题，应提交给下一个 PDCA 循环去解决。

PDCA 循环主要有两个特点。

（1）循环上升。PDCA 循环每进行一次，产品或服务的质量就会提高一次，在此基础上，还能继续进行 PDCA 循环，质量还能进一步提高。

（2）大环套小环。PDCA 循环可以应用于不同的环节，也可以应用于活动整体，在不同阶段都存在各自的 PDCA 循环，大环套小环，小环保证大环。

四、QC 小组课题分类

依据课题内容和特点，可以将 QC 小组活动课题分为五类，分别是"现场型"、"服务型"、"攻关型"、"管理型"以及"创新型"。"现场型"、"服务型"、"攻关型"和"管理型"这四类课题又可统称"问题解决型"课题，属于 QC 小组的传统课题范畴。

"创新型"课题是随着形势的发展，现场条件的变化，以及质量管理水平的不断提升而产生的。在 2000 年中国质量管理协会下发的《关于试点开展"创新型"课题 QC 小组活动的建议》中，首次将"创新型"课题确定为 QC 小组活动的新课题方向。之后，广大企业和人员纷纷开始着手研究这类新课题，经过几年的探索和实践，逐步摸索出"创新型"课题的活动模式。到 2002 年，中国质量协会下发《关于开展"创新型"课题 QC 小组活动的意见》正式明确了创新型课题 QC 小组的定义，规范了创新型课题 QC 小组的活动程序，使得创新型课题 QC 小组正式走上规范开展的道路。

创新型课题与问题解决型课题 QC 小组是企业解决不同问题的两种不同活动思维与活动形式，课题内容决定了小组的课题类型。所以，各种类型小组应根据实际情况选择课题，开展活动，而不要盲目追求创新型课题。简而言之，问题解决型课题大多是"以问题为导向"的，而创新型课题大多是"以需求为导向"的，两者在流程上也存在着明显的区别。

第三章
问题解决型 QC 小组
活动程序及要点

第一节　总　　则

一、活动准则

1. 活动程序

遵循 PDCA 循环开展质量管理小组活动的步骤。

2. 问题解决型课题

小组针对已经发生不合格或不满意的生产、服务或管理现场存在的问题，围绕课题症结进行质量改进，所选择的质量管理小组课题。

问题解决型课题包括现场型、服务型、攻关型、管理型 4 种类型。

（1）现场型：以稳定生产工序质量，改进产品、服务、工作质量，降低消耗，改善现场环境等为选题范围的课题。

（2）服务型：以推动服务工作标准化、程序化、科学化，提高服务质量和效益为选题范围的课题。

（3）攻关型：以解决技术关键问题为选题范围的课题。

（4）管理型：以提高工作质量，解决管理中存在的问题，提高管理水平为选题范围的课题。

3. 创新型课题

小组针对现有的技术、工艺、技能和方法等不能满足实际需求，运用新的思维研制新产品、服务、项目、方法，所选择的质量管理小组课题。

4. 问题解决型课题

问题解决型课题目标根据来源不同分为自定目标和指令性目标。自定目标和指令性目标的课题在活动程序上有差异，如图 3−1 所示。

二、标准解读

（1）小组活动必须遵循 PDCA 循环，P（Plan）表示计划或策划、D（Do）表示执行或实施、C（Check）表示检查或检验、A（Act）表示处理或处置。

（2）问题解决型课题是 QC 小组"针对已经发生不合格或者不满意的生产、服务或管理现场存在的问题，围绕课题症结进行质量改进，所选择的质量管理小组课题"，而创新型

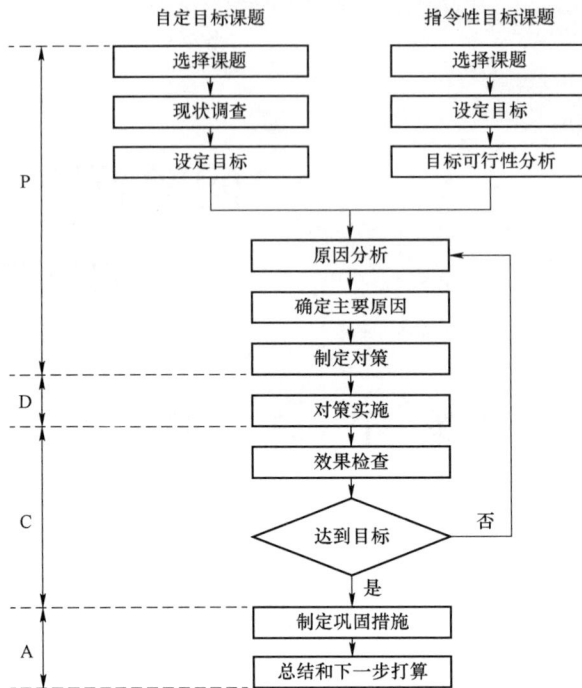

图 3-1　问题解决型课题活动程序

课题是"针对现有的技术、工艺、技能和方法等不能满足实际需求,运用新的思维研制新产品、服务、项目、方法,所选择的质量管理小组课题"。与创新型课题的区别见表 3-1。

表 3-1　　　　　　　　　　　问题解决型课题与创新型课题的区别

	过程/课题类型		创新型课题	问题解决型课题
P	1. 选择课题		针对需求或通过改进未解决的问题,通过查新借鉴寻求解决方法	针对存在问题及改进对象
	2. 现状调查		—	对问题现状进行调查,寻找问题或问题症结所在
	3.	设定目标	围绕课题目的	在原来基础上提高
		目标可行性分析	进行目标可行性分析	指令性目标课题须进行目标可行性分析
	4. 原因分析	提出方案并确定最佳方案	无原因分析,广泛思考、寻找各种方案,方案要进行比较和评价,逐层展开;通过现场测量、试验和调查分析,选择并确定最佳方案	针对问题、问题症结分析原因,分析到末端因素
	5. 确认主要原因			针对末端因素进行确认,依据末端原因对问题或问题症结影响程度确定主要原因
	6. 制订对策		针对最佳方案制订对策和措施	针对要因制订对策和措施
D	7. 对策实施		按照制订的对策统一实施	按照制订的对策统一实施
C	8. 效果检查		按照目标,检查实施效果	对照目标,检查实施效果
A	9. 制订巩固措施(标准化)		对有推广价值、经实践证明有效的创新成果进行标准化。创新成果保护与转让	有效措施标准化
	10. 总结和下一步打算		从创新角度对专业技术、管理方法、综合素质等进行全面总结。找出创新特色与不足	针对专业技术、管理方法、综合素质等进行全面总结

（3）问题解决型课题按照其自身特点以及活动的内容，分为现场型、服务型、攻关型和管理型 4 种类型。而根据目标值的来源不同，又可以将问题解决型课题区分为自定目标课题和指令性目标课题。

（4）问题解决型课题基本流程共分为十个步骤，流程图中，在进行"效果检查"时，有一个关于活动结果是否达到目标的判断，如果未达到课题设定的目标，必须回到 P 环节，分析未达到课题目标的原因究竟是什么，是 P 环节哪个步骤出现了偏差和问题，便从哪个步骤开始新一轮的 PDCA 循环。请注意，此时不能机械地认为一定要重新执行"原因分析—确定主要原因—制订对策"这一流程，而是哪个步骤有问题就从哪个步骤开始，继续执行PDCA 循环。

（5）自定目标课题和指令性目标课题流程上的区别在于：自定目标课题在选择课题后（上级或标准要求达到的指标在这一阶段是可有可无的），须进行充分的现状调查，找出症结所在并以此为依据设定课题目标（不能与上级或标准的要求值相同）；而指令性目标在选择课题后，直接根据上级或标准要求的值作为目标值，进而对目标值进行可行性分析论证，方法同自定目标课题的现状调查部分，同样要找出问题的症结，测算目标是否可以实现，同时要与先进值、自身指标的最好水平进行对标，为目标设定的可行性提供充分的依据。

三、常见问题

未弄清自定目标课题和指令性目标课题的区别，自定目标课题中有"目标可行性分析"，指令性目标课题中有"现状调查"步骤，或者两者混淆不清，课题中既有"目标可行性分析"又有"现状调查"环节。

第二节　选　择　课　题

一、活动准则

（一）选题来源

针对存在问题及改进对象，小组应结合实际，选择适宜的课题。课题来源一般有：

（1）指令性课题。

（2）指导性课题。

（3）自选性课题。小组自选课题时，可考虑以下几个方面：

1）落实组织方针、目标的关键点。

2）在质量、效率、成本、安全、环保等方面存在问题。

3）内、外部顾客的意见和期望。

（二）选题要求

小组选题要求应包括：

（1）小组能力范围内，课题宜小不宜大。

（2）课题名称直接，尽可能表达课题的特性值。

（3）选题理由明确、简洁。

二、标准解读

（一）选题来源

标准列举的选题来源主要有三大类，包括指令性课题、指导性课题和自选性课题。三类课题是为了区分不同的选题来源而设定的，与活动程序无关。应注意与自定目标课题、指令性目标课题的区别，这两类课题与活动程序有关，步骤有所不同。根据目标值的来源不同，可以将问题解决型课题区分为自定目标课题和指令性目标课题。判断的标准是目标值的来源，而不是选题的来源。自定目标课题先进行现状调查，再设定目标。指令性目标课题没有现状调查，先设定目标，然后进行目标可行性分析。

1. 指令性课题

一般由上级主管部门根据企业或部门的实际需要，以行政指令的形式向 QC 小组下达的课题，通常是企业生产经营活动中迫切需要解决的重要技术攻关性的课题。虽然解决此类问题对于企业来说意义重大，但是从实施的角度上来讲，下达时还需慎重，必须充分考虑其紧迫性和必要性，以及小组的活动能力、拥有的资源，不能强推，否则非但不能解决难题，还会挫伤小组的积极性和信心，不利于活动的健康发展。

2. 指导性课题

通常由企业的 QC 管理部门根据战略、方针、目标实现的需要，推荐并公布一批课题，各 QC 小组可以根据自身的需要、自身的条件，挑选具有一定挑战性但是又在自己能力范围内的课题，开展质量管理活动。QC 管理部门对企业开展的课题可以通过这种方式对课题开展的深度和广度进行合理的把关，也可以对各 QC 小组的思路进行引导和启迪，同时各个小组又可以发挥主观能动性，进行自主选择，如能合理开展，可实现双赢的效果。

3. 自选性课题

自选性课题充分发挥了 QC 小组成员的自觉性和创造性，来源比较广泛，大致可以归纳为以下三个方面。

（1）课题的来源虽然不是上级主管部门指定的或者推荐的，但是 QC 小组成员可以站在上级主管部门的角度考虑问题，自愿地从企业生产经营中的重点、难点、急迫点出发，选择课题，开展 QC 小组活动。和指令性课题和指导性课题一样，这类课题也是有难度的，但是因为课题是属于"想领导之所想、急领导之所急、办领导之所需"，所以往往在很多层面获得管理层的关注、关心和支持，能够获得相应的人力、财力、物力的资源倾斜。小组需要进行合理的考量，正视课题的难度，认清自身的能力，避免眼高手低，造成成员的挫败感。

（2）从企业生产的产品质量、安全防护、生产效率、产品成本、环境保护、资源节约等方面着手，选择课题。此类课题贴近生产工作实际，以问题为导向，通过小组成员努力，客服问题，解决疑难，提高效率，减轻工作强度，效果往往比较直观、明显，能使员工体验成功的喜悦，提高参与活动的积极性。此类课题一般是主要的选题来源，尤其是刚开展活动的 QC 小组更易从此类课题开始。

（3）从内、外部顾客的意见和需求入手，选择课题。把顾客不满意的问题选为课题加以解决，能更好地为顾客服务和保证生产经营活动的正常进行。此处的顾客不单指外部客户，包括内部客户，可以是上一道工序或下一道工序，也可以是单位内部不同的部门，或者是单位、部门领导等。

实际选题时，并不限于以上三个方面。ISO 9000 中将质量定义为：客体的一组固有特性满足要求的程度。该定义对质量的范围没有限定，泛指一切可单独描述和研究的事物，可以是活动或过程，可以是产品，也可以是组织、体系或人以及上述各项的任何组合。QC 小组活动作为质量管理中的一种形式，其选题来源除标准列举的以外，可以是小组所遇到的一切问题或期望改进的对象。

（二）选题要求

1. 适合小组能力，宜小不宜大

（1）遵循"先易后难"的原则。首先员工可以选择从与自身联系紧密的小问题、小困惑着手，体验质量管理的基本思路、方式、流程，随着 QC 小组活动能力、成员素质的不断提升，可以逐渐将关注点转移到企业的发展战略、领导关注的疑难课题、企业的重点攻关方向等，进而将领导关注的、助推企业发展的问题作为课题。这一原则符合了小组成长和解决问题的一般规律，对于成员自信心的提升以及小组的发展壮大具有指导作用。

（2）选择小课题，易于取得成果，活动周期较短，能更好地使员工不感到困难且有兴趣，有利于持续开展活动。大部分对策都能由本小组成员自己来实施，更能发挥小组成员的创造性。小课题往往立足于员工身边困惑，通过员工自己的努力大部分都能实现，取得成果后首先受益的是员工自己，有利于调动员工的活动热情和积极性。

（3）并非 QC 小组活动只能解决小问题。强调课题宜小不宜大，并不是说 QC 小组活动只能解决小问题；同样能解决大问题，但 QC 小组必须注意方法，若要做大课题，可采取分解的办法，按阶段、步骤、难度等分成若干个小课题，由小组分阶段实施，或交给不同的小组分别实施。

2. 课题名称要直接，能表达特性值

课题名称应明确表达要解决什么问题，从结构上来讲，一般由三部分组成，即"如何做＋解决的对象＋解决什么"。针对具体的问题，"如何做"的范围很广，可以是提高、降低、缩短、延长等等，"解决的对象"就是问题的对象，而"解决什么"应尽量用特性值表示，如时间、速度、温度、湿度等，以便更好地开展现状调查、设定目标和检查效果。组合起来就是课题名称，例如"缩短变电站机房巡视时间""减少隔离闸刀触头烧蚀率""降低工作票不合格率"等，可以分别针对具体问题开展现状调查，设定量化目标，活动后有针对性地进行数据对比，使效果检查客观且一目了然。

3. 选题理由要用数据说话、简洁明了

应直接写出选择课题的目的和必要性，不要长篇大论地描述课题背景。切勿为了突出课题的重要性，把与课题没有直接联系的上级要求、标准内容、领导讲话等内容作为选题理由，如将上述内容作为选题理由，应具体明确，与课题的特性值有直接联系，并尽量提供量化值。选题理由尽量少用文字，多用图、表，尽可能用与课题特性值关联的数据说话。

三、常见问题

（1）课题范围太大，综合性太强。此类课题缺乏针对性，小组较难开展现状调查、进行原因分析，也较难制定具体目标和对策。如"提高班组工作效率""降低施工现场安全隐患"，工作效率、安全隐患范围较大，小组难以有针对性地调查数据，找出要因，并制定切实有效的对策措施。

（2）"口号式"课题。此类课题太抽象，未明确到底要干什么，小组很难开展活动。如"团结奋进，务实担当，争做行业标尖""强化质量管理，创建品牌工程"，小组不知具体问题是什么，无从下手。

（3）"手段＋目的式"课题。此类课题从逻辑上讲不符合活动规律，选择课题时应当还不知道具体对策，从题目名称来看太烦琐、不简洁。如"改进测量夹具，提高 10kV 圆形触头真空开关导电回路电阻测试精度""优化业务流程，减少电力营业厅客户办理业务等待时间""改进接线装置，提高电压检测能力"。一般来讲，选题时应当不知道要"改进测量夹具""优化业务流程""改进接线装置"，应从课题名称中去掉。

（4）课题超出了小组能力的范围，跳出小组成员专业，全部依靠外界力量完成课题，无法达成最终的课题目标。

（5）课题名称只是定性描述，如"改善营业厅服务"，缺乏相应的特性值。

（6）选题理由"两多一少"，即文字多、条款多、数据少。将现状调查内容放入选题理由。选题理由多是定性描述，没有做到用数据说话。

四、评价标准

在问题解决型课题成果发表评审评分细则中，明确选题部分的要求，包含以下几个方面。

（1）所选课题与上级方针目标相结合，或是本小组现场急需解决的问题。

（2）课题名称简洁明确，直接针对所存在的问题。

第三节　现　状　调　查

一、活动准则

为了解问题的现状和严重程度，小组应进行现状调查：

（1）把握问题现状，找出问题症结，确定改进方向和程度。

（2）为目标设定和原因分析提供依据。

（3）对数据和信息进行分类、分层和整理。

（4）提供的数据和信息具有客观性、可比性、时效性和全面性。

二、标准解读

该步骤表述的"问题"，应理解为"课题"。现状调查是自选目标课题活动的第二步，是很重要的一个环节，在整个 QC 小组活动程序中起到承上启下的作用。前一个步骤是选题理由，表明了选择此课题的关键点——实际与要求的差距有多大。现状调查则针对选题理由反映出的差距，通过对收集的数据和信息进行分类、整理、分析，找出造成这个差距的症结（或关键点），为下一步目标值的设定和原因分析提供依据和方向。一般来说，当解决的课题是很具体的问题时，应当针对问题逐一分析原因，而对于为什么要找症结（或关键点）并努力解决，而不是所有问题全部解决，日本专家田口玄一说过："宁可用 1～2 个月时间解决问题的 80%，也不用 1～2 年的时间使 90%的问题得到解决。"良好的愿望要以可能的期望为基础，有些偶然因素，由于技术上存在困难，可能确实难以消除，大而全地把问题全部解决的想法是不科学的，而且在产品质量考核中也允许少量的不合格品发生。

（1）现状调查的作用有两个：一是把握问题的现状，掌握问题严重到什么程度；二是要找出问题的症结（或关键点）所在，以确认小组从何处改进及能够改进的程度，从而为目标值的设定和原因分析提供依据。

（2）要对数据和信息要进行分类、分层和整理，就是要求对提供的实际测量或记录的客观数据，从不同的角度进行分类，并对分类数据进行层层深入的分析，直到找出症结问题为止。具体分类分层可参考以下几点。

1）按时间区分：年、月、日、班次等。

2）按地点区分：位置、工地等。

3）按症状区分：缺陷种类、特性、状态等。

4）按作业区区分：生产线、设备、操作者等。

（3）现状调查可以从企业的统计报表中进行调查，也可以到生产现场进行实地调查。收集数据要具有全面性，不仅收集已有记录的数据，更需要亲自到现场去观察、测量、跟踪，掌握第一手资料，以弄清问题的实质。收集的数据要有客观性，即通过实际测量或记录的真实数据，防止只收集对自己有利的数据。收集的数据要有可比性，不可比的数据无法真实反映小组改进前后的变化程度，更无法证明采取对策的有效性。收集的数据要有时效性，要收集小组活动开始最近的数据，才能反映现状。

（4）指令性目标课题和创新型课题不需要现状调查，但是均需要做目标可行性分析，从某种意义上讲，指令性目标课题的目标可行性分析与自定目标课题的现状调查的基本方法和作用大致相同。

（5）现状调查常用的统计工具有调查表、分层法、简易图表、排列图、直方图、控制图、散布图等。

（6）常用的现状调查方法主要有直线调查法、两线交叉调查法和多线交叉调查法，如图 3-2 所示。

三、案例分析

以下为某 QC 小组的"减少接地桩装拆接地线操作时间"课题的现状调查部分。

为了更好地掌握现场关于接地桩及装拆接地操作时间长短的资料，针对生锈、易丢失、操作时间长等问题，开展了为期 3 个月的现状调查。

调查一：接地桩头的螺母在拧下来时，不小心会有掉地上或草丛中的可能，难以寻觅。

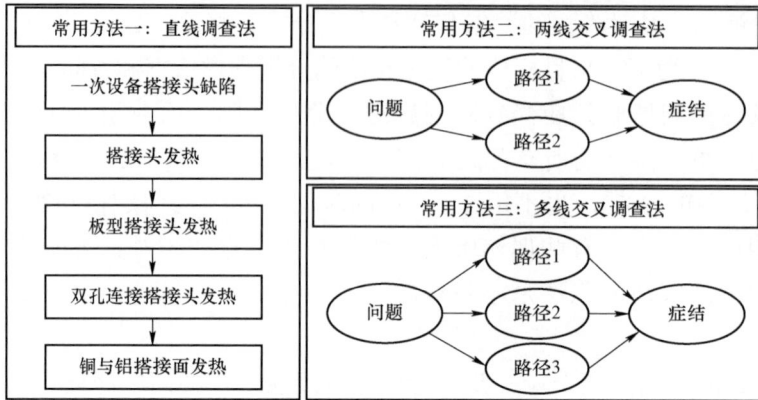

图 3-2 三类调查方法示意

调查二：接地桩头比较长、细，在螺杆上还需打孔，可供挂锁，这样的杆壁薄，容易产生断折的情况。

调查三：本公司还有 4 个站 10kV 开关柜属于 GG1A 型，由于当时接地桩安装的位置不合理，引起装拆接地线困难，延长了操作时间。

调查四：原接地桩头的材料问题，导致室外接地桩头常生锈，致使退螺母、上螺母比较困难。

调查五：接地桩螺杆长、螺纹多，需要开锁、退螺母、装接地端、上螺母、上锁。QC小组结合运行人员 3—5 月的实际倒闸操作进行时间统计，情况见表 3-2。

表 3-2　　　　　　　　　接地桩装拆接地操作时间调查表

变电站名	时间	接地桩头名	操作人	地点	装时长（s）	拆时长（s）
A	3 月 5 日	××3503 开关线路闸刀侧接地桩	×××	室外	65	63
A	3 月 5 日	××3503 开关母线闸刀侧接地桩	×××	室外	60	56
B	3 月 8 日	××3173 开关线路闸刀侧接地桩	×××	室外	78	79
B	3 月 8 日	××3173 开关母线闸刀侧接地桩	×××	室外	80	78
C	4 月 9 日	××132 开关线路闸刀侧接地桩	×××	室内	80	75
C	4 月 9 日	××132 开关母线闸刀侧接地桩	×××	室内	72	73
D	5 月 1 日	××116 开关线路闸刀侧接地桩	×××	室内	55	54
D	5 月 1 日	××116 开关母线闸刀侧接地桩	×××	室内	62	60
E	5 月 20 日	××3132 开关线路闸刀侧接地桩	×××	室外	75	70
E	5 月 20 日	××3132 开关母线闸刀侧接地桩	×××	室外	82	76
平均用时					70.9	68.4
接地桩装拆接地线时间平均用时 140s						

此课题现状调查没有能够围绕"接地桩装拆接地线操作时间"长这个问题展开全面的调查。调查一、调查二、调查三、调查四与课题脱节，且无调查方法、无数据、无分析。

在调查五中获得了"接地桩装拆接地线时间平均用时约 140s"时，也没有进一步调查产生的原因是什么，所以也就没有找到问题的症结所在，使现状调查失去了作用。

四、常见问题

（1）现状调查没有能够为课题目标的设定提供依据。现状调查应该围绕选择的活动课题即题目，针对存在的问题而展开，但有的成果报告的现状调查与课题脱节，不能为目标值的设定提供依据。

（2）收集数据缺乏客观性。只收集对课题有利的数据，或从收集的数据中只挑选对课题有利的数据，从而造成现状调查的片面性。

（3）收集的数据缺乏时效性。应当收集最近的数据，才能真实反映现状。

（4）对收集到的数据进行分析时缺乏逻辑性。没有对收集到的数据进行合理的分类分层分析，每个现状调查环节不是层层深入的，而是相互并列的关系，因而无法找到问题的症结。

（5）对指令性目标课题和创新型课题进行现状调查。前者因为活动目标明确，故无须进行现状调查，只要进行目标可行性分析即可。后者因为是创新，故无现状可调查。

（6）将原因分析的内容前移到了现状调查部分。

（7）统计方法、工具运用不当或不准确。

五、评价标准

在问题解决型课题成果发表评审评分细则中，关于现状调查，明确的要求包含以下几个方面。

（1）现状调查数据充分，并通过分析明确问题或问题症结。

（2）现状调查为制订目标提供依据。

（3）工具运用正确、适宜。

第四节　设　定　目　标

一、活动准则

（一）目标来源

根据所选课题，小组应设定活动目标，以掌握课题解决的程度并为效果检查提供依据。课题目标来源：

（1）自定目标。小组明确课题改进程度，由小组成员共同制定的目标。

（2）指令性目标。上级下达给小组的课题目标或小组直接选择上级考核指标作为目标。

（二）目标设定依据

小组自定目标可考虑：

（1）上级下达的考核指标或要求。

（2）顾客需求。

（3）国内同行业先进水平。

（4）小组曾经接近或达到的最好水平。

（5）针对问题或问题症结，预计问题解决的程度，测算小组将达到的水平。

（三）目标设定要求

目标设定应与小组活动课题相一致，并满足如下要求：

（1）目标数量不宜多。

（2）目标可测量。

（3）目标具有挑战性。

（四）目标可行性分析

指令性目标应在选题后进行目标可行性分析，目标可行性分析可考虑：

（1）国内同行业先进水平。

（2）小组曾经接近或达到的最好水平。

（3）针对问题或问题症结，预计问题解决的程度，测算小组将达到的水平。

二、标准解读

为了解决 QC 小组活动的盲目性，必须要设定课题的活动目标。目标设定的目的有二：一是明确通过小组活动，要把问题解决到什么程度；二是为检验活动效果是否有效提供依据。

（1）按活动目标来源不同可分为自定目标与指令性目标。

自定目标是小组经过现状调查，明确了可改进程度，由小组成员共同制定的目标。

指令性目标可分为两种情况。一是上级以指令形式下达给小组的活动目标。二是小组直接选择上级考核指标作为小组活动目标，此时目标值与上级考核指标应完全一致。但上级下达的指令性课题不一定是指令性目标课题。

（2）设定目标是自定目标课题活动的第三步，是指令性目标课题活动的第二步。

（3）目标设定要以事实为依据，用数据说话。当小组根据上级下达的考核指标或要求，选择目标值高于或低于要求时均属于自定目标。

（4）目标设定依据中"问题"的理解。

1）"针对问题或问题症结"中的"问题"，应是指课题。

2）"预计问题解决的程度"中的"问题"，一般情况下指课题的症结，如果现状调查中不能找出课题的症结，"问题"便是指课题。

（5）目标数量不宜多。QC 小组选题一般都是选择存在的具体问题作为课题，目标又是针对问题设定的，目标最好 1 个，最多 2 个且应具有关联性。如果设定 3 个及以上目标，会使解决问题的过程复杂化，往往造成整个活动的逻辑混乱。例如，某 QC 小组设定的目标值为"投诉改进程度提高 2%，客户日均免费电话拨入量高于 100，客户投诉周期缩短 4 天"，就不合时宜。

（6）目标可测量。根据小组活动目标的性质可分为定性目标和定量目标。只确定小组活动目标的性质，而没有具体的量化目标，称为定性目标；设定这样的目标，经过小组活动改进后的效果无法具体衡量和测量，无法明确是否达到预定的目标，所以不提倡用定性目标作为小组活动目标。具有明确的量化的目标，称为定量目标。小组活动目标要量化，可以测量，有了定量目标，通过活动或改进后与之比较，可以清晰地了解是否已经达到既定的目的。例如将"设备管理加强""规范服务程度提升""提高管理水平"等作为课题目标就是错误的。

（7）目标具有挑战性。小组活动设定的目标值要高于正常水平，小组通过努力攻关，能够达到目标要求，可以更好地调动小组成员的积极性和创造性。但目标值设定也不宜太高，如果通过小组努力，仍不能达到目标值要求，则不宜设置。例如，某 QC 小组设定的目标值为"客户服务满意率 100%"就值得商榷。

（8）设定目标中常用的统计方法有简易图表和柱状图等。

（9）目标可行性分析是针对指令性目标值的，是分析指令性目标与小组努力能达到目标之间的差异，用什么办法来解决它，是指令性目标课题活动的第三步，自定目标课题活动是没有这一步的。

（10）进行指令性目标课题的目标可行性分析时应注意以下两点。

1）与自定目标值的现状调查步骤一样要收集数据，把握课题当前状态，找出课题症结。

2）与现状调查不同之处，是对指令性目标值进行测算分析时，可不受课题症结的限制。

三、案例分析

案例一：缩短 10kV 配电网设备增量信息的采录工作时间

以下为某 QC 小组的"缩短 10kV 配电网设备增量信息的采录工作时间"课题的现状调查和设定目标部分。

1. 现状调查

为了进一步对配电网增量信息采录工作平均时间进行分析，QC 小组对 2016 年 1—3 月情况统计分析。

调查一：首先对某县电网不同地理区域 10kV 新投产线路及相关设备配电网增量信息的采录工作时间进行分析，统计表见表 3-3。

表 3-3　10kV 新投产线路相关设备配电网增量信息采录工作时间统计表（杆塔 100 基）

序号	区　　域	采录工作时间（h）
1	南部区域（南×变电站、万×变电站等）	23
2	北部区域（城×变电站、君×变电站等）	29
3	西部区域（齐×变电站、于×变电站等）	30
4	中部城区（海×变电站、城×变电站等）	34
总计		116

结论：按分布区域进行统计分析后，发现它们的采录工作时间在数值上虽有不同，但差别不大，不利于找出主要问题，该分析不可行。

调查二：考虑到配电网设备的多样性，QC 小组再对不同设备类型的 10kV 新投产线路及相关设备的配电网增量信息的采录工作时间进行分析，统计表见表 3-4。

表 3－4   配电网设备采录工作时间按设备类型划分统计表

序号	设备类型（电杆）	采录时间（h）
1	$\phi 190 \times 12 \times M$	23.9
2	$\phi 190 \times 15 \times N$	29.8
3	$\phi 190 \times 18 \times I$	32.0
4	$\phi 190 \times 15 \times M$	35.0
总计		120.7

结论：按照设备类型进行统计分析后，发现它们的采录工作时间在数值上虽有不同，但差别不大，不利于我们找出主要问题，该分析不可行。

调查三：QC 小组对配网设备增量信息的采录工作流程进行一次调查并绘出工作流程图（见图 3－3）。

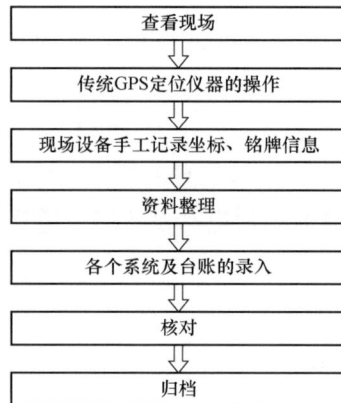

图 3－3   采录工作流程图

对 2016 年 1—3 月 10kV 配电网设备增量的采录工作时间按工作流程统计，得出如表 3－5 所示结果。

表 3－5   2016 年 1—3 月 10kV 配电网设备增量的采录工作时间按工作流程统计

工作流程	累计时长（h）	百分比
手工记录	45.3	39%
定位仪器操作	43.0	37%
查看现场	7.9	6.8%
资料整理	6.2	5.3%
台账录入	5.0	4.3%
核对	4.8	4.2%
归档	3.9	3.4%
合计	116.1	100%

结论：由表 3-5 可知，"手工记录"和"定位仪器操作"这两个流程环节在配电网设备增量的采录工作时间过程中耗时最长，占了总时间的 76%，因此，是要解决的主要问题，即"症结"所在。

2. 设定目标

目标依据，若将主要问题解决 70%，10kV 配电网设备增量信息的采录工作时间就会下降为 $116×（1-70\%）+116×70\%×（1-70\%）=10$（h），达到可靠性管理要求。

将课题目标设为：10kV 配电网设备增量信息的采录工作时间≤10h。

课题"缩短 10kV 配电网设备增量信息的采录工作时间"在现状调查环节存在着没有对收集到的数据进行合理的分类分层分析，每个现状调查环节不是层层深入，而是相互并列的关系的问题，也即调查一和调查二对于找出问题症结并无帮助，仅凭调查三即认定"手工记录"和"定位仪器操作"是问题的症结。而在设定目标时，只是作了一个并无任何依据的假设"若将主要问题解决 70%"，即得到"10kV 配电网设备增量信息的采录工作时间就会下降为 $116×（1-70\%）+116×70\%×（1-70\%）=10$（h）"的结论，并将此作为课题的目标，缺乏相应佐证。

案例二：电费核算业务管控效率提升研究

以下为某 QC 小组的"电费核算业务管控效率提升研究"课题的设定目标部分。

（1）提高分布式光伏、直接交易用户电费审核的效率。将电费审核时间由现在的 8.38 小时降低到 6.50 小时，降低电费审核时间目标如图 3-4 所示。

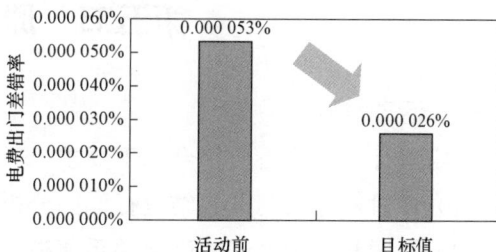

（2）减少分布式光伏、直接交易用户电费出门差错率。将电费出门差错率由 0.000 053% 降低到 0.000 026%，降低电费出门差错率目标如图 3-5 所示。

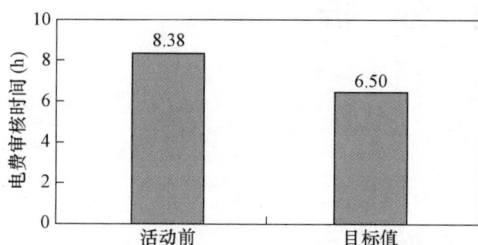

图 3-4　降低电费审核时间目标　　　　图 3-5　降低电费出门差错率目标

课题"电费核算业务管控效率提升研究"在题目上存在的问题参见本章第二节中的内容，在此不再赘述。本课题的目标设定有两个，分别是："电费审核时间由现在的 8.38h 降低到 6.50h"和"将电费出门差错率由 0.000 053% 降低到 0.000 026%"。一般来讲，效率与时间、工作量等直接关联，而目标中的差错率与效率弱相关，因此犯了"目标设定没有针对所要解决的问题"的问题。

四、常见问题

自定目标与指令性目标概念不清，造成目标可行性分析与现状调查相混淆，易犯活动程序上的错误。例如，有些小组为自定目标课题，活动程序中既有现状调查又有目标可行性分析。又如，有些小组直接选定上级考核指标为活动目标时，由于不清楚该目标就是指令性目标，而按自定目标而非指令性目标活动程序开展活动。再如，有些小组选定高于上级考核指标为活动目标时，认为这就是指令性目标，并按照指令性目标活动程序开展活动。

在小组设定目标依据时，没有根据现状调查的相关数据设定，而是根据经验先设定目标再推算课题或课题症结的解决程度。只强调主观因素，没有充分说明目标值数据的来源，造成依据不足。

（1）目标数量设定过多，有 3 个以上目标。

（2）设定口号式的目标（定性目标），没有量化的目标，造成对策实施后无法检查效果，无法确定目标是否实现。

（3）设定过头的目标。如"消灭""杜绝""100%"等没有余地的目标。

（4）目标设定没有针对所要解决的问题，目标没有依据现状调查的相关数据，仅凭经验。

（5）目标可行性分析只有口号，没有对数据进行深入调查，分层分析，只强调主观因素，缺少数据依据。

五、评价标准

在问题解决型课题成果发表评审评分细则中，关于设定目标，明确的要求包括以下几个方面。

（1）目标设定有依据、可测量。

（2）工具运用正确、适宜。

第五节　原　因　分　析

一、活动准则

小组进行原因分析应符合以下要求：

（1）针对问题或问题症结进行原因分析。

（2）问题和原因之间的因果关系清晰，逻辑关系紧密。

（3）从人、机、料、法、环、测等方面考虑，以充分展示产生问题的原因，避免遗漏。

（4）将每一条原因分析到末端，以便直接采取对策。

（5）正确应用适宜的统计方法。

二、标准解读

（1）原因分析要注重针对性，要与上一流程有呼应，针对在现状调查中确认过的问题或问题的症结进行分析。

（2）要从人、机、料、法、环、测等方面考虑，要客观地分析，只要对问题有可能造成影响的都要分析出来，并纳入到工具中，尽量避免遗漏，展示问题的全貌，分析时思路要正确，因果关系要清晰，逻辑关系要紧密。

（3）分析原因时要做到层层递进，针对某一方面的原因，反复考虑，一层一层展开分析下去，有的要逐渐分析到较多层级。末端原因必须是很具体的原因、非抽象的原因、可以进行确认的原因、可以直接采取对策的原因。

（4）原因分析过程中，比较常用的 QC 工具有因果图、系统图与关联图。因果图、系统图适用于针对单一问题或问题症结进行原因分析，而关联图既可以针对单一的问题或问题症结分析，也可以对两个及两个以上的问题一起进行分析。因果图、系统图展示的各个原因之间应该没有交叉的影响，而关联图的部分原因可以把两个以上的问题交叉在一起，具体比较见表 3-6。

表 3-6　　　　　　　　　　　　　常 用 QC 工 具 比 较

名称	因果图	系统图	关联图
适用场合	对单一问题的原因分析	对单一问题的原因分析	对单一或多个问题的原因分析
相互关系	原因之间没有交叉关系	原因之间没有交叉关系	原因之间有交叉关系
展开层次	一般不超过四层	没有限制	没有限制

（5）原因分析时，既要考虑因果关系，也要考虑包容关系。

（6）准则中明确小组可以"针对问题或问题症结"进行原因分析，并非指的是所有的课题既可以针对问题（此处即为课题），又可以针对问题的症结进行分析。准则所要明确的是，如果在现状调查或目标可行性分析中已经查找出了问题的症结，一般应对症结进行原因分析，而不能无视症结所在，再回到课题对课题进行分析。在原因分析时，仍然针对课题进行分析的情况有三种：一是课题过小，无法通过层层分析查找症结；二是层层分析时，各方面的情况相对占比较为平均，无法查找症结；三是已经查找出了症结，但以小组目前的情况，无法针对症结进行改进，不得已而转而回到对课题进行原因分析。

三、常见问题

（1）未针对现状调查时发现的问题症结（在小组能力范围内可以进行改进的）进行原因分析，又回到课题本身。

（2）没有从各个角度把产生影响的所有原因都找出来，不能够展示问题的全貌。

（3）分析问题没有层层深入，分析不够彻底，没有分析到可以直接采取对策。

（4）QC 工具应用不当，没有将因果图、系统图与关联图进行合理的应用。

（5）过度分析，分析到无法直接采取对策。

（6）因果关系不清晰，前后逻辑存在问题。

四、评价标准

在问题解决型课题成果发表评审评分细则中，关于原因分析，明确的要求包含以下几个方面。

（1）针对问题或问题症结分析原因，因果关系要明确、清楚。

（2）原因分析到可直接采取对策的程度。

第六节 确定主要原因

一、活动准则

小组应依据数据和事实，针对末端原因，客观地确定主要原因：

（1）收集所有的末端原因，识别并排除小组能力范围以外的原因。

（2）对每个末端原因进行逐条确认，必要时可制订要因确认计划。

（3）依据末端原因对问题或问题症结影响程度判断是否为主要原因。

（4）判定方式为现场测量、试验及调查分析。

二、标准解读

（1）"收集所有的末端原因"，就是把因果图、系统图与关联图中的每个末端因素都要收集起来，逐条确认，切勿遗漏。

（2）"识别并排除小组能力范围以外的原因"，就是将收集到的末端因素进行梳理，看是否存在不可抗拒的因素，是否存在小组乃至整个企业都无法采取合适的应对措施的因素。

（3）"必要时"，是指标准没有做硬性规定，不是必须要做的，但是小组通过分析认为对于指导小组活动推进有帮助，需要做就可以做。

（4）要依据末端原因对问题或问题症结的影响程度来判断是否为主要原因，不能与标准、规定进行比对，认为符合标准了即为非要因。

（5）是否为要因的判定方式为现场测量、试验及调查分析，切不可用理论分析、打分法、加权平均法来对是否要因做判断。

（6）确定主要原因常用的 QC 工具主要有简易图表、调查表、散布图、正交试验等，具体采用哪种，应由 QC 小组成员根据实际需要、数据情况灵活掌握。

三、案例分析

案例一：缩短 10kV 电缆终端制作时间

以下为某 QC 小组的"缩短 10kV 电缆终端制作时间"课题的确定主要原因部分。

QC 小组成员结合上述绝缘层倒角时间长的问题进行系统图分析后，对梳理出七条末端因数，汇总形成要因确认计划表（见表 3-7），并对七条末端因素逐条确认。

表 3-7　　　　　　　　要 因 确 认 计 划 表

序号	末端因素	确认内容	确认方法	影响程度评价	确认人	确认时间	确认地点
1	针对性技术培训不够	1. 确认班组工艺培训台账；2. 是否取得专业的资格证书	查看班组培训记录	根据公司《生产班组工艺培训计划》确认班组的技术培训对主要症结的影响大小	张××	2018 年 6 月 25 日	班组和综合部
2	未按工艺标准操作	确认班组安装工艺执行情况	现场检查	根据《YBW 箱变装配作业指导书》和《电缆终端头制作作业指导书》确认是否按工艺操作，对症结的影响大小	黄××	2018 年 7 月 4 日	现场

续表

序号	末端因素	确认内容	确认方法	影响程度评价	确认人	确认时间	确认地点
3	没有专用工器具	确认电缆终端所使用工具	生技部现场查看	根据《电缆终端头制作作业指导书》和质量分析报告数据,确认同行业所使用的专用工具与本公司的手工工具,对症结的影响大小	吴××	2018 年 7 月 10 日	生技部现场
4	电缆材料特性差	确认交联聚乙烯绝缘电缆材料特性参数	生技部、质安部现场确认	根据交联聚乙烯电缆特性,确认本公司所使用的电缆特性对症结的影响大小	徐××	2018 年 7 月 16 日	现场
5	电缆规格多	确认所用的电缆的规格	现场确认	根据《YBW 箱变装配作业指导书》和设计规范确认电缆规格对症结的影响大小	丘××	2018 年 7 月 25 日	现场
6	倒角效率低	确认本公司与同行业的倒角时间	生技部现场确认	根据行业对比数据分析,确认本公司的倒角时间对症结的影响大小	罗××	2018 年 7 月 29 日	生技部现场
7	测量工具精度不够	确认测量工具的使用范围和误差范围	质安部现场确认	根据《YBW 箱变装配作业指导书》确认所使用的测量工具精度对症结的影响大小	俞××	2018 年 8 月 2 日	质安部现场

确认一:针对性技术培训不够,要因确认表见表 3-8。

表 3-8 针对性技术培训不够要因确认表

确认项目	针对性技术培训不够	确认过程及分析
确认内容	1. 确认班组工艺培训台账; 2. 员工培训学时达到 100%	1. 2018 年 6 月 25 日,小组成员根据公司《生产班组工艺培训计划》查看了班组培训学习台账、班组学员培训每年不少于 48 课时,以及应知应会等内容; 2. 经过数据验证内训和实操完全合格,且取得电缆制作资格证
确认方法	现场查看台账和应会测试	
影响程度评价	根据公司《生产班组工艺培训计划》确认班组的技术培训对主要症结的影响大小	
确认结果	非要因	
确认人及时间	张×× 2018 年 6 月 25 日	

确认活动记录

时 间	培训项目	内/外训	完成情况
2017 年 9 月 10 日	YBW 工艺标准	内训＋实操	合格
2017 年 11 月 9 日	一次电缆加工标准	内训＋外训	已取证
2018 年 2 月 21 日	电缆终端操作	内训＋实操	合格
2018 年 3 月 20 日	环网柜工艺标准	外训＋实操	合格
2018 年 4 月 15 日	电缆终端工艺标准及操作	内训＋实操	合格

姓名	丘××	黄××	徐××	罗××	吴××	鲍××	张××	盛××	于××	俞××
课时	53	50	53	51	53	50	52	53	51	50

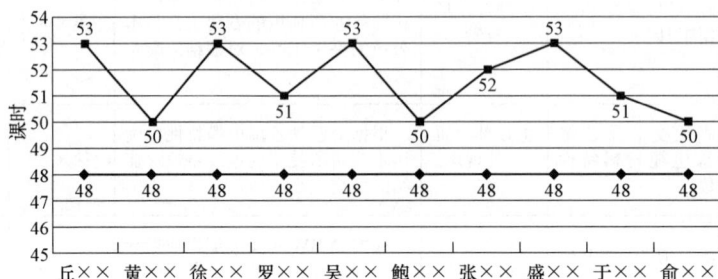

影响程度分析	通过数据验证，内训实操完全合格，对主要症结影响程度较小
确认结论	非要因

确认二：未按工艺标准操作，要因确认表见表3-9。

表3-9   未按工艺标准操作要因确认表

确认项目	未按工艺标准操作	确认过程及分析
确认内容	1. 确认班组安全生产活动记录； 2. 班组安装工艺卡执行情况	2018年7月4日，小组成员根据公司《YBW箱变装配作业指导书》《电缆终端头制作作业指导书》确认了班组的安全活动记录和安装工艺卡严格按工艺标准操作
确认方法	现场查看	
影响程度评价	根据《YBW箱变装配作业指导书》和《电缆终端头制作作业指导书》确认是否按工艺操作，对症结的影响大小	
确认结果	非要因	
确认人及时间	黄×× 2018年7月4日	

确认活动记录

工序	柜体安装	一次元件安装	二次元件安装	一次电缆制作	二次布线	母排制作	互检
执行率	98.7%	98.1%	99.0%	100.0%	98.2%	99.0%	98.0%
标准值	100%	100%	100%	100%	100%	100%	100%

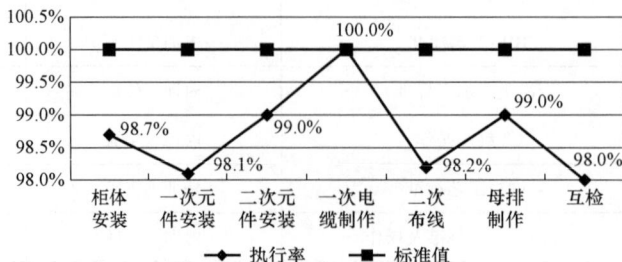

影响程度分析	通过工艺规范执行情况分析，以及班组安全活动记录本与安装工艺卡的数据验证，严格按工艺标准执行，对主要症结影响程度较小
确认结论	非要因

确认三：没有专用工器具，要因确认表见表 3-10。

表 3-10　　　　　　　　　没有专用工器具要因确认表

确认项目	没有专用工器具	确认过程及分析
确认内容	确认电缆终端制作所使用的工器具	2018 年 7 月 10 日，小组成员根据公司《电缆终端头制作作业指导书》和质量分析报告数据，确认同行业使用专用工器具的返工次数为 2%，本公司 2018 年上半年以来所使用的简易工具造成了的返工次数达到了 9%
确认方法	现场查看	
影响程度评价	根据《电缆终端头制作作业指导书》和质量分析报告数据，确认同行业所使用的专用工具与本公司的手工工具，对症结的影响大小	
确认结果	要因	
确认人及时间	吴×× 2018 年 7 月 10 日	

确认活动记录

一次检验返工率月度对比

月份	一次安装	一次电缆	母排施工	二次施工	元件问题	设计问题
1 月	3	9	4	5	3	1
2 月	6	8	2	3	1	2
3 月	4	10	3	2	1	1
4 月	3	9	1	1	3	3
5 月	2	9	4	3	5	1
6 月	1	8	2	5	2	2
7 月	2	11	1	4	2	1

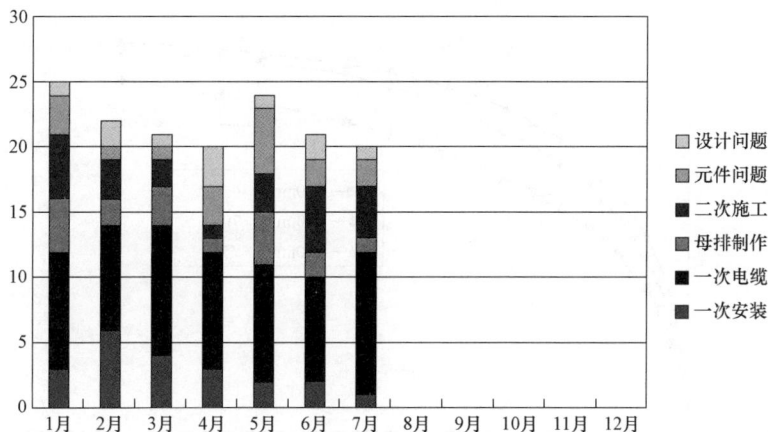

2018 年月度一次检验返工率对比

项目	专用工具返工率	手工工具返工率	差值
数值	2%	9%	7%

影响程度分析	通过确认验证 2018 年上半年以来本公司所使用手工工具所造成的返工率达到了 9%，与同行业的差值达到了 7%，因此，对主要症结影响程度较大
确认结论	要因

确认四：电缆材料特性差，要因确认表见表 3-11。

表 3-11　　　　　　　　　　电缆材料特性差要因确认表

确认项目	电缆材料特性差	确认过程及分析
确认内容	确认交联聚乙烯绝缘电缆的材料特性参数	1. 2018 年 7 月 16 日，小组成员根据《交联聚乙烯的特性》进行现场查看和确认其产品检验合格证的相关数据要求，其利用化学方法由热塑性材料变成热固性材料，工作温度为 70℃，最高温度不超过 90℃ 的材料特性，耐热温度在 200℃ 以下不会分解碳化； 2. 机械特性，XLPE 的硬度，刚度，耐磨性和抗冲击性均较高
确认方法	现场确认	
影响程度评价	根据交联聚乙烯电缆特性，确认本公司所使用的电缆特性对症结的影响大小	
确认结果	非要因	
确认人及时间	徐×× 　2018 年 7 月 16 日	

确认活动记录

试验：取 110kV 的 70mm² 电缆绝缘线芯片放在 70℃ 老化箱内做 24h 的热失重，其特性曲线呈饱和状态，仍满足相关技术参数

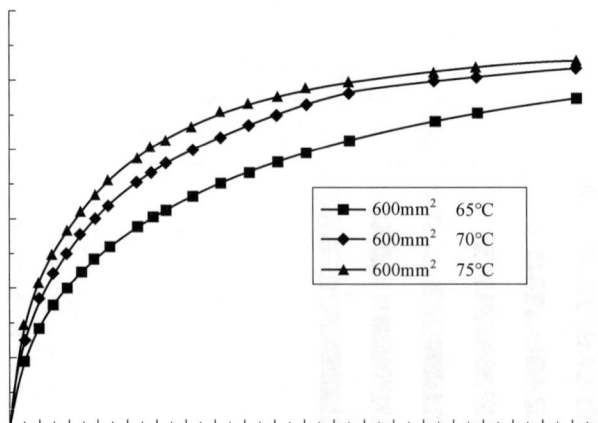

图例：
- 600mm² 65℃
- 600mm² 70℃
- 600mm² 75℃

影响程度分析	通过现场验证所使用的绝缘电缆特性，符合检验合格证的相关数据，对主要症结影响程度较小
确认结论	非要因

确认五：电缆规格多，要因确认表见表 3-12。

表 3-12　　　　　　　　　　　　　　　　电缆规格多要因确认表

确认项目	电缆规格多	确认过程及分析
确认内容	确认现场使用的电缆规格	2018 年 7 月 25 日，小组成员根据《YBW 箱变装配作业指导书》和用户需求所设计的图纸进行确认，发现目前 2018 年 2—7 月所用的箱式变电站内部电缆，其电缆直径均为 35mm² 和 70mm² 两种规格，同行业常用的电缆也是 2 种
确认方法	现场确认	
影响程度评价	根据《YBW 箱变装配作业指导书》和设计规范确认电缆规格对症结的影响大小	
确认结果	非要因	
确认人及时间	丘×× 2018 年 7 月 25 日	

确认活动记录

时间	工程名称	开关设备	检测工具	交联聚乙烯绝缘电缆（mm²）
2018 年 2 月 2 日	山水美庐	RDS 柜	游标卡尺	35
2018 年 3 月 5 日	大家小墅	XGN15 柜	游标卡尺	70
2018 年 5 月 9 日	皮而特电力	SAFE 柜	游标卡尺	70
……	……	……	……	……
2018 年 6 月 14 日	汉莱电气	SAFE 柜	游标卡尺	70
2018 年 7 月 8 日	星帅尔电器	RDS 柜	游标卡尺	70

项目	市场常用电缆种类	公司实用电缆种类	差值
数值	2	2	0

影响程度评价	通过验证目前同行业箱式变电站内所用的高压电缆与本公司所用的电缆种类均为 2 种，相比差值为 0，所以对主要症结的影响程度较小
确认结论	非要因

确认六：倒角效率低，要因确认表见表 3-13。

表 3-13　　　　　　　　　　　　　　　　倒角效率低要因确认表

确认项目	倒角效率低	确认过程及分析
确认内容	确认本公司与同行业的倒角时间	2018 年 7 月 29 日，小组成员根据行业对比数据分析，发现同行业的平均倒角时间为 21min，确认本公司由于采用的是简易的手工作业，实际电缆终端头制作倒角平均时间均大于等于 28min
确认方法	现场确认	
影响程度评价	根据行业对比数据分析，确认本公司的倒角时间对症结的影响大小	
确认结果	要因	
确认人及时间	罗×× 2018 年 7 月 29 日	

确认活动记录

工程名称	开关设备	检测工具	实测值（min）		平均值（min）
山水美庐	YBW	秒表	29.5	28.5	29.0
大家小墅	YBW	秒表	29.0	30.0	29.5
皮而特电力	YBW	秒表	28.5	29.0	28.75
……	……	……	……	……	……

工程名称	开关设备	检测工具	实测值（min）		平均值（min）
汉莱电气	YBW	秒表	30.0	28.0	29.0
星帅尔电器	YBW	秒表	28.0	29.0	28.5
金色家园	YBW	秒表	29.5	30.0	29.75
铭鹤广场	YBW	秒表	30.0	30.0	30.0

项目	同行倒角平均时间	本公司倒角平均时间	差值
数值	21min	28min	7min

影响程度分析	通过对本公司所采用简易工具的倒角平均时间进行确认，从折线图验证可以看出与同行业的平均时间差值为7min，可见在工具的使用上有很大的区别，因此，该项对主要症结影响程度较大
确认结论	要因

确认七：测量工具精度不够，要因确认表见表3-14。

表3-14　　　　　　　　　测量工具精度不够要因确认表

确认项目	测量工具精度不够	确认过程及分析
确认内容	确认测量工具使用范围和误差范围	2018年8月2日，小组成员根据现场操作所使用的测量工具进行现场确认，测量工具有游标卡尺0～300mm型，其误差精确度为：±0.2mm。钢卷尺：5m±0.5mm，实测标准件验证：电缆铜芯10mm±0.2mm，箱式变电站走线距离950mm±1mm
确认方法	现场确认	
影响程度评价	根据《YBW箱变装配作业指导书》确认现场所使用的测量工具精度对症结的影响大小	
确认结果	非要因	
确认人及时间	俞×× 2018年8月2日	

确认活动记录

工具	图片	实测标准件验证折线图
游标卡尺		
钢卷尺		

影响程度分析	通过实测验证所有测量工具的实际数据，与标准件验证数据和检测报告数据一致，因此对主要症结影响程度较小
确认结论	非要因

总结分析：QC 小组对上述七条末端因素分析后，最终我们确认影响电缆终端制作时间的主要原因有两项：没有专用工器具；倒角效率低。

"缩短 10kV 电缆终端制作时间"课题采用测量、试验和调查分析的方法针对 7 条末端因素一一进行了确认。但是课题在制定要因确认计划表以及后期对要因进行确认时，均未依据末端原因对问题或问题症结的影响程度来判断是否为主要原因，而是与标准、规定进行比对，只要符合标准的，即认为是非要因，不符合标准的即为要因，这是有悖于活动准则的。

案例二：缩短高原地区 10kV 电杆组立时间

现以另一课题进一步进行说明，以下为某 QC 小组的"缩短高原地区 10kV 电杆组立时间"课题的确定主要原因部分（节选对三个末端因素进行要因确认的内容）。

确认一：电力运杆专项培训少，确认表见表 3-15。

表 3-15　　　　　　　　　　　　电力运杆专项培训少确认表

因素一	电力运杆专项培训少					
确认内容	农网改造人员运杆专项培训≥8 课时，是否对运杆时间长有影响					
确认过程	小组对 2018 年某高原地区参加新一轮农网改造的工作人员培训进行调查：参与新一轮农网改造工程的共 6 个班组。2018 年 6 月 30 日农网改造指挥部针对电杆组立时间长对各工序进行了技术培训，其中对电杆运杆专项培训 8 学时，参加人员如下：					
	班组名称	1 班	2 班	3 班	4 班	5 班	6 班
	人数	25	24	23	27	26	25
	参加率	100%	100%	100%	100%	100%	100%
	合格率	100%	100%	100%	100%	100%	100%
影响度分析	小组对各班组 2018 年培训前（6 月）和培训后（7 月）的高山峰体运杆时间进行了比对。					
	班组名称	1 班	2 班	3 班	4 班	5 班	6 班
	6 月平均时间（分钟·人）	2313	2277	2272	2351	2269	2301
	7 月平均时间（分钟·人）	2310	2296	2267	2364	2264	2299
	6 月平均时间为 2297 分钟·人，7 月平均时间为 2300 分钟·人，通过比对可以看出各班组在培训前后运杆时间无明显差别，由此电力运杆专项培训与高原高山峰体运杆时间长无影响。					
结论	非要因					

确认二：劳工资源少，确认表见表3–16。

表3–16   劳 工 资 源 少 确 认 表

因素二	劳工资源少
确认内容	每次运杆工作人员≥8人，是否对运杆时间长有影响
确认过程	2018年6—7月电杆组立高山超时116基，小组对每次运杆人员配置情况进行调查： 某高原地区因山体险峻，道路狭小，高山运杆采用的是人工扛抬的原始方式进行电杆运输，因杠抬方式和山体特点每次运输仅能6～12人杠抬，小组对116基电杆的人员配置和峰体运杆时间统计如下：

序号	运杆地点	运杆人数（人）	运杆时间（分钟·人）
1	永重普	12	2496
2	益达村	8	2516
……			
113	达热村	8	2314
114	桑达村	9	2269
115	察瑞岗	10	2280
116	察瑞改	8	2405

确认过程（左栏标注）

影响度分析	小组对运杆人数与运杆时间的相关性进行了分析。发现 Pearson 相关系数 $=0.008$，$P=0.929$，$r^2=0.023\,5$。因 P 值大于 0.05，说明参加运杆人员与高原高山峰体运杆时间不是线性关系。所以劳工资源对高山峰体运杆时间无影响。

运杆人员与运杆时间的散点图

结论	非要因

确认三：无直行通道，确认表见表3–17。

表3–17   无 直 行 通 道 确 认 表

因素三	无直行通道
确认内容	运杆线路≤2倍直线距离，对运杆时间长影响≤30%
确认过程	2018年6—7月某高原地区组立超时116基，小组对每次运杆路线进行了现场测量。电杆在山体运送时为野外长年无人活动高原地区，山体因无直行通道，杠抬的电杆是混凝土浇筑，硬性运输无法弯曲，只能人字迂回线路运送电杆。在运送过程中电杆转弯半径需求大，加大了运送线路，运送距为 3.7～19.2 倍直线距离，小组将116基电杆运输路线直线距离倍数与峰体运送时间进行了统计。

续表

因素三	无直行通道		
确认过程	序号	运杆地点	运送线路直线距离倍数	时间（分钟·人）

	序号	运杆地点	运送线路直线距离倍数	时间（分钟·人）
	1	棍郭村	14.92	2496
	2	珠雀达村	10.93	2324
	3	仁白村	15.9	2515
	......			
	113	拉白格	4.15	2239
	114	热琼达	11.02	2340
	115	派乃格	14.79	2479
	116	袖珍达	9.9	2308

影响度分析

小组对 116 基电杆运输路线直线距离倍数与峰体运送时间的相关性进行了计算。通过计算运输路线直线距离倍数与峰体运送时间的 Pearson 相关系数 $=0.937$，$P=0.000$，两者存在线性显著相关性。$r=0.945$，运送路线直线距离倍数与峰体运送时间为强正相关。由此可知，运送路线越接近直行通道路线，运送时间越短，影响度巨大

电杆运输路线直线距离倍数与峰体运送时间的散点图

结论	要因

"缩短高原地区 10kV 电杆组立时间"课题节选部分采用现场测试的方法对末端因素进行要因确认，数据翔实且运用散布图等科学的统计方法对数据进行分析，依据末端原因对问题或问题症结的影响程度来判断是否为主要原因，较为规范。

四、常见问题

（1）没有做到逐条确认末端因素是否为要因，末端因素有遗漏，或者未对末端因素上一级或与之相关的因素进行确认。

（2）采用打分法、举手表决、加权平分等主观性较强的、依据不够充分的形式对是否主要原因进行判定。

（3）不是依据末端原因对问题或问题症结的影响程度来判断是否为主要原因，而是与

标准、规定进行比对，只要符合标准的，即认为非要因，不符合标准的即为要因。

五、评价标准

在问题解决型课题成果发表评审评分细则中，关于确定主要原因，明确的要求包含以下几个方面。

（1）主要原因从末端因素中选取。

（2）对所有末端因素逐一确认，将末端因素对问题或问题症结的影响程度作为判定主要原因的依据。

（3）工具运用正确、适宜。

第七节　制　订　对　策

一、活动准则

小组制订的对策应：

（1）针对主要原因逐条制订对策。

（2）必要时，提出对策的多种方案，并进行对策效果的评价和选择。

（3）按照 5W1H 制订对策表，对策明确、对策目标可测量、措施具体。

二、标准解读

（1）"必要时"是指是否针对每条主要原因提出不同的对策，并进行对策的综合评价和比较选择，应由小组根据每条主要原因的实际情况决定。

（2）制订对策应针对每条要因，挽救对策、根本对策、破坏对策。

（3）制订对策的三个步骤包括：

1）提出对策。

2）研究、评价、确定要采取的对策。

3）制定对策表。

（4）小组成员应集思广益，对策越具体越好。

（5）要分析研究对策的可实施性、有效性，避免采用临时对策，尽量依靠小组的力量完成。

（6）小组成员应能控制选用的对策，高投入、高难度、违反法律的不宜采用。

（7）主要原因对策的选择要用试验、测试、调查分析的方法，用数据说话，不可采用主观判断的方法。

（8）对策表必须严格按照 5W1H 编制，即 What（对策）、Why（目标）、Who（责任人）、Where（地点）、When（时间）、How（措施），典型的对策表见表 3-18。

表 3-18　典型的对策表

序号	要因	对策	目标	措施	时间	负责人
1	无专用操作接头	制作可调节式专用操作接头	绝缘棒头可调节 0°～135°	1. 选购合适的齿轮可调接头； 2. 制作绝缘棒、绝缘隔板连接的部件； 3. ……	8月2日	×××
……	……	……	……	……	……	……

（9）对策目标必须可测量、可检查，且与课题总目标没有直接关系，仅与对策所针对的主要原因状态相关联，即主要原因改善到何种程度的具体可测量、检查的描述。

（10）措施是对策的具体开展，应具有可操作性。

三、案例分析

以下为某 QC 小组的"缩短变电所全停预案编制时间"课题的制定对策部分（在确定要因环节中已明确"资料数据不集中"和"数据资料更新不及时"为要因）。

小组针对两个要因的对策选择进行了分析讨论。

1. 要因"资料数据不集中"对策方案制订

（1）针对"资料数据不集中"这一要因，小组成员于 4 月 27 日进行了会议，并一致认为应当建立一个将数据资料集中的平台，以便于数据资料的查找。

基于此，小组成员于 4 月 28 日联合了运方、调度、监控专业人员对系统所需实现的功能进行了讨论，并得出了 6 点在系统功能上的要求。

1）数据查询系统需要在配网接线图的基础上进行开发。

2）能表示各出线的上级主变压器是哪台。

3）变电站片区划分清楚完善。

4）能表示重要用户位置。

5）能显示线路最大负荷、限额能力重要信息。

6）具备数据链接及简单的计算功能。

（2）方案选择及评价。

5 月 1 日，小组成员进行了头脑风暴，得出了两种方案。

1）新增服务器通过网络的传输建立实时更新的数据查询系统。

2）利用办公软件 Excel 搭建以配网图为基础的数据查询系统。

为了合理地进行对策评价（评价标准表见表 3−19），小组成员制定了对策评价表（见表 3−20），分别从可实施性、有效性、经济性、可靠性四个方面对方案进行评价。

表 3−19　　　　　　　　　　　评 价 标 准 表

序号	评价值表示　　评价内容	5 分 ◯	3 分 ★	1 分 ▲
1	可实施性	小组能自行解决	需要其他部门协助	难度大，需外单位合作
2	有效性	预计很有效	会有一定效果	把握不大，要试试看
3	可靠性	彻底改造	较彻底改造	临时措施，以后还会发生
4	经济性	费用低	需要一定费用，但尚能承担	费用很高，很难承担

表 3−20　　　　　　　　　　　对 策 评 价 表

要因	方案	评价				综合得分	选定方案
		可实施性	有效性	可靠性	经济性		
资料数据不集中	（1）新增服务器通过网络的传输建立实时更新的数据查询系统	▲	◯	★	▲	10	×

续表

| 要因 | 方案 | 评价 | | | | 综合得分 | 选定方案 |
		可实施性	有效性	可靠性	经济性		
资料数据不集中	（2）利用办公软件Excel搭建以配网图为基础的数据查询系统	◎	★	◎	◎	18	√

要因"资料数据不集中"对策方案确定为"利用办公软件Excel搭建以配网图为基础的数据查询系统"。

2. 要因"数据资料更新不及时"对策方案制定

（1）在制定针对"数据资料更新不及时"对策方案这一要因时，小组成员进行了头脑风暴，对改善数据更新不及时问题展开了讨论，最后提炼出三种方案。

方案A：建立数据资料更新联系单，并制定相应的工作流程。

方案B：加大对数据资料更新时间的检查力度，实现部门、班组两级监督。

方案C：制定有关数据资料更新相关考核指标。

（2）对策方案评价。

针对这三种方案，小组成员运用价值工程分析法进行分析和评价，结果见表3-21。

表3-21　　　　　　　　　　对策方案功能数值表

方案功能	管理能效
方案A：可控性强，建立数据资料更新体系，管理更加规范化，可以纠正数据资料更新不及时问题	80%
方案B：管理灵活，通过监督工作人员行为，减少数据资料更新不及时的问题	70%
方案C：成本低廉，通过考核，规范工作人员工作，减少数据资料更新不及时的问题	65%

根据功能数值表，应用价值工程的技术分析步骤，计算三种方案的功能评价系数、资金占用系数、价值系数，结果见表3-22~表3-25。

表3-22　　　　　　　　　　对策方案功能评价系数

方案	方案A	方案B	方案C	修正得分	合计	功能评价系数
方案A	×	0	1	3	4	0.33
方案B	1	×	1	3	5	0.42
方案C	0	0	×	3	3	0.25
合计					12	1

注　功能较优的一方打"1分"，功能较差的打"0分"。

表3-23　　　　　　　　　　对策方案资金占用系数

方案	投资（元）	资金占用系数
方案A	40 800	0.31
方案B	70 040	0.53

续表

方案	投资（元）	资金占用系数
方案 C	20 000	0.16
合计	130 840	100%

注　资金占用系数＝该方案成本/各方案成本之和。

表 3－24　　　　三种方案功能评价系数、资金占用系数及价值系数表

方案	功能评价系数	资金占用系数	价值系数
方案 A	0.33	0.31	1.06
方案 B	0.42	0.53	0.79
方案 C	0.25	0.16	1.56

注　价值系数＝功能评价系数/资金占用系数。

表 3－25　　　　　　　　对 策 方 案 评 定 表

方案	价值系数	评定	说　明
方案 A	1.06	最佳方案	价值系数＝1 表明建立数据资料更新联系单并制定相应的工作流程与实现的功能所需最低成本大致相当，视为最佳方案
方案 B	0.79	功能过剩	价值系数＜1 表明加大对数据资料更新时间的检查力度实现部门、班组两级监督成本大于功能评价值，评价为成本过高，存在功能过剩
方案 C	1.56	功能不足	价值系数＞1 表明制定有关数据资料更新相关考核指标成本低于此项功能所投入的最低成本，无法达到要求，表明该方案功能不全

小组成员通过分析评估，确定方案 A（建立数据资料更新联系单，并制定相应的工作流程）为最佳方案，故选定。

3. 对策表制订

对策表见表 3－26。

表 3－26　　　　　　　　　　对 策 表

序号	要因	对策	目标	措施	负责人	地点	完成时间
1	资料数据不集中	利用办公 Excel 软件搭建以配网图为基础的数据查询系统	将配电网络图、线路最大负荷、线路限额、上级主变压器、重要用户等信息都集中到该系统中，提高资料数据的查询效率	1. 结合对系统功能上的要求对系统界面进行设计优化，并完成基本框架的搭建	×××	办公室	5 月 30 日
				2. 实现系统中简单的数据资料关联功能	×××	调度大厅	6 月 8 日
2	数据资料更新不及时	建立数据资料更新联系单，并制定相应的工作流程	制定联系单及其使用的规范化文件，做好宣贯工作，做到数据资料实时更新	1. 梳理数据资料查询平台所需要的数据资料	×××	调度大厅	6 月 12 日
				2. 联合调度及运方人员讨论制定《国网××市供电公司调控分中心数据资料更新联系单》	×××	调度大厅	6 月 16 日
				3. 制定《图形化数据查询系统的应用管理规范化说明》，并宣贯	×××	办公室	6 月 24 日

小组根据"资料数据不集中"和"数据资料更新不及时"逐条制定对策、提出多种对策方案、进行对策效果的评价和选择，并以此为基础制定了 5W1H 对策实施计划表。存在的主要问题主要包括：针对提出的对策方案，采用的是"打分法"，较为主观，评价依据不足；对策目标只是定性描述，不可测量或检查，导致对策实施时无法对对策目标进行验测。

四、常见问题

（1）对策目标只是定性描述，不可测量或检查，导致对策实施时无法对对策目标进行验测。

（2）将课题的总体目标直接替代对策目标，或将课题目标分阶段化作为对策目标，从而逻辑混乱。

（3）没有严格针对主要原因逐条一一对应制定对策，而是随意编制。

（4）"对策"与"措施"概念混淆，造成对策不简练、措施不具体。

（5）对策表随意编制，缺失 5W1H 相关要素。

（6）采用一个人或少数人制定的对策，应该群策群力，由全体成员共同去完成。

（7）小组采用临时的应急对策。

（8）对策、措施内容分开制定，毫无关联。

（9）措施内容过于简略，使实施过程中无法依据措施一一实施，巩固措施环节无法针对措施进行巩固。

五、评价标准

在问题解决型课题成果发表评审评分细则中，关于制定对策，明确的要求包含以下几个方面。

（1）针对所确定的主要原因，逐条提出不同对策，必要时进行对策多方案选择。

（2）对策按 5W1H 原则制定。

第八节　对　策　实　施

一、活动准则

小组实施对策应：

（1）按照对策表逐条实施对策，并与对策目标进行比较，确认对策效果和有效性。

（2）当对策未达到对应的目标时，应当修改措施并按新的措施实施。

（3）必要时，验证对策实施结果在安全、质量、管理、成本等方面的负面影响。

二、标准解读

（1）应按照"对策表"中的要求逐一实施。因此"对策表"制定时应尽可能的详尽。

（2）实施过程的情况要及时、详细地记录。记录内容包括时间、人员、地点、做法、困难、解决的办法、结果、费用等。

（3）应按对策表中的具体措施实施每项对策。每项对策实施完毕，应及时收集数据，确认是否达到对策目标。

（4）当未达到对策目标时，应对该对策的具体措施作出调整与修改，然后再实施并确认实施效果。

（5）"必要时"，是指当实施对策后，可能安全、成本、环保等方面出现负面影响，小组应根据课题和对策的实际情况进行验证，验证的方法可采用对比法、试验法等。

（6）如果实施的结果虽然达到了目标，但负面影响太大（如影响安全、妨碍管理、费用过高、造成环境影响过大或者影响到其他运行参数），应重新考虑对策并进行修改。

三、案例分析

以下为某 QC 小组的"墙体暗线检测仪的研制"课题的制订对策和对策实施部分。

（一）制定对策

为切实有效地开展活动，将 QC 工作落实到实处，根据 5W1H 原则制定活动对策表，见表 3-27。

表 3-27　　　　　　　　　　　　　　　5W1H 对策实施表

序号	对策	目标	措施	实施人	实施时间	地点
1	电路图设计	通过仿真软件完成电路图设计 100%	1. 安装 Multisim 11.0；2. 设计电路图	×××	4 月 27 日	实验室
2	元器件采购与制作	1. 完成三极管、声光报警器和电池组采购；2. 完成伞形天线制作	1. 采购元器件；2. 利用铜线制作伞形天线	×××	4 月 27 日	实验室
3	元器件组装焊接	按设计图实现元器件 100% 焊接组装	按设计图元器件焊接	×××	5 月 12 日	实验室
4	仪器检测与调试	测试制作完成仪器并实现功能 100%	1. 实验室测试；2. 现场测试	×××	8 月 3 日	实验室

（二）对策实施

实施一：电路图设计，见表 3-28。

表 3-28　　　　　　　　　　　　　　　电 路 图 设 计

综述	实施效果	实施效果检查
安装 Multisim 11.0		通过软件安装完成 Multisim 11.0 仿真软件的调试，成功率 100%
设计电路图		经仿真软件模拟，完成电路图设计 100%

实施二：元器件制作与采购，见表3-29。

表3-29   元 器 件 采 购 与 制 作

综述	实施效果	实施效果检查
采购元器件		完成三极管、纽扣电池组、电阻和声光告警器的采购
制作伞形天线		通过导线弯折完成伞形天线的制作

实施三：元器件组装焊接，见表3-30。

表3-30   元 器 件 组 装 焊 接

综述	实施效果	实施效果检查
焊接步骤一		焊接串联A、B、C三个三极管（基极b连接发射极e），再把三极管C的集电极c和声光告警器以及小电阻串联焊接
焊接步骤二		把导线绕成环状作为电感与三极管A的基极b焊接
焊接步骤三		把三极管A、B的集电极c与电阻的剩余一端用导线焊接连接与三级管C的发射极e和纽扣电池组成回路

实施四：仪器检测与调试。

（1）实验室测试。墙体暗线检测仪能够不接触导线判断是否带电，测试情况见表 3-31。经实验室多次反复测试能够在 15cm 范围内准确测定导线是否带电。准确率超过 98%，满足使用要求。

表 3-31　　　　　　　　　　　　实 验 室 测 试 情 况 表

测试内容	贴近导线测试	间距 5cm 测试	间距 10cm 测试	间距 15cm 测试	间距 20cm 以上测试
测试次数	50	50	50	50	50
成功次数	50	50	50	49	26
成功率	100%	100%	100%	98%	52%

（2）现场测试。在现场实际运用中，使用墙体暗线检测仪，施工破坏用户内线故障次数下降为 0 次（见图 3-6），极大地提高了施工安全性和用户服务体验，排查内线故障减少总部动作次数，提升了供电可靠性。

实际使用的效果好于设定的目标，说明我们小组的活动是成功的。

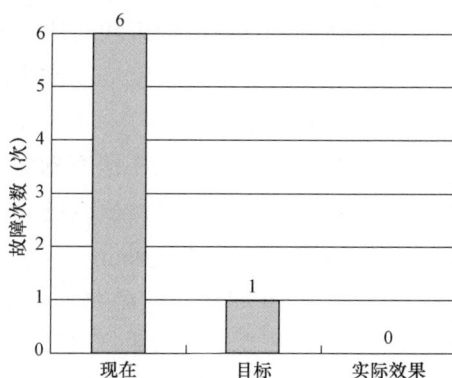

图 3-6　目标值检查

"墙体暗线检测仪的研制"课题基本按照对策表中的对策和措施进行逐条实施，并在每个对策实施完成之后进行对策目标的确定，判断对策目标是否完成。从表面上看，流程清楚，前后对应逻辑正确。但是，对策表中的三个 100% 的目标值的设定对于对策实施的指导性不强，没有设置特征性明显的目标值；而且在对策实施过程中特别是实施一至实施三，均无相应的数据支撑，对策实施的情况空洞，没有现场支撑材料，只用语句描述，实施四的结果直接与课题目标进行比对，得出了"小组活动成功"的结论，存在着对 QC 流程不清楚的问题。

四、常见问题

（1）没有按照制订的对策表逐条实施对策。

（2）在实施对策过程中还出现了比较大的方案比较、选择。

（3）对策实施的情况空洞，没有现场支撑材料，只用语句描述。

（4）对策实施效果缺少具体数据、没有具体时间。

（5）实施效果只强调与实施前比较，而未与对策表中目标值比较。

（6）实施效果收集数据的时长与课题效果检查时长相混淆。

（7）没有逐条确认对策目标完成情况，而是检查课题总目标实现情况，或者到效果检查阶段直接检查课题的总体效果。

（8）对主要设备进行了改进，对重要部件、流程的关键节点进行了修改后，又无负面影响的论证，或论证缺乏相关部门出具的佐证材料，缺乏说服力。

五、评价标准

在问题解决型课题成果发表评审评分细则中，关于对策实施，明确的要求包含以下几个方面。

（1）每条对策在实施后检查对策目标是否完成。

（2）工具运用正确、适宜。

第九节 效 果 检 查

一、活动准则

所有对策实施后，小组应进行效果检查：

（1）检查小组设定的课题目标是否完成。

（2）与对策实施前的现状对比，判断改善程度。

（3）必要时，确认小组活动产生的经济效益和社会效益。

二、标准解读

效果检查，是对策表中所有对策全部实施完成并逐条确认达到目标要求后，即所有的要因都得到了解决或改进，按改进后的条件进行试生产（工作），并从中收集数据，用以检查改进后所取得的总体效果。

（一）检查小组设定的课题目标是否完成

（1）把对策实施后试生产（工作）收集的数据与小组设定的课题目标值进行比较，检查是否达到了预定的目标。

（2）如果达到小组设定的目标，说明问题已得到解决，就可进入下一个步骤，巩固活动取得的成果，防止问题的再发生。

（3）如果未达到小组设定的目标，说明问题没有彻底解决，必须分析没达到目标的具体原因，是现状调查中症结找得不准，还是设定目标时预计症结的解决程度不准，或是分析原因不全、未到末端，或是主要原因确定不准确，或是对策选择有误。哪个步骤有不足，就从哪个步骤重新开始，进行一个小 PDCA 循环，这是 PDCA 循环的特点之一，即大环套小环，直至达到目标。

（二）与对策实施前的现状对比，判断改善程度

（1）小组在检查设定的课题目标已完成后，还应对问题症结的解决情况进行调查，与对策实施前的现状进行对比，以明确改进的有效性。

（2）效果检查的时间要求有三：一是开始收集效果数据的时间，必须在全部对策实施完成并达到了对策目标之后；二是收集效果数据的时间单位，应与对策实施前收集现状数据的时间单位保持一致；三是效果检查时间长度应在三个周期及以上。

（三）必要时，确认小组活动产生的经济效益和社会效益

（1）是否计算小组活动的经济效益和社会效益，由小组根据课题活动的实际情况来定。

（2）凡是能够计算经济效益的，都应该计算出本次课题活动所带来的经济效益，以明

确小组活动所做的具体贡献，鼓舞小组成员的士气，更好地调动小组成员的积极性。

（3）经济效益是指在活动期（包括巩固期）内产生直接实际的可计算经济效益。计算经济效益一定要实事求是，不计算预期的经济效益，且要扣除此次活动的投入。

（4）如果小组创造的经济效益很小（甚至为负数），可着重社会效益方面的描述。

（5）效果检查常用的方法有调查表、简易图表、排列图、控制图、直方图等。

三、案例分析

以下是某 QC 小组"缩短 10kV 电缆终端制作时间"课题效果检查部分。

（1）主要症结解决程度检查确认。小组成员把实施后的数据与实施前的现状和绝缘层倒角这一主要症结情况进行了验证和确认，并通过排列图对实施前后的主要症结解决程度情况进行了对比（见表 3-32 和图 3-7）。

表 3-32　　　　　　　　　　实施后主要症结解决情况数据分析

序号	分工序	时间（min）	百分比（%）	累计百分比（%）
1	绝缘层倒角	18.6	73.5	73.5
2	测量长度	2.0	7.9	81.4
3	套冷缩	1.6	6.3	87.7
4	套相色	1.6	6.3	94.0
5	导体清洁	1.5	6.0	100.0
6	合计	25.3	100	

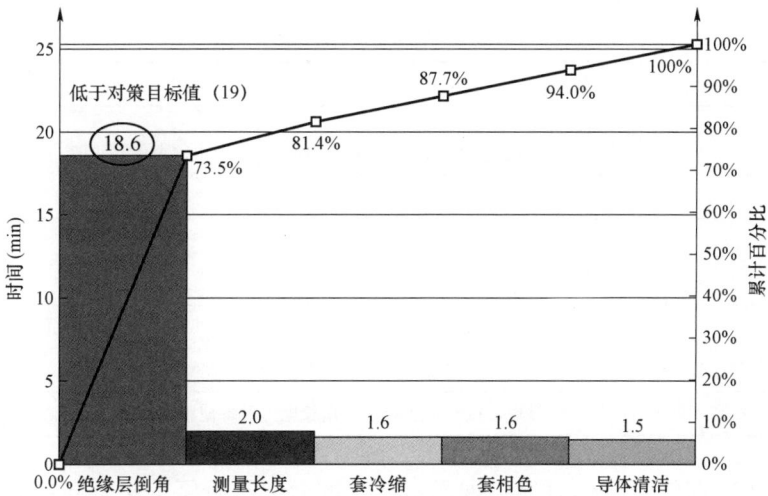

图 3-7　实施后主要症结解决情况

（2）目标值检查确认。QC 小组成员通过 2018 年 9—10 月的 10 个工程，对 100 台 YBW 的电缆终端制作时间进行数据统计（见表 3-33 和图 3-8）。

表 3－33　　　　　　　　QC 活动后电缆终端制作平均时间汇总表

日期	工程名称	长度测量	剪切	拆附件	校直	剥切	总时间（min）
2018 年 9 月 16 日	梓树广场	0.7	2.5	1.5	1.3	22.1	28.1
2018 年 9 月 22 日	金牛房产	0.6	2.6	1.4	1.4	21.9	27.9
……	……	……	……	……	……	……	……
2018 年 10 月 10 日	永通科技	0.6	2.6	1.4	1.4	21.7	27.7
2018 年 10 月 21 日	高科光电	0.7	2.7	1.5	1.5	21.9	28.3
2018 年 11 月 5 日	18 号公馆	0.5	2.8	1.3	1.6	21.8	28.0
平均值		0.6	2.6	1.4	1.5	21.9	28.0

调查结论：从表中可以得知，10 个工程项目的电缆终端制作平均时间为 28min，低于目标值 13.8min。如图 3－8 所示，QC 小组活动目标实现了。

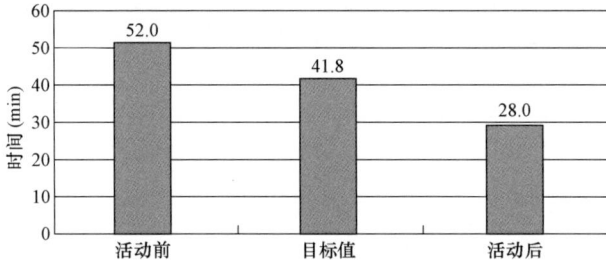

图 3－8　活动效益分析图

（3）活动效益。此次活动目标的顺利实现，也为公司带来了一定的活动效益，主要有经济效益、企业效益和社会效益（见表 3－34）。

表 3－34　　　　　　　　　　活 动 效 益 分 析 表

效益类型	效益计算与分析		效益成果	备注说明
经济效益	人员节约工时成本	5min＝1 工时 (52－28)×1600÷5＝7040 工时	(7040＋3104)工时×5 元＝50 720 元	按照 1600 台/年、5 元/工时计
	质检节约工时成本	9.7×1600÷5＝3104 工时		
	工具制作成本	铝材 35 元	115 元	覆铝锌板（10 000 元＝1 吨）
		加工工具费 80 元		
	累计节约成本		50 720－115＝50 650 元	
企业效益	降低劳动强度，减少了安全隐患；设备安全、供电安全效益是重中之重			
社会效益	提高了供电连续性、可靠性，提升企业形象；延长电力设备使用寿命			

"缩短 10kV 电缆终端制作时间"课题对产生的效果进行了分析，包括目标达成情况、企业效益及社会效益分析等。存在的问题主要包含以下几个方面。

（1）没有先检查设定的课题目标是否完成，而是先统计分析主要问题的解决情况，次序上颠倒。

（2）本节约不是实际发生的，不能作为直接经济效益来计算。

（3）分析无相关财务部门佐证材料。

四、常见问题

（1）次序颠倒。先与对策实施前的现状对比，再检查小组设定的课题目标是否完成。

（2）在与对策实施前的现状对比时，未与现状调查时的问题症结进行比较，当对比没有明显改善时，未给出合理解释。

（3）效果检查开始时间不对，与对策实施中效果确认时间重叠，或在所有对策还未实施完毕并达到对策目标时，就开始收集效果检查的数据。

（4）与对策实施前收集现状数据的时间单位不一致，或效果检查时间长度未达到三个周期及以上。

（5）计算经济效益不实事求是：一是计算预期的经济效益，或类推、延长计算期限；二是未扣除本课题活动的投入；三是计算的人力资本节约额不是实际发生的；四是无相应财务部门佐证材料。

五、评价标准

在问题解决型课题成果发表评审评分细则中，关于效果检查，明确的要求包含以下几个方面。

（1）将取得效果与实施前现状比较，确认改进的有效性，与所制定的目标比较，检查是否已达到。

（2）取得经济效益的计算实事求是。

（3）必要时，对无形效果进行评价。

第十节　制定巩固措施

一、活动准则

制定巩固措施，小组应：

（1）将对策表中通过实施证明有效的措施经主管部门批准，纳入相关标准，如工艺标准、作业指导书、管理制度等。

（2）必要时，对巩固措施实施后的效果进行跟踪。

二、标准解读

通过活动，小组达到了预定的课题目标，取得效果后，就要把效果维持下去，防止问题的再发生。为此，要制定巩固措施。

（1）将已被实践证明了的有效措施纳入有关标准，这里所说的已被实践证明了的有效措施是指对策表中已经列入的，经过实施，证明确实能使原来影响问题的要因能够被解决，使它不再对问题造成影响的具体措施。所谓具体措施，一方面，是指这些措施是被列入"对策表"的，并经过实施证明是有效的，而不是另起炉灶的措施；另一方面，是指这些措施应该是明确的、可操作的、可检查的、可考核的，而不是笼统的、模糊的、口号式的措施。

（2）"相关标准"指的是广义的标准，可以是狭义的标准，如图纸、工艺文件等，也可以是作业指导书、管理制度等。也就是说，为了巩固成果，防止问题再发生，就要把对策表中能使要因恢复到受控状态的有效对策和措施，该纳入什么标准，就纳入什么标准，以便相关人员今后的执行及进行日常管理。

（3）巩固措施的内容、方式。问题解决型课题的小组巩固措施的内容必须是在效果检查中证明有效的措施，如变更的工作方法、操作标准，变更的有关参数、图纸、资料、规章制度等。巩固的方式必须是通过将这些有效措施分门别类纳入相关标准，包括技术标准和管理制度。这些标准和制度可以是企业层级的，也可是部门、班组层级的。

（4）巩固期检查。小组成员应结合课题的实际情况，自行决定是否设定巩固期，对巩固措施实施后的效果进行跟踪。

已解决的问题几个月后再次发生，其主要原因是巩固措施没有严格执行。因此，小组成员要对巩固期的情况到现场进行跟踪，收集数据确认是否按照修订的新标准、方法操作执行，以确保取得的成果真正得到巩固，并维持在良好的水平上。

（5）在取得效果后的巩固期内做好记录，进行统计，用数据说明成果的巩固状况。巩固期的长短应根据实际需要确定，只要有足够的时间说明在实际运行中效果稳定就可以了。巩固期长短的确定，是以能够看到稳定状态为原则的，一般情况下，通过看趋势判断稳定，至少应有三个统计周期的数据。统计周期指的是小组进行现状调查（目标可行性分析）时收集统计数据时的周期时长，例如周、月、季等。

（6）制定巩固措施常用的方法包括简易图表、流程图、控制图、直方图等。

三、案例分析

以下为某 QC 小组的"缩短春节期间光伏进相操作时间"课题的制定巩固措施部分。

1. 巩固措施

成果巩固措施见表 3-35。

表 3-35　　　　　　　　　　　成果巩固措施

对策方案	人工就地操作转化为逆变器远方调节			
巩固内容	编制操作手册	项目专利	课题论文	实施光伏投产新要求
巩固措施	培训并使用手册	专利撰写与申报	论文撰写与投稿	光伏接入投产与验收
文件名称	《分布式光伏进相运行远方调节操作手册》	《一种光伏逆变器功率因数集中调节的程序》	《基于光伏逆变器远方调节的春节无功功率调整策略》	《××分布式电源项目并网调度协议》
附图				
状态	已实用	申报中	录用中	已实用

2. 巩固措施回头看

为了进一步检验应用逆变器远方调节措施是否长期有效，小组成员在 2018 年春节后，对海盐区域 20 座光伏电站（新增 2 座）进相操作时间进行巩固期测试检查，结果如表 3-36 及图 3-9 所示。

表 3-36　　　　　　　　　　巩固期海盐整体光伏进相耗时对比统计表

实施后（2018 年春节期间——18 座光伏电站）		巩固期（2018 年春节之后——20 座光伏电站）	
遥控主体环节	平均时长（h）	遥控主体环节	平均时长（h）
光伏用户会议	2.20	光伏用户会议	2.20
联系运维人员	0.80	联系运维人员	0.80
进相实施过程	1.93	进相实施过程	1.17
数据核对反馈	1.10	数据核对反馈	1.10
总体耗时	6.03	总体耗时	5.27

在增加 2 座光伏电站的前提下，采取巩固措施后，光伏进相实施过程耗时由 1.93h 减小至 1.17h，同比可计算出海盐整体光伏进相操作时间为 5.27h（2.20＋1.17＋0.80＋1.10）。这说明操作人员对分布式光伏远方集中控制进相操作的熟练运用，有效提高了光伏远方调节效率，达到了便捷、省时、可靠的目标与效果。

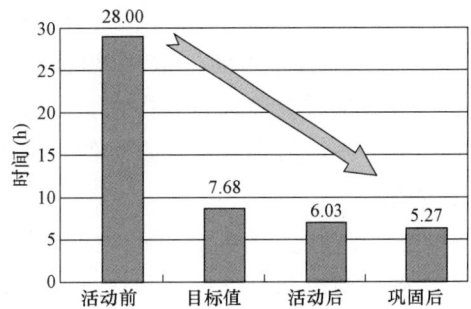

图 3-9　巩固措施后效果对比图

"缩短春节期间光伏进相操作时间"课题在制定巩固措施时，编制了操作手册，实施了光伏投产的新要求，且结合课题的实际情况，进行了巩固措施回头看。存在的问题是：没有明确将已经证明了的有效措施纳入企业内部的哪个具体的标准，将专利的申报、论文的发表情况列入了巩固措施中，巩固措施回头看过程中未明确统计的周期。

四、常见问题

（1）未能将实施有效的具体措施纳入相关标准。

（2）巩固措施不具体，太笼统，没有明确纳入的具体标准是什么。

（3）小组将活动后行政方面继续跟进的工作与巩固措施相混淆。

（4）巩固期的统计周期有问题，未考虑至少三个统计周期。

（5）将专利、软著、论文、推广应用情况等纳入巩固措施。

五、评价标准

在问题解决型课题成果发表评审评分细则中，关于制定巩固措施，明确的要求包含以下几个方面。

（1）实施中的有效措施已纳入有关标准，并按新标准实施。

（2）改进后的效果能维持、巩固在良好的水准，并有数据依据。

（3）工具运用正确、适宜。

第十一节　总结和下一步打算

一、标准条款

小组对活动全过程进行回顾和总结，有针对性地提出今后打算。包括：

（1）针对专业技术、管理方法和小组成员综合素质等方面进行全面总结。

（2）在全面总结的基础上，提出下一次活动课题。

二、标准解读

没有总结就没有提高。QC 小组在本课题成功解决问题之后，要认真回顾活动的全过程：成功与不足之处是什么，肯定成果的经验，以利于今后更好地开展活动，接受失误教训，以使今后的活动少走弯路。通过总结，鼓舞士气、增强自信、体现自身价值。

总结应结合课题活动实际，实事求是地总结小组成员在专业技术、管理技术和综合素质等方面有哪些提高和不足。

（1）总结可以从专业技术、管理技术和小组综合素质三个方面进行。

1）专业技术方面。QC 小组在活动中分析问题存在的原因，确定主要原因、制定对策、进行改进都需要用到专业技术。通过活动，使小组成员的哪些专业技术得到了提高，这一切都需要小组成员一起认真总结。通过总结必然会使小组成员在专业技术方面得到一定程度的提高。

2）管理技术方面。在解决问题的全过程中，小组活动是否按照科学的 PDCA 程序进行；解决问题的思路是否一环扣一环，具有严密的逻辑性；在各个阶段是否都能够以客观事实和数据作为依据，进行科学的判断分析与决策；改进方法的应用方面是否正确且恰当，这一切都需要通过总结得以体现。通过管理技术方面的总结，能进一步提高小组成员分析问题和解决问题的能力。

3）小组成员的综合素质方面。QC 小组在对活动过程总结时，可从以下几个方面对 QC 小组成员的综合素质进行评价：质量意识是否提高（或安全、环保、成本、效率等意识）；问题意识、改进意识是否加强；分析问题与解决问题的能力是否提高；QC 方法是否掌握更多些，且运用得更正确和自如；团队精神、协作意识是否树立或增强；工作干劲儿和热情是否高涨；创新精神和能力是否增强等。

通过综合素质的自我评价，使小组成员明确自身的进步，从而更好地调动小组成员质量改进的积极性和创造性。

（2）下一步打算中继续寻找发现小组成员身边和工作现场存在的改进机会，追求卓越，持续改进。

三、案例分析

以下为某 QC 小组的"缩短 VV 铜型低压电缆头制作时间"课题的总结和下一步打算部分。

小组成员通过此次 QC 活动，总结整个过程给大家带来的收获（见表 3-37）。

表 3-37   小组成员收获总结表

序号	活动内容	优点	不足	努力方向
1	选题理由	从实际工作中发现问题,并善于思考、提出可能	—	扩大选题范围
2	现状调查	通过实践得到的数据更加准确,为设定目标做铺垫	—	扩大调查范围
3	设定目标	学会运用统计方法,对发现的问题进行数据收集整理	—	目标依据分析应更加全面
4	原因分析	运用头脑风暴法集思广益,提出的想法准确	分析层次不够,原因不够全面	加强系统图的层次学习
5	确定主要原因	学会使用质量管理方法对各种原因进行分析对比选择,强化了小组分析解决问题的能力	方法工具应用不够熟练	加强质量管理方法学习
6	制定对策	小组成员们的规划意识和能力得到提升。成员们充分发挥自己的特长,相互配合共同努力,培养了团队意识	对策是否完整没有考虑	完善对策表的全面性
7	对策实施	小组成员不同程度地增强了动手能力和机械组装能力	没有评估副作用	增加评估对策副作用
8	制定巩固措施	增强了动手能力和现场工作经验	追踪时间不长	改进无止境,保持持续的跟踪改进
9	总结	提高了效益分析能力,增强了大局意识	—	加强分析的全面性
10	今后打算	小组成员们编制了说明书,更好地理解了压模的使用	—	将小组的工具推广到各个兄弟单位

本次 QC 活动,小组成员从现场实际出发,不仅仅提高了团队的凝聚力、创新水平,更是通过利用 QCC 的分层分析法找到了问题的症结,改进的圆形压模不仅使制作时间降低,更加提升了制作工艺,有利于后期的运行。

下一步,小组将以《提升接地线使用正确率》为课题。

"缩短 VV 铜型低压电缆头制作时间"课题从活动的每个过程进行分析,既有优点也有缺点,还提出了下一步的努力方向。但是课题没有针对课题活动的实际情况进行总结,可以普遍适用于大多数课题,且无相关数据印证,纯文字定性描述,无说服力。

四、常见问题

(1)小组没有针对课题活动实际情况进行总结,而是套用某些模板。

(2)总结文字过多,数据少。

(3)使用雷达图等工具,但缺乏相关具有说服力的数据溯源,不能客观进行总结。

(4)总结泛泛而谈,未对专业技术、管理技术和小组成员综合素质进行有针对性的分析。

第四章
创新型课题活动
程序及要点

第一节　总　　则

一、活动准则

创新型课题按照如图 4-1 所示的程序开展活动：

二、标准解读

（1）创新的形式可以多样化，可以包括以下几个。

1）原始创新，指前所未有的重大科学发现、技术发明、原理性主导技术等。

2）集成创新，指通过对各种现有技术的有效集成，形成有市场竞争力的新产品或管理方法。

3）引进消化吸收再创新，指在引进国内外先进技术的基础上，学习、分析、借鉴，进行再创新，形成具有自主知识产权的新技术。

（2）创新型课题的活动程序中，第三步"提出方案并确定最佳方案"，比以往提法少了"各种"二字，可以理解为不强调必须要有多个总体方案。

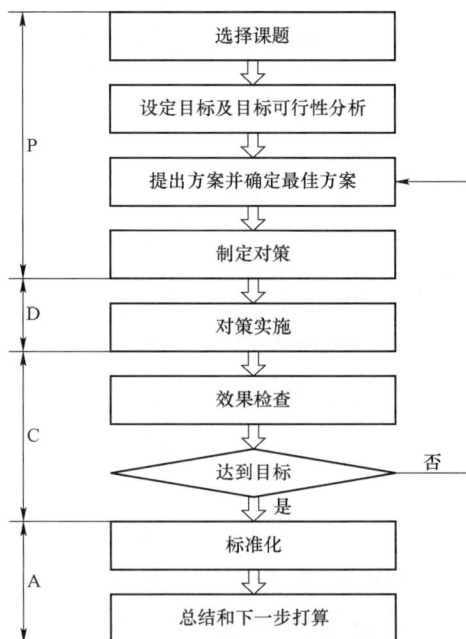

图 4-1　创新型课题活动程序

第二节　选　择　课　题

一、活动准则

（一）选题来源

小组针对现有的技术、工艺、技能、方法等无法实现或满足工作任务的实际需求，运用新思维选择的创新课题。

（二）选题要求

小组选题应满足以下要求：

（1）针对需求，借鉴查新不同行业或类似专业中的知识、信息、技术、经验等，研制

（发）新的产品、服务、方法、软件、工具及设备等。

（2）课题名称应直接描述研制对象。

（3）必要时，论证课题的可行性。

二、标准解读

（1）小组在生产、服务过程中遇到安全隐患、效率低下、服务不周，应用现有的技术、工艺、技能、方法等已经无法实现或满足实际需求，只能运用新思维、新方法进行创新，追求卓越，进而满足需求。因此，选题的两种情况：一是针对需求，二是针对持续改进遇到的瓶颈。

（2）创新分为主动创新与被动创新。被动创新：当现有模式无法成功，无法解决或者应对当前的问题，为了解决问题而努力去寻找新的方式方法。主动创新：现有模式是成功的，但主动对模式进行改良或者寻找更好的方法实现目标。

（3）通过国家知识产权局、搜索引擎等网站，对现有技术、工艺、技能、方法进行查新，是否满足现有需求。若无法满足现有需求，则根据需求导向进行创新活动。

（4）借鉴查新是创新型课题的重要基础环节，借鉴的对象，包括在查新过程中本专业或类似专业已有的文献，国内外已有的实际技术、经验，以及自然现象、身边的事物等。

（5）借鉴查新的内容中量化数据为创新课题目标的可行性分析提供技术支撑。同时，为后续提出方案提供借鉴依据。

（6）课题名称应直接描述研制、研发的产品、服务、方法、软件、工具及设备等，能一目了然地了解课题的特点、特性。因此，课题名称有两种情况：一是直接描述创新需求，二是直接描述研制对象。

（7）如果借鉴的内容具体单一，可以针对借鉴内容直接确定课题。

（8）由小组成员根据课题实际情况，自行决定是否需要认证课题的可行性。

三、案例分析

以下为某 QC 小组的"特高压输电线路新型接地线夹的研制"课题的选择课题部分。

（一）课题背景

特高压输电线路相比超高压输送电能，容量更大、距离更长，更是起到牵一发而动全身的作用。金华作为浙江省为数不多的特高压交直流线路均有落地的地区，早已进入特高压时代，供电公司每年都要对停电检修的特高压线路挂设接地线来预防感应电伤害。作为保障检修工人生命安全的最后一道防线，确保接地线的可靠连接，就显得至关重要。目前特高压输电线路停电检修前，挂设的抛挂式接地线夹头采用鳄鱼嘴结构，如图 4-2 所示。

然而，该接地线夹挂设时存在耗时较长、费力，效率低的问题。本 QC 小组对金华境内的 5 条特高压线路与多条超高压线路挂设每相接地线的时间进行了统计比对，见表 4-1。

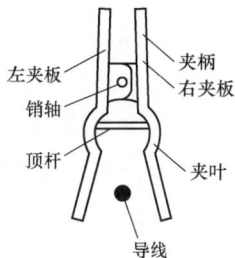

图 4-2 鳄鱼嘴型接地线夹

表 4 – 1　　　　　　　　　超、特高压输电线路挂设接地线作业时间统计比对

序号	特高压线路名称	每相接地线平均挂设时间（min）	超高压线路名称	每相接地线平均挂设时间（min）
1	±800kV 宾金线（极Ⅰ、极Ⅱ）	16	500kV 金万 5463 线	7
2	1000kV 江莲Ⅰ线	18	500kV 双兰 5427 线	6
3	1000kV 江莲Ⅱ线	14	500kV 江仪 5460 线	4
4	1000kV 安兰Ⅰ线	20	500kV 夏龙 5446 线	5
5	1000kV 安兰Ⅱ线	22	500kV 丹浦 5445 线	6
	平均值	18		5.6

注　挂设时间统计起止为人员达到横担头就位至该相接地线挂设完毕准备离开横担端。

从表 4 – 1 可以看出，特高压线路接地线挂设花费的时间较长。这是由于绝缘绳与夹柄在同一侧方向，塔上人员用手上下牵引绝缘绳，时常会使线夹口往水平方向偏斜，导致线夹口无法垂直向下对准导线。小组成员对挂设过程进行了模拟实验，需反复多次上下拉动绝缘绳，调整夹头方向才能完成挂设。同时，在操作过程中发现线夹顶杆易被误碰而触发，使得两片夹叶合拢，不能一次性挂设成功，需将线夹拉到横担端，重新操作。

以上过程相比超高压输电线路接地线挂设（大约 5min），均花费了大量的时间和体力，易造成塔上人员长时间作业引起的心理焦虑和身体疲劳，存在安全隐患。此外，在挂设操作过程中还存在反复放电拉弧现象，可能损伤导线和接地线。

（二）提出需求

为了解决上述特高压线路接地线夹挂设耗时长、效率低等问题以及反复拉弧放电损伤导线和接地线的技术问题，输电运检室不断地摸索和研究，曾从人员技能方面分析，发现作业经验丰富的工作人员仍无法提高挂设效率。然而，由于特高压输电线路的重要性，所以确保其能够顺利完成停电检修任务，提高电力系统的稳定性，就显得至关重要。为了提高工作效率，减少作业时间，亟须研制一种便捷、快速、安全的特高压输电线路新型接地线夹，该装置应符合以下需求。

（1）能够快速、准确挂设。

（2）挂设可靠性高。

（3）具有操控便捷性。

（三）查新借鉴

针对上述需求，QC 小组通过讨论提出构想：能否通过创新设计新型接地线夹借助辅助装置来节省挂设时间，并增加与导线的夹紧力来确保挂设可靠性高？为此，QC 小组通过国网科技图书文献中心、中国知网、万方数据、维普资讯、中国专利数据库等进行相关文献检索。检索词为：特高压输电线路、接地线夹、快速挂设、连接可靠、操作便捷。

检索后并未查到满足以上需求的适用于特高压线路的接地线夹，但发现以下三篇文献

对本 QC 活动参考意义较大，可供借鉴，具体借鉴思路见表 4-2。

[1] 洪行军，方玉群，赵俊杰. 输电线路新型接地线夹的研制和应用 [J]. 浙江电力，2015（6）：64-67.

[2] 顾艳君. 新型超高压短路接地线导线端线夹的设计与分析 [D]. 苏州：苏州大学，2012.

[3] 胡景清. 斜面机构在机床回转工作台的应用 [J]. 科技视界，2013（11）：134.

表 4-2　　　　　　　　　　　借 鉴 思 路 表

序号	借鉴技术	工作原理图	原理说明	可行性
1	文献1：110～220kV 新型线夹		内、外夹共同夹持导线，与其保持良好的电气接触。内、外夹之间的弹簧提供足够的夹持力	该装置采用 C 形线夹，节省挂设时间，能够满足课题需求（1）。但要借助操作杆进行挂拆作业，针对特高压环境需要优化
2	文献2：传动齿轮啮合的接地线夹		采用传动件与螺杆间隙配合、半螺母在传动件槽中沿螺杆径向移动的创新结构，通过无线遥控实现线夹的夹紧与放松	该线夹具有装拆方便、夹紧力大、与输电线连接可靠等优点，满足课题需求（2），但此作业过程电机传动结构不适合特高压线路环境
3	文献3：斜面传动原理自锁功能		采用斜面的机械原理分解传动力，结构由多个斜面交汇组成，通过其自锁特性来操控机构	该技术具有操作便捷的优点，能够满足课题需求

通过思路梳理，实现课题需求的基础技术条件都已具备，小组拟整合上述借鉴技术——快速、连接可靠、操作便捷，研制一种适用于特高压输电线路的易挂设、连接可靠性高的接地线夹。

（四）确定课题

经过以上分析，小组成员达成共识，确定此次活动的课题为：特高压输电线路新型接地线夹的研制。

某 QC 小组的"特高压输电线路新型接地线夹的研制"课题针对传统的特高压接地线夹挂设时存在耗时较长、费力、效率低的问题，展开统计调查，提出相关需求并有针对性地开展技术查新工作，找到可借鉴的知识技术，并确定此次活动的课题为"特高压输电线路新型接地线夹的研制"，程序基本规范，存在的不足之处主要有以下两点。

（1）课题名称对于研制对象的描述不够具体，应直接对特性值进行阐述。

（2）对需求进行分析时，提出了"能够快速、准确挂设、挂设可靠性高、具有操控便捷性"等内容，均为定性描述，无相应的可量化的目标值，不利于课题后期对需求满足程度进行验证。

四、常见问题

（1）课题针对的是当前存在的问题进行创新，没有针对需求。

（2）将查新理解为查无，查新的结论是没有可借鉴的内容，查新是为了证明创新。

（3）查新借鉴只概括提及相关文献，而没有指出借鉴的具体内容。

（4）"创新型"与"问题解决型"课题相混淆。

（5）针对创新型课题进行现状调查。

（6）选题理由说明与选择方案混淆。

（7）选择自己 QC 小组能力以外的课题，仅提供思路，完全通过厂家完成课题。

（8）未对现有技术进行透彻分析，从而明确实际需求。

（9）为查新而查新，未对后续最佳方案的选择提供借鉴依据。

五、评价标准

在创新型课题成果发表评审评分细则中，明确选择课题部分的要求，包含以下几个方面。

（1）题目选定有创新。

（2）选题借鉴已有的知识、经验等。

第三节　设定目标及目标可行性分析

一、活动准则

（一）设定目标

小组围绕课题目的设定目标，目标设定应满足以下要求：

（1）与课题所达到的目的保持一致。

（2）将课题目的转化为可测量的课题目标。

（3）目标设定不宜多。

（二）目标可行性分析

小组应针对设定的课题目标，进行目标可行性分析：

（1）将借鉴的相关数据与设定目标值进行对比和分析。

（2）分析小组拥有的资源、具备的能力与课题的难易程度。

（3）依据事实和数据.进行定量分析与判断。

二、标准解读

（1）课题目标最好 1 个，最多 2 个，如果有两个目标值是相互制约的，也可以设定两个目标值，不要把新产品功能参数列为课题目标。

（2）依据查新借鉴的事实和数据进行考虑与判断。

（3）可以将借鉴对象的实际效果或借鉴相关数据的理论推导作为设定课题目标的依据，并与设定目标值进行对比、分析与论证。

（4）设定的目标需要与课题目的保持一致。

（5）课题目标设定不宜过多，且应该转化为可测量的课题目标。

（6）课题目标值的选择应具有挑战性。

（7）分析小组所具备的能力及课题难易程度，判断目标值的可行性。

三、案例分析

以下为某 QC 小组的"绝缘操作杆收纳测试一体化装置的研制"课题的设定目标及目标可行性分析部分。

1. 设定目标

目标值：绝缘操作杆损坏率从 20%降低到 10%以内，并将绝缘操作杆测试的时间从 180.1s 缩短到 120s 以内。

2. 目标可行性分析

小组从目标可行性，理论可行性，技术经验，人、财、物四方面对本次 QC 活动的目标进行了可行性分析，具体分析见图 4-3。

通过分析，小组以往的研发经验能为本次 QC 活动目标实现奠定基础，理论可行性分析可行，且具有人财物有力保障。因此，本课题目标可行。

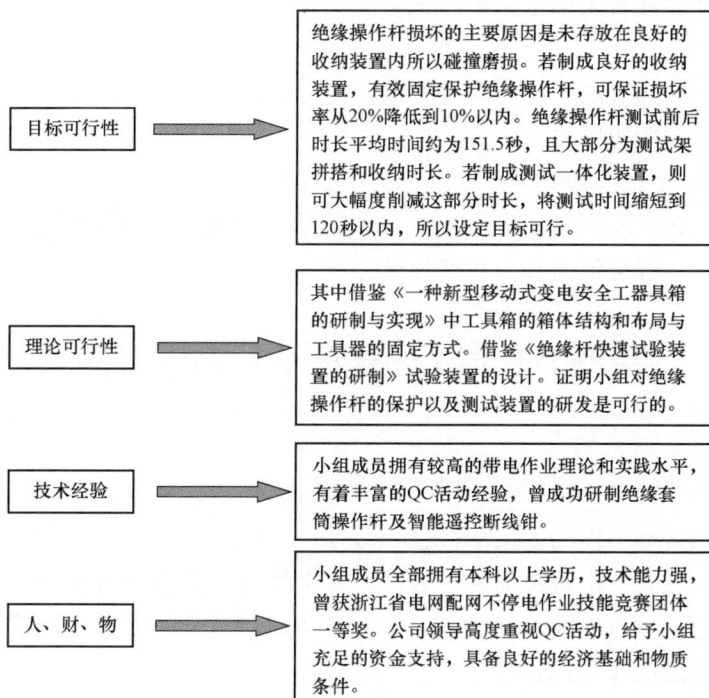

目标可行性 → 绝缘操作杆损坏的主要原因是未存放在良好的收纳装置内所以碰撞磨损。若制成良好的收纳装置，有效固定保护绝缘操作杆，可保证损坏率从20%降低到10%以内。绝缘操作杆测试前后时长平均时间约为151.5秒，且大部分为测试架拼搭和收纳时长。若制成测试一体化装置，则可大幅度削减这部分时长，将测试时间缩短到120秒以内，所以设定目标可行。

理论可行性 → 其中借鉴《一种新型移动式变电安全工器具箱的研制与实现》中工具箱的箱体结构和布局与工具器的固定方式。借鉴《绝缘杆快速试验装置的研制》试验装置的设计。证明小组对绝缘操作杆的保护以及测试装置的研发是可行的。

技术经验 → 小组成员拥有较高的带电作业理论和实践水平，有着丰富的QC活动经验，曾成功研制绝缘套筒操作杆及智能遥控断线钳。

人、财、物 → 小组成员全部拥有本科以上学历，技术能力强，曾获浙江省电网配网不停电作业技能竞赛团体一等奖。公司领导高度重视QC活动，给予小组充足的资金支持，具备良好的经济基础和物质条件。

图 4-3　目标可行性分析

"绝缘操作杆收纳测试一体化装置的研制"课题在选择课题部分,统计发现绝缘操作杆损坏率达到了 20%、绝缘操作杆测试时长达到了 180.1s,相关方有降低损坏率和降低绝缘操作杆测试时长的需求,因此设定了"绝缘操作杆损坏率从 20%降低到 10%以内"和"绝缘操作杆测试的时间从 180.1s 缩短到 120s 以内"两个课题目标并有针对性地进行了可行性分析。存在的问题主要有以下几个。

(1)对于目标值的可行性分析,"若制成良好的收纳装置,有效固定保护绝缘操作杆,可保证损坏率从 20%降低到 10%以内""绝缘操作杆测试前后时长平均时间约为 151.5s,且大部分为测试架拼搭和收纳时长。若制成测试一体化装置,则可大幅度削减这部分时长,将测试时间缩短到 120s 以内",均为毫无依据的假设,无可借鉴的相关数据作为依据,未通过对借鉴的数据进行对比,仅做假设分析,因此不具有说服力。

(2)在选择课题时未对借鉴查新情况进行详细论证,而将部分内容挪到了设定目标及目标可行性分析环节中,属于流程错误。

(3)理论可行性、技术经验、人财物等部分的描述较为笼统,未做到用数据说话、依据事实和数据进行定量分析与判断。

(4)课题设定了两个目标值,但两者之间无互相制约关系。

四、常见问题

(1)目标与课题所要达到的目的不一致。

(2)目标不清晰,不可测量、检查。

(3)目标过多,并且相互间有关联关系,或将产品特性值作为目标值。

(4)目标可行性分析无可借鉴的相关数据作为依据,仅提供资源保障条件,并且只是定性描述。

(5)目标可行性分析未通过对借鉴的数据进行对比,仅做假设分析。

(6)目标不具有挑战性或不可行。

五、评价标准

在创新型课题成果发表评审评分细则中,明确设定目标及目标可行性分析部分的要求为:目标具挑战性,有量化的目标和可行性分析。

第四节　提出方案并确定最佳方案

一、活动准则

(一)提出方案

小组针对课题目标,提出方案应:

(1)提出可能达到预定目标的各种方案,并对所有的方案进行整理。

(2)方案包括总体方案与分级方案,总体方案应具有创新性和相对独立性;分级方案应具有可比性,以供比较和选择。

(二)确定最佳方案

小组对所有整理后的方案进行比较和评价,确定最佳方案:

（1）方案分解应逐层展开到可以实施的具体方案。

（2）方案评价应用事实和数据对经过整理的方案进行逐一分析和论证。

（3）方案确定方式包括现场测量、试验和调查分析。

二、标准解读

（1）针对课题目标提出可能达到预定目标的各种方案，并对所有的方案进行整理。这里的各种方案不特指总体方案，包括总体方案和分级方案。

（2）提出总体方案应注意以下几点。

1）总体方案的数量无限定，可结合所选课题和借鉴内容，确定一个或多个总体方案。

2）不管提出几个总体方案，都必须具有创新性（这是创新型课题的本质特征）。创新性应体现在总体方案的核心技术（或称关键技术）方面。

3）总体方案应当具有相对独立性与创新性。创新性是指总体方案的核心技术及关键路径需是不同的并且都是创新的。独立性是指每个方案的核心技术是不同的，相互独立。

4）多个总体方案的选择依据是满足课题目标及实际需求。

5）总体方案数量没有限制，如有多个，可进行比较、选择或整合。

6）最佳方案选择时，说明其借鉴查新后的系统思路和设计灵感来源。

（3）分级方案是指把选定的，将要实施的总体方案进行分解。总体方案分级时应注意以下几点。

1）要逐层展开细化。

2）展开细化到多少级没有统一规定，应当展开到可实施的具体方案。

3）每一级的多个分级方案应具有可比性，以供比较、评价和选择。

（4）确定最佳方案是在总体方案或分级方案有多个时，应用事实和数据，对其进行科学分析和综合评价，方式包括现场测试、试验和调查分析。

（5）方案评价的依据是围绕课题目标及实际需求指标，运用数据及事实对经过整理的方案逐步进行分析与论证。

（6）方案选择时，应用客观数据从技术可行性、动作可靠性、经济合理性、预期效果、耗时多少、安全性、对其他工作的影响及对环境影响等多方面进行评价，从中选择确定最佳方案。

三、案例分析

以下为某 QC 小组的"导地线越障飞车的研制"课题的提出方案并确定最佳方案部分。

（一）确定总体方案

为保证方案可行，小组参考文献［5］实用新型专利"导线作业飞车"中对在输电线路导线上使用的结构和制作工艺控制要求，并对连接部件和承重部件结构进行改进，增加越障功能部件，确定导地线越障飞车的总体方案（见图 4-4）。

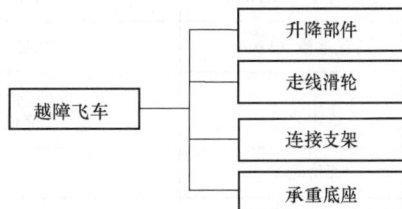

图 4-4 确定导地线越障飞车的总体方案

（二）方案分解选择

1. 升降部件方案选择

升降部件是越障功能的核心部件，小组把升降部件分解成升降主件、操作方式和固定构件。

（1）升降主件选择。升降主件是实现船阀式越障【借鉴四】的关键部件，要求升降主件具有双向传动、可调节的特性，充分发挥部件的杠杆效应，达到升降作业可靠省力的目的，其分析对比见表4-3。

表4-3　　　　　　　　　　　　升降部件分析选择

指标（数值）	1. 可靠性（40）	2. 便捷性（30）	3. 提升效率（30）
待选对象	齿轮	槽轮	丝杆
适用条件	需与刚性链条配合使用	一般用于回转式传输	可独立使用
传动公式	$Z_2 : Z_1$（Z_2为配合链条齿数，Z_1为齿轮齿数）	$L : 1$（L为回转带长度）	$L : f$（L为轴长，f为牙距）
传动效率（10s距离 距离/cm）	10	6	12
体积（cm³）	380	400	200
作用特性	传动效率高，在同等载荷下占用空间大	传动效率不高，占用空间大	传动效率高，可与支架配合使用，占用空间狭小
评价得分	80	62	95
是否选用	否	否	是

（2）操作方式选择，见表4-4。

表4-4　　　　　　　　　　　　操作方式分析选择

指标（数值）	1. 灵活性（40）	2. 机械强度（30）	3. 重量（30）
待选对象	握杆式	摇盘式	液压式
等力矩行程半径	25cm	10cm	15cm
行程角度	0°～90°	360°	0°～60°
可活动方向	单侧活动	旋转活动	上下活动
抗扭强度（MPa）	1.89	2.65	5.53
屈服强度（MPa）	2.86	3.94	8.67
装置重量（kg）	0.45	0.32	1.54
作用特性	连接稳定、可靠，行程角度偏小，强度低	活动性好，省力、作用力行程大，操作灵活	占用作业空间，相对笨重
评价得分	85	98	75
是否选用	否	是	否

（3）丝杠固定构件选择，见表 4-5。固定构件是丝杆的直接承力构件，升降过程中，丝杠会受到来自侧面的力，需要固定牢靠。

表 4-5　　　　　　　　　　固 定 构 件 分 析 选 择

指标（数值）	1. 抗剪切强度（70）	2. 稳定性（30）
待选对象	法兰	卡槽
通用材料	T40	镀锌钢板
横向固定方式	焊接	螺栓紧固
纵向抗剪切应力	6.64	5.52
综合分析	固定构件块将丝杆固定在支架上，将丝杠传动力转换为垂直方向的滑轮提升力。升降过程中，法兰稳定，不易侧滑，安全性高，卡槽方便安装拆卸但容易侧滑	
评价得分	95	85
是否选用	是	否

（4）提升子部件选型。根据《输电线路作业工具通用性标准》的要求，载人器具至少应不小于 100kg 载荷，综合方案的选择结果和价格因素综，小组选择 MGD20 型号的摇盘并附丝杆和固定法兰。小组借鉴文献《三排滚子转盘轴承的校核计算方法》和《浅谈汽车方向盘的造型设计》中摇盘参数和模型，得出丝杆、法兰及摇盘参数明细表（见表 4-6）。

表 4-6　　　　　　　　　　丝杆、法兰及摇盘参数明细

名称	尺寸	材料	实物图
丝杆	螺距 2mm/圈，直径 20mm，丝杆齿轮数 360mm，齿深 3mm	T40 钢	
法兰	内径 22mm/圈，外径 44mm，高度 20mm，4 点焊接孔	T40 钢	
摇盘	标称直径 160mm，盘径 8mm，把手高度 100mm	铝合金	

2. 走线滑轮选择

（1）确定走线滑轮材料尺寸。通过对 110kV～±8000kV 输电线路设计手册并结合输电设备相关参数进行计算分析，依据工器具设计的通用性原则和作业工具基本技术要求与设计导则的规定，各类型防震锤高度区间为 150～200mm，宽度区间为 100～150mm，考虑最大型号的防震锤，即取高度为 200mm、宽度为 150mm 的障碍物空间计算，得出障碍物空间垂直高度 $H=100$mm，宽度 $B=75$mm。在增加 1.1 的裕度值作为走线滑车的尺寸。

按照设定的条件，走线滑车需要能在截面积为 70～800mm² 的导地线上使用，根据《常规导线国家标准》（GB1206）的参数，可得知走线滑车卡槽宽度最小值为 36.90mm，考虑配合横向公差 2mm，纵向公差 4mm，走线滑轮参数见表 4-7。

表4-7   走线滑轮参数明细表

名称	尺寸（mm）	名称	尺寸（mm）	示图
外径	73	槽高	41	
内径	32	槽宽	39	
中轴径	16	倒角	20°	

（2）确定走线滑车材料，见表4-8和表4-9。

表4-8   走 线 滑 轮 材 料 选 择

指标（数值）	1. 机械强度（30）2. 摩擦系数（30）3. 刚度（25）4. 化学性能（15）		
滑轮类型	普通金属	合金材料	聚氯乙烯
比重（g/cm³）	5.6～7.8	0.9～2.2	0.5～1.8
抗压应力（MPa）	4.56	3.68	1.85a
摩擦系数	0.91	0.73	0.64
弹性模量（GPa）	196～206	211～218	140～154
电化学性能	易锈蚀	抗锈蚀	抗锈蚀
评价得分	70	90	80
是否选用	否	是	否

表4-9   同尺寸走线滑轮材料选择

材质类别	屈服强度（MPa）	比重（g/cm³）	价格（元）
镍合钢	580	6.9	90
铝合金	203	2.6	50
钛合金	618	3.9	75

选择指标：1. 机械强度；2. 比重；3. 采购价格

经分析对比，合金材料中的钛合金机械强度最优，密度低、价格合适，小组讨论决定用钛合金材质的走线滑车。

（3）仿真测试。小组成员根据导地线及滑车的参数，在 UG 软件中，完成建模，设置载荷为 100kg，牵引力为 600N，进行仿真演示，演示结果见表4-10。

表4-10   走线滑轮仿真演示结果

导地线截面积（mm²）	滑车是否行走	走线速度（cm/s）	示 图
70	是	5.30	
240	是	5.60	
400	是	6.25	
720	是	5.75	
800	是	4.25	

经仿真分析，所选行走滑车可在截面积为 75～800mm² 的导地线上行走，满足目标设定要求。

3. 连接支架选择

连接支架将走线滑轮与丝杆连接成整体，需进一步明确型式和连接方式。

（1）支架结构选择。按照小型施工器具 100kg 承载力要求，材料采用 φ16（壁厚 3mm）铝合金，常用结构有爬梯形和倒三角两种，选择要点见表 4-11。

表 4-11　　　　　　　　　支　架　结　构　选　择

指标（数值）	1. 作业稳定性（40）　 2. 操作便捷性（40）	3. 造价（20）
连接支架类型	爬梯形（矩形）	倒三角（等腰）
尺寸（m）	高1，宽0.5	底边1.0，高1.2，斜边1.3
耗材长度（m）	3	3.8
抗拉力（kN）	2.1	2.2
适用范围	导地线挂设作业	狭小空间作业
制作价格（元）	420	600
评价得分	95	80
是否选用	是	否

（2）连接方式选择。连接方式通常有焊接和螺栓连接两种，选择要点见表 4-12。

表 4-12　　　　　　　　　连　接　方　式　选　择

指标（数值）	1. 耐冲击强度（50）　 2. 对作业人员影响（40）	3. 造价（10）
连接支架类型	焊接	螺栓连接（φ8）
单点接触面积（mm²）	72.44	87.92
破断力（kN）	4.8	5.0
影响因素	无缝光滑连接	尾钉会刮擦作业人员
制作价格（元）	200	160
评价得分	95	85
是否选用	是	否

（3）连接支架选材，见表 4-13。为满足安全工器具 2.5 倍动载荷冲击，主横材选用实心铝合金，附架采用空心铝合金。

表 4-13　　　　　　　　　连　接　支　架　耗　材　表

名称	截面尺寸（mm）	长度（mm）
实心条铝合金	40×40	800
空心管铝合金	φ16，壁厚3mm	3000

4. 承重底座选择

为了确保作业人员安全性，将常用的底座分解成底座型式和紧固方式，进行了对比选择。

（1）底座型式选择。常用底座的形状平板式、圆横杆，小组成员在市场上对同种材质平板式、横杆式的底座材料对比见表4-14。

表4-14 底座型式选择

指标（数值）	1. 承载力（50）	2. 舒适性（40）	3. 造价（10）
连接支架类型	圆横杆	平板式	
材料/厚度（mm）	镍铝合金，3	镍铝合金，3	
承载力（kg）	180	215	
受力面积（m²）	0.12	0.045	
100kg对人体压力（Pa）	2222	833	
制作价格（元）	120	240	
综合评价	相同承载力下，作业人员在平板型式的底座上更舒适		
评价得分	70	90	
是否选用	否	是	

（2）紧固方式选择。底座承受作业过程中产生的竖直与横向不平衡张力作用，需要用刚性部件固定。小组成员将底座紧固方式进行了对比，见表4-15。

表4-15 底座紧固方式选择

指标（数值）	1. 抗压强度（70）2. 化学性能（30）	
紧固方式	嵌入式	焊接式
搭接面积（mm²）	96.56	129.22
抗剪应力（MPa）	4.2	4.6
电化属性	未破坏表面氧化膜不易腐蚀	破坏表面氧化膜易腐蚀
评价得分	95	80
是否选用	是	否

（3）确定支撑底座材料尺寸。根据设定的条件，支撑底座与支架嵌入式连接，采用铝合金材料，其参数见表4-16。

表4-16 支撑底座参数明细表

名称	尺寸（mm）	名称	尺寸（mm）	示图
长度	600	嵌孔	17mm×2	
宽度	350	嵌孔公差	1	
厚度	20	倒角	45°	

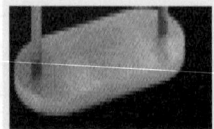

（三）确定最佳方案

1. 核对各部件

制作工具前，根据方案分解选择的结论，核对各部件参数，具体见表 4−17。

表 4−17　　　　　　　　　　　　　材 料 明 细 表

部件	配件	数量	材质	来源
升降部件	丝杆	2个	合金	购买
	操控摇盘	2个	铝合金	购买
	固定卡槽	2把	铝合金	来料加工
走线滑轮	滑轮	4个	合金	购买
连接支架	空心圆管	4m	复合材料	购买
	焊条	若干	铝合金	仓库自备
承重底座	平板底座	1根	铝合金	来料加工
	钻孔机	1台	铝合金	仓库自备

2. 整体及局部制图

装置结构及局部分解如图 4−5 所示。

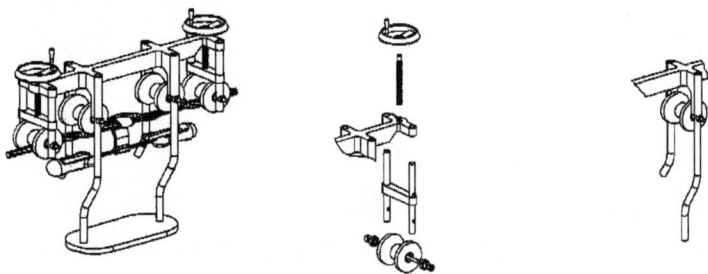

图 4−5　装置结构示意图及局部分解图

3. 仿真模拟

小组成员根据选择条件和设定参数，在 UG 软件中，完成建模，并进行仿真演示，达到预期效果，如图 4−6 所示。

小组通过借鉴有关文献和专利，结合已在使用的飞车构造，经过其方案的分分解、选择和模拟，参数设置合理，图纸标注 100%准确，能够实现越障功能，最终确定了最佳方案。

"导地线越障飞车的研制"课题借鉴实用新型专利"导线作业飞车"中对在输电线路导线上使用的结构和制作工艺控制要求，并对连接部件和承重部件结构进行改进，增加越障功能部件，确定了导地线越障飞车的总体方案，分解为升降部件、走线滑轮、连接支架、

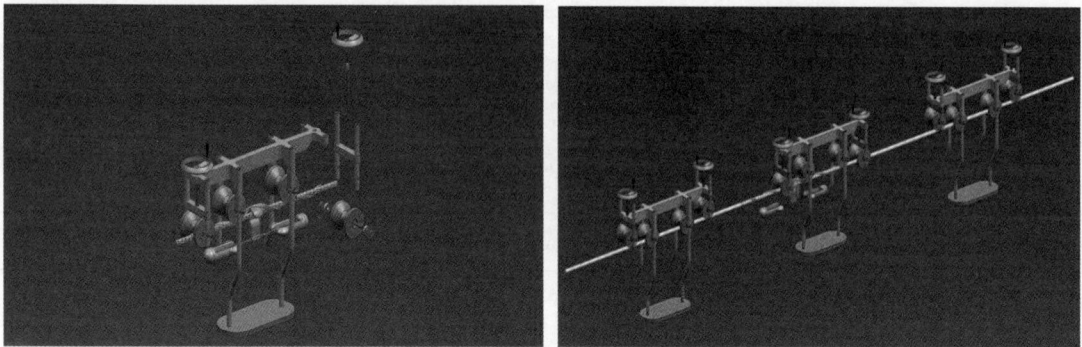

图 4-6　仿真示意图

承重底座四个部分，针对每个部分进行了方案细化和比选，并确定了最终的最佳方案。存在的问题主要有以下几个。

（1）通过打分法的方式对细化方案进行比选并确定是否选用，过于主观判断。

（2）虽然罗列了较多的特性数据，但是较多数据与方案的选择关联性不大或者未阐述清楚。例如，升降部件方案选择时，已确定"要求升降主件具有双向传动、可调节的特性，充分发挥部件的杠杆效应，达到升降作业可靠省力的目的"，而在数据分析时，罗列了传动效率、体积、作用特性等，与"升降作业可靠省力的目的"的关系没有阐述清楚。

（3）作用特性、综合分析缺乏数据支撑，如"升降过程中，法兰稳定，不易侧滑，安全性高，卡槽方便安装拆卸但容易侧滑"均为主观判断，无数据证实。

（4）未采用现场测量、试验和调查分析等方式确定最佳方案，而是随意套用表格，使用较大篇幅描述材料、尺寸等与方案选择关联性不强的内容。

四、常见问题

（1）提出的总体方案与借鉴信息不一致。

（2）总体方案中有的不具备创新性和相对独立性。

（3）仅对总体方案进行评价与选择。

（4）方案分级不彻底，未将最佳总体方案逐渐分解细化为可以具体实施的方案。方案没有分解到不能再分解，选择到不能再选择。

（5）不能正确或较少地使用统计工具，对方案的评价、选择缺少事实和数据依据，只是定性分析方案的优缺点，且大多通过打分法、加权平均法进行，过于主观判断。

（6）未开展能够进行的试验或模拟试验。

（7）提出的方案过少，只有较少的选择机会。

（8）虽提出多种方案，但方案可比性较差，为了比较而比较。如小组将方案设定为"购置"、"外委"或"自我开发"，再对这几种方案过于简单地进行主观判断，最后确定最佳方案。

（9）方案过于简单，没有起到对比的作用。

（10）方案缺少对关键的特性值数据进行比较，仅仅关注了时间、费用等数据。

（11）将方案评价放到对策中或实施中进行。

五、评价标准

在创新型课题成果发表评审评分细则中，明确提出方案并确定最佳方案部分的要求，包含以下几个方面。

（1）提出的总体方案具有独立性。分级方案具有可比性。

（2）方案分解应逐层展开到可以实施的具体方案。

（3）用事实和数据对经过整理的方案进行逐一分析、论证和评价。

（4）用现场测量、试验和调查分析的方式确定最佳方案。

（5）工具运用正确、适宜。

第五节　制　定　对　策

一、活动准则

小组制定对策应：

（1）针对在最佳方案分解中确定的可实施的具体方案，逐项制定对策。

（2）按 5W1H 制定对策表，对策明确、对策目标可测量、措施具体。

二、标准解读

（1）"最佳方案"是指总体方案。"具体方案"是指最佳总体方案分解至最末一节的方案，也就是对策表中的对策。

（2）若研发、研制新产品或新系统，可将产品组装调试，系统的整合、试运行纳入对策表。

（3）制定对策中所有目标应与相应方案的选择依据相吻合。

（4）针对最佳方案分解中确定的可实施具体方案逐项制定对策，以免遗漏。

三、案例分析

以下为某 QC 小组的"基于光电感应的二次压板状态远程监测仪的研制"课题的制定对策部分，为便于理解，将上一部分的最佳方案一并呈现。

（一）最佳方案

基于以上的分析对比，小组得到了二次压板状态监测仪的最佳配置方案（见图4-7），为小组进一步活动提供了依据。

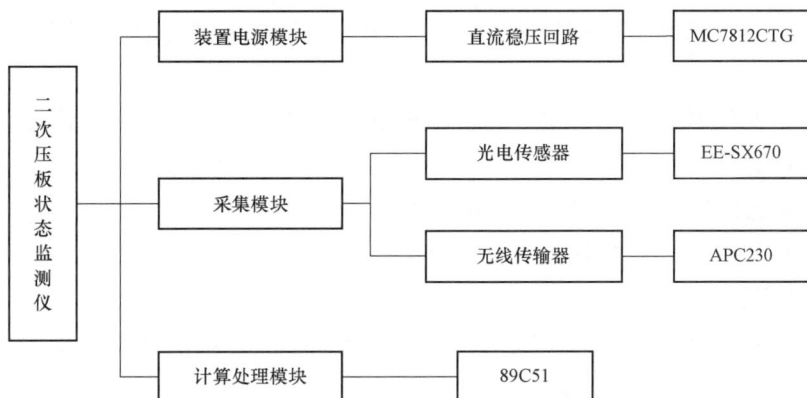

图4-7　二次压板状态监测仪最终配置图

71

（二）制定对策表

QC 小组针对以上方案配置，按照 5W1H 原则制定了对策表，见表 4−18。

表 4−18　　　　　　　　　　　二次压板状态监测仪研制对策表

序号	对策	目标	措施	地点	负责人	完成时间
1	直流稳压回路制作（MC7812CTG）	电压能稳定输出，即输出误差在±5%以内	1. 将该模块设计制作成 PCB 板； 2. 在基地对该将制作好的模块进行输出误差测试	办公室基地	×××	×月×日
2	光电传感器制作（EE−SX670）	传感器不同距离下输出电流与额定输出电流误差在±5%以内	1. 将该传感器设计制作为成品； 2. 在基地调试该模块输出电流误差进行测试	基地厂家	×××	×月×日
3	无线传输器制作（APC230）	无线传输器采集与发送的电流误差±5%以内	1. 将该模块设计制作成 PCB 板并封装； 2. 在基地调试对该模块电流误差进行测试	基地厂家	×××	×月×日
4	计算处理模块制作（89C51）	计算显示结果时间不超过30s，手持终端尺寸在 25cm×15cm×5cm 之内	1. 将该模块设计制作成 PCB 板并封装； 2. 在基地调试对该模块处理时间进行测试	办公室厂家	×××	×月×日
5	安装与调试	终端方便移动，传感器和传输器可胶粘吸附；状态判断正确率为100%	1. 将传感器、传输器和终端安装连接； 2. 基地调试以检测该装置能否正确判断二次压板状态； 3. 安全鉴定并批准使用	厂家办公室	×××	×月×日

"基于光电感应的二次压板状态远程监测仪的研制"课题针对最佳方案的末一级方案，一一对应地制定对策和措施，明确可量化的对策目标，按照 5W1H 原则制定了对策计划表，对策明确，对策目标可测量，措施具体。

四、常见问题

（1）对策表中的对策与选定的最佳方案的末一级方案不一致。

（2）对策目标不可测量，措施不具体。

（3）对策目标与方案选择评价的依据不吻合。

（4）对策与措施混淆且不具体。

（5）对策表制定未遵循 5W1H 原则，不正确、缺项，未确定最佳方案的分解步骤，逐一制定对策。

（6）在制定对策时又进行方案展开，以至颠倒步骤顺序，影响方案选择以及活动的实施效果达到最佳。

（7）对策未按照所选的可实施方案进行。

（8）对策目标值设定过多且与课题的相关度不大。

五、评价标准

在创新型课题成果发表评审评分细则中，明确制定对策部分的要求，包含以下几个方面。

（1）按 5W1H 原则制定对策表，对策明确、对策目标可测量、措施具体。

（2）针对在最佳方案分解中确定的可实施的具体方案，逐项制定对策。

第六节 对 策 实 施

一、活动准则

小组实施对策应：

（1）按照制定的对策表逐条实施方案。

（2）每条方案措施实施后，检查相应方案目标的实施效果及其有效性，必要时应调整、修正措施。

（3）必要时，验证对策实施结果在安全、质量、管理、成本等方面的负面影响。

二、标准解读

（1）对策表中的方案均是指对策表中的对策。

（2）当对策目标未达到时，应对该对策的具体措施作出调整或修改，然后再实施，再确认实施效果。

（3）是否需要验证对策实施结果在安全、质量、管理、成本等方面的负面影响，应根据课题和对策的实际情况决定。

（4）对策表中的对策及措施应当逐项实施。

（5）每条方案措施实施后，检查相应方案目标的实施效果及有效性，若出现未达到对策目标时需认真总结，应当进行调整与修正措施，并反复验证以达到对策目标。

（6）对创新成果对生产产生一定影响的，必要时可验证对策实施结果在安全、环境、质量、成本、管理等方面的负面影响以评价对策综合有效性。

（7）不设计方案的材料与型号等内容的选择可放在对策实施步骤中完成。

三、案例分析

以下为某 QC 小组的"绝缘操作杆收纳测试一体化装置的研制"课题的对策实施部分，为便于理解，将上一部分的对策表一并呈现。

（一）制定对策

小组按照 5W1H 要素制定对策，编制对策（见表 4-19）。

表 4-19   对 策 表

方案	对策	目标	措施	地点	完成时间	负责人
装置外部结构	箱包式结构制作	外壳坚硬防冲击，内部设计合理，便于绝缘操作杆取用	1. 箱包式结构设计； 2. 完成实物制作； 3. 对策目标检查	办公室、加工车间	×月×日	×××
装置内填充方式	EVA 内托制作	可靠固定防冲击，给工器具留有足够的存放空间	1. EVA 内托设计； 2. 完成实物制作； 3. 对策目标检查	办公室、加工车间	×月×日	×××
装置内绝缘操作杆固定方式	快速卡具固定方式制作	对绝缘操作杆进行有效可靠固定，同时方便取用	1. 快速卡具设计； 2. 完成实物制作； 3. 对策目标检查	办公室、加工车间	×月×日	×××

方案	对策	目标	措施	地点	完成时间	负责人
绝缘操作杆测试架结构	一体式结构制作	测试时固定可靠，测试省时省力	1. 一体式结构测试架设计； 2. 完成实物制作； 3. 对策目标检查	办公室、加工车间	×月×日	×××

（二）对策实施

1. 装置外部结构研制

（1）实施内容。

1）完成箱包式结构的 CAD 图纸设计。

2）购买材料，按照设计的尺寸材料、加工、完成实物制作。

4月6—24日在加工间按照设计图纸完成了箱包式结构的研制，如图4-8所示。

图4-8　箱包式结构实物图

（2）目标确认。收纳箱坚固，底部配有减震垫，能承受强烈的外界冲击。考虑绝缘杆的长度、重量以及方便携带的需要，收纳箱的箱体外尺寸设为 1500mm×600mm；箱体底部厚 120mm，箱子厚 120mm；在保证箱体强度的前提下，为使箱体更加便携，箱体两端各安装一个把手，箱体底部一端安装有两个轮子，一端安装提把等省力装置，便于工作人员携行进入工作现场；箱体底部及盖子外部每个角安装一个圆形减振垫，防止打开收纳箱时对箱面的损坏。带电作业绝缘工具在运输过程中需要防止受潮和损伤，因此在收纳箱的上下两面颞部都填充具有减震和防潮性能的注塑材料；在上面预留了凹槽，便于绝缘操作杆分节存放以及其他绝缘工具的放置。箱包式结构基本与设计方案相符。

2. 装置内填充方式

（1）实施内容。

1）完成 EVA 内托的 CAD 图纸设计。

2）购买材料，按照设计的尺寸材料、加工、完成实物制作。

4月24日—5月1日在操作间按照设计图纸完成了 EVA 内托的研制，如图4-19所示。

（2）目标确认。EVA 内托固定在收纳箱上下两面，能承受外界冲击。考虑绝缘操作杆的长度，EVA 内托尺寸设计为 1400mm×500mm。可存放10根绝缘操作杆及其他工器具，容量大、固定可靠、方便取用。EVA 内托基本与设计方案相符。

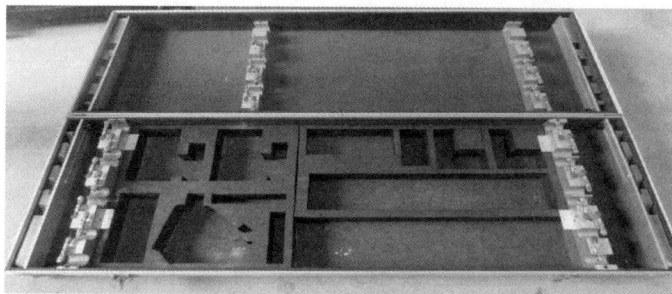

图 4-9　EVA 内托实物图

3. 装置内绝缘操作杆固定方式

（1）实施内容。

1）完成快速卡具的 CAD 图纸设计。

2）购买材料，按照设计的尺寸材料、加工、完成实物制作。

（2）目标确认。箱子底部和盖子内部固定有绝缘操作杆支撑架，架上固定有快速固定夹，绝缘操作杆固定架通过快速固定夹对绝缘操作杆进行固定与取用。快速固定夹在固定状态时，可以根据绝缘操作杆的直径调整固定螺栓的位置，方便固定不同尺寸的绝缘杆，固定螺栓上有橡胶垫，可以保护绝缘杆的外观不受损伤；处于松开状态时，绝缘操作杆可轻易地放在支架上，然后轻轻一按固定夹就可固定住绝缘操作杆，取用时，只需要轻轻一抬就可松开固定夹，操作十分简便，达到绝缘操作杆快速固定和快速取用的目的。快速卡具固定方式基本与设计方案相符。

4. 绝缘操作杆测试架结构

（1）实施内容。

1）完成绝缘操作杆测试架一体式结构的 CAD 图纸设计。

2）购买材料，按照设计的尺寸材料、加工、完成实物制作。詹涛和王捷在 5 月17—30 日在操作间按照设计图纸完成了绝缘操作杆测试架一体式结构的研制，如图 4-10所示。

放置绝缘杆的凹槽

固定螺栓

图 4-10　装置内绝缘操作杆固定方式实物图

（2）目标确认。箱子底部和盖子内部两端各固定有绝缘支架，在收纳箱的每层各有一对绝缘操作杆绝缘测试支架。为方便测试，支架是用绝缘材料制成的，固定螺栓用来固定支架的位置。当绝缘操作杆需要绝缘性能测试时，支起绝缘支架，将绝缘操作杆放置在绝缘支架的凹槽上进行绝缘测试；在测试结束后，通过松开固定螺栓，沿着滑动凹槽，可将绝缘操作杆测试支架收起。一体化结构绝缘操作杆测试架基本与设计方案相符。

最终完成新型绝缘操作杆收纳测试一体化装置如图 4-11 所示。

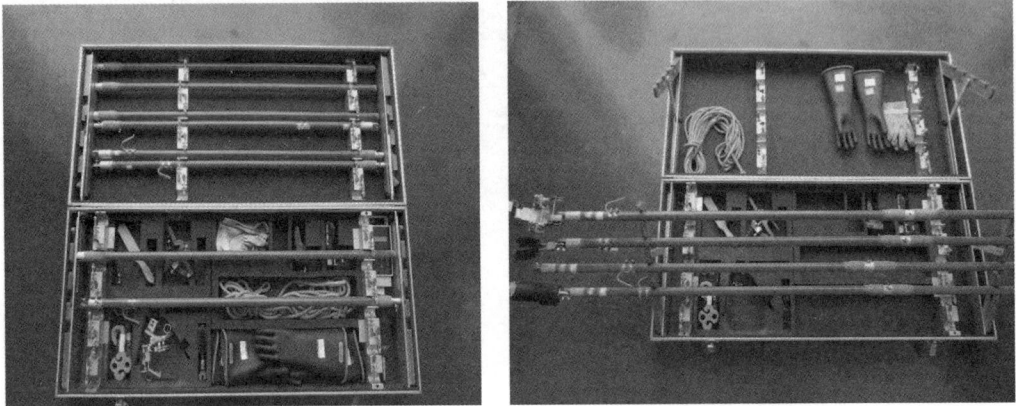

图 4-11 新型绝缘操作杆收纳测试一体化装置

"绝缘操作杆收纳测试一体化装置的研制"课题在制定了对策计划表后，逐一进行对策实施并进行对策目标的确认。存在的主要问题有以下几个。

（1）未按照对策进行实施，而是按照最佳方案进行，对策表失去了指导意义。

（2）未按照对策表中的措施逐条进行实施，实施过程介绍过于简略，无法展示实施过程的全貌。

（3）由于对策表中无可测量的具体对策目标值，所以在目标确认过程中，均是定性描述，未做到用数据说话，无法有力验证对策目标是否实现。

四、常见问题

（1）没有按照对策制定的对策表逐条实施方案。

（2）对策实施阶段未记录实验数据，缺少具体数据、没有具体的时间。

（3）没有逐条确认对策目标完成情况，而是检查课题总目标实现情况，或者到效果检查阶段直接检查课题的总体效果。

（4）对策实施过程缺少实质性的内容，过程描述不正确、不具体。

（5）统计学方法与工具运用少或运用不当。

五、评价标准

在创新型课题成果发表评审评分细则中，明确对策实施部分的要求，包含以下几个方面。

（1）按照制定的对策表逐条实施方案。

（2）每条方案措施实施后，检查相应方案目标的实施效果及其有效性，必要时应调整、修正措施。

（3）工具运用正确、适宜。

第七节 效 果 检 查

一、活动准则

所有对策实施完成后，小组应进行效果检查：

（1）检查小组设定的目标，确认课题目标的完成情况。

（2）必要时，确认小组创新成果的经济效益和社会效益。

二、标准解读

（1）所有对策实施完成并达到对策目标后，小组成员要收集数据检查课题的目标是否达到。若达到目标，则说明已经满足现场需求可进入下一步骤。若未达到目标，则说明未满足现场需求，则需要回到第三步提出方案并确定最佳方案，重新开始并往下进行，直至实现目标。

（2）是否需要计算创新成果的经济效益和社会效益，由小组根据课题情况自行决定。

（3）只计算"活动期间"与"巩固期间"的经济效益，不拔高或延长计算年限，并减去活动成本。

（4）检查活动是否有意外收获和副作用。

三、案例分析

以下为某 QC 小组的"特高压输电线路新型接地线夹的研制"课题的效果检查部分。

（一）目标完成情况

电力安规条文 4.6 中规定："在试验和推广新技术、新工艺、新设备、新材料的同时，应制定相应的安全措施，经本单位批准后执行。"本 QC 小组研制了特高压输电线路新型接地线夹并为此制定了相应的安全措施，经单位分管生产领导批准后，分别在 5 条停电线路上进行现场应用。

QC 小组对金华公司辖区架设的 5 条特高压线路挂设新型接地线夹接地线的平均耗时进行了统计，如图 4-12 所示。

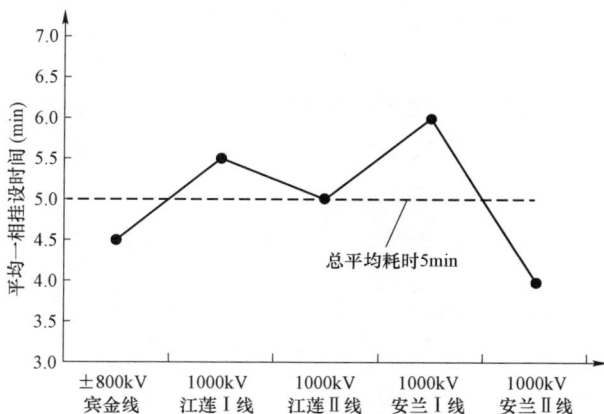

图 4-12 特高压新型接地线夹现场应用耗时统计图

根据图 4-12 中的数据绘制活动前后平均作业时间对比如图 4-13 所示。

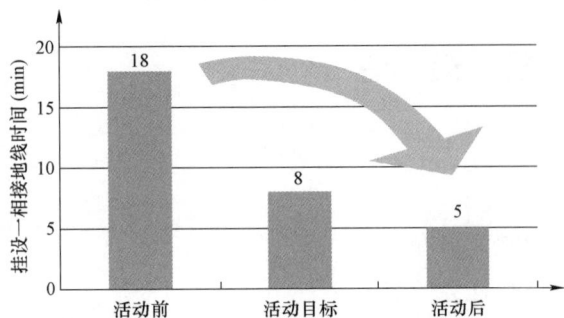

图 4-13　平均挂设时间前后效果对比

结论：研制的特高压输电线路新型线夹的接地线在挂设一相作业时，平均作业时间降为 5min，成功实现课题目标。

（二）效益分析

1. 安全效益

对电力企业而言，安全是最大的效益。通过开展本次 QC 小组活动，彻底解决了现有特高压输电线路接地线挂设耗时长、作业效率低的问题，安全效益体现在：一是该装置操作便捷，省时省力，减少了作业人员由于挂设时间过长、体力消耗较大导致的心理焦虑，避免了冒险违章行为，降低了高空作业风险；二是避免了接地线夹与导线连接不可靠而脱落情况的发生，为后续的检修工作提供了安全保障；三是缩短检修时间，有效提高了作业效率，可提前恢复供电，有效确保了供电的可持续性，显著提高了电网安全稳定运行和供电可靠性。

2. 经济效益

经过本次 QC 活动，研制的特高压输电线路新型接地线夹已累计在 1000kV 江莲线、±800kV 宾金线等 5 条线路开展 5 次（28 根）接地线挂设工作，每次每相作业平均用时 5min，工作效率得到了很大的提升，也为提前进入检修和供电争取了时间。

在应用的 3 个月里，在多送电产生效益方面，根据调度部门提供信息，特高压线路日常输送功率为：1000kV 交流线路 630 万 kW，±800kV 直流线路 760 万 kW。按照单位电量毛利润 0.03 元/kWh 计算，理论上增加了利润 21.32 万元 [（630 万 kW×4 次 +760 万 kW×1 次）×（18-5）/60h/次 ×0.03 元/kWh]。

推算到全年，可增加电费利润 85.28 万元（21.32 万元 ×4）

在投入费用方面，装置研发期间，新型接地线夹实物加工及外协测试费 7000 元、专利申请费 5000 元以及其他相关费用 1000 元共计投入 1.30 万元。

全年可产生经济效益＝ 全年电费利润－投入费用＝85.28-1.30＝83.98 万元。

3. 技术效益

研制的特高压新型接地线夹实现了快速挂设，解决了反复拉弧放电损伤导线和接地线的技术问题。目前，该装置已获得发明专利受理一项，其技术特点见表 4-20。

表 4-20　　　　　　　　　技 术 特 点

序号	创新点	功　　能
1	嵌套结构 快速挂设	采用内外夹块嵌套的主体结构，内部滑动夹块外加辅助导轨块接引导线，通过绝缘绳拉动拉环带动内外夹块加紧导线，轻松实现快速挂设
2	啮合防脱 安全可靠	采用顶针与固定块卡槽咬合的设计方式，当线夹闭锁时，只有拉动拉环才能解锁，消除了各类外力误动导致线夹脱落的可能性，确保导线与接地线夹连接可靠
3	斜面机构 高效操控	采用"斜面原理"的控制触发器，通过弹性挂钩在槽口导轨中的动作位置来控制新型线夹的开闭状态，操作便捷且可靠

"特高压输电线路新型接地线夹的研制"课题在效果检查过程中，对于小组设定的目标进行了检查，对经济效益、社会效益等进行了分析。存在的问题主要有以下几点。

（1）未首先对小组设定的目标进行分析，确认课题目标的完成情况。建议将分管领导批准、应用、数据统计等内容前移至对策实施环节。

（2）对于平均耗时情况的统计，数据量少，仅用一张统计图来阐述，不具有说服力。

（3）经济效益分析时，采用推算的方法，测算全年的经济效益，而非活动期内的实际效益。经济效益分析缺乏相关部门的证明材料。

（4）关于技术效益的分析，应在课题总结时进行阐述。

四、常见问题

（1）没有与目标值进行对比，确定目标是否达到。

（2）计算经济效益不实事求是或经济效益计算依据不足。

（3）没有量化的数据说明课题目标实现。

（4）缺乏相关部门的证明材料。

五、评价标准

在创新型课题成果发表评审评分细则中，明确效果检查部分的要求，包含以下几个方面。

（1）检查小组设定的目标，确认课题目标的完成情况。

（2）必要时，确认小组创新成果的经济效益和社会效益。

第八节　标　准　化

一、活动准则

小组应对创新成果的推广意义和价值进行评价：

（1）对有推广价值、经实践证明有效的创新成果进行标准化，形成相应的技术标准、图纸、工艺文件、作业指导书或管理制度等。

（2）对专项或一次性的创新成果，将创新过程相关材料存档备案。

二、标准解读

（1）对创新需求在行业内具有普遍性、创新成果具有推广价值并经实践证明有效的，要形成相应的技术标准（包括设计图纸、工艺文件、操作规程或管理制度）。

（2）对创新需求不具备普通性的专项和一次性的创新成果与专项或一次性创新成果，将创新过程相关材料整理归档，以供使用中参考。

（3）评价创新成果的推广意义和价值。

三、案例分析

以下为某 QC 小组的"导地线越障飞车的研制"课题的标准化部分，其标准化策略表见表 4-21。

表 4-21　　　　　　　　　成 果 标 准 化 策 略 表

序号	事项	标准化成效	佐证
1	批量生产	与相关加工制造厂商签订合同，批量生产，推广应用	
2	制定标准	制定了《导地线越障飞车现场作业程序卡》《导地线越障飞车作业指导书》	
3	申请专利	2018 年 7 月 11 日"越障型导地线出线装置"实用新型专利证明；其"越障功能结构设计"申请发明专利保护，该专利在进一步受理中	
4	刊发论文	撰写论文被浙江省电力学会收录为优秀论文，并获得刊发，使更多人了解本装置的应用	
5	成果转化	本课题已成果转化为群众性科技创新项目，被推荐至国网浙江省电力公司参加了 2018 年度优秀成果评选	
6	专项培训	制订培训计划和方案，落实作业规范及使用导则，针对其使用要求及操作步骤，对 3 个班组 27 人完成专项培训，2017 专利证书——便携式导地线出线装置	

"导地线越障飞车的研制"课题对技术标准、作业指导书等制定情况进行了表述。存在的错误主要有以下几个。

（1）将成果应用推广、申请专利、刊发论文等作为了标准化的内容。

（2）没有深入挖掘课题的推广价值，未对在行业内具有普遍性共性并经实践证明有效的创新成果进行标准化，未形成相应的设计图纸、工艺文件等相关材料并进行存档备案。

四、常见问题

（1）标准化形式不具体。

（2）将成果应用推广、获得的奖励、论文和申请专利等作为标准化的内容。

（3）标准化的内容不是创新成果本身。

（4）有推广价值的成果没有进行标准化。

（5）标准化的成果不具有推广价值。

（6）与问题解决型课题的巩固措施混淆。

五、评价标准

在创新型课题成果发表评审评分细则中，明确标准化部分的要求，包含以下几个方面。

（1）将有推广价值的创新成果进行标准化，形成相应的技术标准、图纸、工艺文件、作业指导书或管理制度等。

（2）对专项或一次性的创新成果，将创新过程相关材料存档备案。

第九节　总结和下一步打算

一、活动准则

小组应对活动全过程进行总结，有针对性地提出今后打算。包括：

（1）从创新角度对在专业技术、管理技术和小组成员素质等方面进行全面的回顾和总结，找出小组活动的创新特色与不足。

（2）继续选择新的课题开展改进和创新活动。

二、标准解读

（1）小组应结合课题活动设计，实事求是地总结小组成员在专业技术、管理技术和综合素质等方面有哪些提高和不足，提炼创新点与创新特色，找出不足和改进的方向。

（2）下一步打算应继续寻求管理和现场的创新机会，明确下一个改进与创新的目标与方向，开展新一轮的 PDCA 循环，向新的高峰继续攀登。

三、案例分析

以下为某 QC 小组的"基于高压力绝缘液体的通信设备不停电清洗装置的研制"课题的总结和下一步打算部分。

1. 总结

（1）活动过程总结，见表 4-22。

表 4-22　　　　　　　　　各 活 动 过 程 总 结

活动内容	特点	运用工具	努力方向
选择课题	需求导向、提升效率、解决问题	统计图、树图	吸取其他小组经验，扩展本小组选择范围
设定目标及目标可行性分析	结合借鉴基础、对比现有指标。从技术、人员、资源三方面进行了分析	头脑风暴	学习并尝试运用更多的统计工具
活动内容	特点	运用工具	努力方向
制定对策	根据方案拟定技术路线进行对策制定，并量化目标	评估分析、统计表、对策表	方案优选表中参数需要进行更多量化
对策实施	依据对策表实施，并开展分步检查	统计表	分析对策表实施产生的一些负面影响
效果检查	检查整体效果及流程闭环	统计表	努力从更多样化的角度评价活动效果
标准化	培训及论文、专利申报	无	加强标准化管理

（2）活动成果总结。

通过本次 QC 活动，小组成员成功研制了通信设备带电清洗装置，并成功应用于生产现场。通过本项目的使用，解决了通信设备的运行维护问题，通过带电清洗降低了设备的故障率，提高了设备的安全性和可靠性，某种程度上还提高了设备的使用年限。除了在技术方面的改进以外，小组修订了带电清洗的标准化作业流程，并编制了相应的说明书和作业指导书。

（3）小组成员总结。通过本次 QC 小组活动，小组的质量意识、团队意识、创新精神均得到提升。

2. 下一步打算

本课题小组通过努力实现了通信设备的运行安全，下一步，小组将不断努力，继续提升通信系统支撑水平，计划从通信传输业务支撑入手开展提升。因此，针对光缆通信安全这一热点，我们将"基于量子密钥技术的光缆加密装置的研制"作为小组的下一个课题。

"基于高压力绝缘液体的通信设备不停电清洗装置的研制"课题对活动的全过程进行了总结分析，有针对性地提出了今后的打算，存在的问题主要有：课题只是采用对课题活动的八个步骤进行回顾的方式，对于小组成员素质的总结也是简单地泛泛而谈，没有从创新角度，对专业技术、管理技术和小组成员素质等方面进行全面的回顾和总结，从而找出小组活动的创新特色与不足。

四、常见问题

（1）总结的过程泛泛而谈，没有根据小组创新课题的设计、管理技术和小组成员素质进行回顾与总结，没有总结出创新过程的特色和不足之处。

（2）小组自我评价采用雷达图，缺乏打分依据，较为主观。

（3）没有提出下一步活动的新课题、新的创新点与方向。

第五章
QC 小组活动实践方法

QC 小组成员熟练掌握了活动的基本程序，并不意味着一定能行之有效地开展小组活动并通过活动实践，充分地解决实际问题，圆满地满足相关方的需求。本章从 QC 小组容易走进的误区着手，阐述 QC 小组实践的关键要素和基本技巧，从而指导小组成员更好地参与活动实践的全过程，并从中汲取营养，取得各方面的收益。

第一节　QC 小组活动的几大误区

一、为 QC 而 QC

QC 小组活动不但可以达到提高职工素质、激发职工的积极性和创造性、改进质量、降低消耗、提高经济效益的目的，而且通过 QC 小组成员的共同努力，可以建立文明的、令人心情舒畅的生产、服务和工作现场环境。因此，在当今的现代企业中，常常将 QC 小组活动的开展作为提升各基层班组（车间）生产和管理水平的重要抓手。

重视质量管理工作的企业，为了充分突出 QC 小组活动的重要性，将班组（车间）是否动员组员组建 QC 小组，并按照企业制定的目标要求或者自发地开展 QC 小组活动，以及活动的参与程度作为衡量班组（车间）建设水平诸多要素中的重要组成部分。将 QC 小组注册情况、活动推进情况以及成果取得情况列为年度班组（车间）争先创优的必备项或加分项，甚至列入绩效考核的组成内容，直接与工资、奖金、福利等挂钩。

这些举措，无疑对调动 QC 小组成员的积极性是有极大的促进作用的，激励着小组成员集思广益，积极发现日常工作的问题和疑难，不断思考相关方的各类需求，并以此为导向，执行 PDCA 循环，开展 QC 小组活动，不断取得质量管理上的一项又一项突破，为班组和企业带来更多的效益。

然而，存在着一些 QC 小组，简单地将 QC 小组活动作为一项普通的日常工作，以完成工作任务的心态开展活动，虽然活动的各项"规定动作"齐备，但是以满足上级部门指标考核和应付班组建设需要为主要目的。虽然可能会在班组争先创优中作为"点缀"，或者免于上级部门的指标考核，但是从长远来看，年复一年、日复一日，应付式地为了 QC 而 QC 的小组活动，一方面因为目标导向错误，没有脚踏实地做实 QC 小组活动，因而无法取得实际意义上的、能得到广泛认可的高水平的 QC 成果，进而无法为企业发展带来较大推动力，为企业的技艺革新和服务提升贡献力量，该班组也无法得到实质上的企业领导者的认可；另一方面，该班组也无法有效利用和充分发挥 QC 小组活动在提升素质、凝心聚力、改进效率、改善环境等方面的有效作用。这些对于班组（车间）和企业来说，均有着无形的伤害，此行为极不可取。

二、对 QC 小组活动重视程度不足

在全国第十三次 QC 小组代表大会上，开始倡导 QC 小组活动"小、实、活、新"的发展方向。"小、实、活、新"也是被广泛认可的较为优秀的 QC 小组课题的一大特色。

"小"指的是课题的选择切入点小，并非一味追求规模宏大的，高精尖的，需要耗费相当巨大的人、财、物资源的项目；"实"指的是活动内容实实在在，能接地气，有现实基础，不搞形式主义；"活"指的是小组的活动形式灵活，不拘泥古板，不生搬硬套；"新"指的是活动方式新颖，QC 小组思想新、方法新、选题新、内容新，要求 QC 小组不断创新，持续改进。

有些班组（车间）甚至企业的管理者和决策人员，认为 QC 项目太"小"，不足以体现该班组（车间）、企业的创新能力、业务素质和管理水平，不足以体现其对企业的贡献度。因而常常将创新的目光聚焦于重大科技项目、大型工程、重大系统研发等领域，寄希望于通过承担那些在经济效益、社会反响等方面有较大影响力的工作，使得企业获取更大利益。

QC 小组活动课题选题虽"小"，但是透过原因分析通常会发现，正是因为一些容易被忽略的"小"，造成了质量提升的瓶颈。而 QC 小组活动，正是通过抓住这些"小"的关键点，制定行之有效的技术措施，并一一加以实施、检验和巩固推广。通过一些"小"的改变，付出相对"小"的成本，实现企业全面质量管理"大"的提升。过往一些优秀的课题，都呈现了事半功倍的效果，实现了"四两拨千斤"的巨大效应。

而且"小"的课题通常具有普遍适用性，在实际工作中推广性强，易于借鉴，应用面广，往往适用于企业的多个部门、多个领域，从而实现全面质量管理方面的"蝴蝶效应"。很多的优秀课题在进行效果检查时，通过相关部门论证分析发现，为企业带来了巨大的实打实的经济效益，这也印证了"小" QC 课题带来企业全面质量"大"提升的事实。

某些企业的管理人员特别是一线生产班组（车间）的管理者认为，QC 小组活动华而不实，可有可无，与其花时间和精力开展"小、实、活、新"的 QC 小组活动，不如脚踏实地做好本职工作，保障安全生产长周期稳定，为企业制造更多的产品，为用户提供更多的服务。持有此种观点的人员，明显还停留在质量管理的初级阶段，未能正视企业存在的问题和痛点，未能了解相关方日益增长的、不断变化的新的需求，未站在企业持续发展的高度，从全面质量管理的角度，运用多种多样的科学方法，全员、全过程、全企业开展质量管理，提升企业核心竞争力，培养高素质人才队伍。

三、QC 小组活动开展不深入

自 1978 年 9 月北京内燃机总厂在学习日本全面质量管理经验基础上成立中国第一个 QC 小组至今，每年在国内各行各业，如雨后春笋般涌现出了不计其数的 QC 小组。在这其中，很多 QC 小组承前启后，持续创新，不断解决着碰到的各类生产和管理难题，不断满足着人民日益增长的美好生活需要，不断创造着推进企业、行业质量提升的优秀成果，不断培养着先进的质量管理者和行业领军人才，为本企业做大、做强、做优起到了积极作用，为本行业的发展提供了强大动力，为整个社会的进步贡献了重要力量。

但是与此同时，社会上也存在着某些 QC 小组，参与小组活动的初始之愿仅限于创先争优，始终停留在参与评奖并取得成绩这一初级阶段。这些 QC 小组，虽然每年都参与 QC 小组活动，产生了一项又一项新的成果，且能得到行业内外专家的肯定，然而未能在此基础上更进一步，花精力、持续性地对成果加以推广应用。

QC 小组创造的成果，是全体成员集体智慧的结晶，凝聚了成员的努力和汗水，很多都来源于生产和管理现场，又能较好地服务于实际需要、解决现实问题，如果不能将创造的成果及时转化并进行大范围的推广应用，QC 小组活动的成效将大打折扣，有效收益将大大缩减，这对于企业来说，无疑是一种资源上的极大浪费，某种意义上来说对企业的发展壮大形成了阻碍，这种做法是相当不可取的。

企业当中的某些疑难杂症，由于未能将有针对性的 QC 成果进行普及，使得既有问题不能及时纠偏，甚至导致进一步劣化升级，对企业来说将更是大的灾难。即使未发展到大幅影响企业正常生产的程度，其他 QC 小组如果遇到类似问题再从头开始来作深入分析，势必也要出现重复劳动，造成各类资源的浪费。

此外有些 QC 小组，在质量管理领域取得了较多的成绩，但是敝帚自珍，宣传力度不够，不能及时与同企业、同行业的其他小组进行沟通交流，不能将自身优势、特点和取得的成绩通过通讯报道全方位展示，从而创造"大众创业、万众创新"的良好氛围，积极影响更多的人参与 QC 小组活动，激发全员、全过程、全企业开展质量管理的热情，这无疑是相当可惜的。

四、孤立、片面地看待 QC 小组活动

有的 QC 小组过于孤立地、片面地看待 QC 小组活动，认为"小、实、活、新"的 QC 成果，其产生的影响是微弱的，通过参与 QC 小组活动能够取得的成绩也是受限的。殊不知，好的 QC 课题是有生命力的，经过成果转化和推广，再加以持续改进，不断拓展成果的内涵和外延，成果的内容将得以不断丰富，解决问题的能力将更加突出，服务的范围也将更为广泛。同时如能将多个有一定内在关联性的 QC 成果巧妙融合，互为补充，可能会碰撞出火花，呈现"1+1＞2"的效果。在时机成熟的情况下，也可以将其推向更高的平台，参与群众性科技创新项目的培育和孵化，可以参加各个级别的科技进步奖的申报和评奖，从而大大地增强其影响力，使 QC 小组活动的成果更加丰硕。

在 QC 小组成果的推广和转化过程中，为使其充分发挥作用，许多小组将其进行总结提炼，申报了外观专利、实用新型专利或发明专利，申请了软件著作权；将成果的研究背景、原理和功用等进行阐述，撰写了科技论文；对成果的应用情况进行了全面的调查研究，为企业提出了合理的应用建议，形成了调研报告。将如何应用 QC 成果提升管理水平的经验进行总结，形成了可供同行业借鉴的、可复制可推广的典型经验和管理创新课题。另外，QC 小组成员通过参与小组活动，质量意识不断加强，生产和管理技能得到夯实，协调和沟通能力、总结归纳和现场发布水平不断提升，这对于企业来说更是一笔宝贵的财富。

因此，切不可将 QC 小组活动孤立于其他各类质量管理活动之外，应不断拓展其外延和内涵，将其与专利、软件著作权、论文、调研报告、管理创新、科技成果等方面有机结

合，经过小组成员的不断努力，相信会获益良多。

五、未充分发挥平台功能

QC 小组活动是实现全员参与质量改进的有效形式，是一个门槛相对较低但同时具有一定技术水平和科技含量的创新平台，同时又是人才培养和团队建设的重要平台。

（一）人才培养的平台

2003 年时任全国人大副委员长、中华全国总工会主席的王兆国同志在出席全国质量管理小组活动 25 周年座谈会时强调："多年来，QC 小组不仅培养了技术工人和骨干，同时也造就了大批管理人才。"这充分说明了 QC 小组活动在提高职工全面素质方面所起到的重要作用。

任何一个优秀的 QC 成果，在小组活动开展的全过程中，既要有足够的新颖性，又要付出勤恳的劳动。一个好的想法，需要小组成员刻苦努力，通过脚踏实地，一步一个脚印地将其落实，形成书面文件或报告，再进一步推广转化，为企业创造效益。一个优秀 QC 成果的形成，包括课题的实施和推进，总结报告，发布 PPT 的制作，以及项目说明书、使用规范、现场作业指导书、专利、论文、软件著作权等各类文档的撰写，必须花费小组成员大量的精力，占用大量的业余时间，投入到 QC 小组活动的过程中去。一个 QC 小组要想开展好各项活动，首先必须加强小组成员积极向上、乐于奉献精神的锻炼，在推进过程中，又能同步提升小组成员爱岗敬业的使命感和甘于奉献的责任心，形成积极向上的正能量，这些都是培养优秀人才的前提条件。在 QC 小组活动过程中，小组成员能够表现出做事脚踏实地，工作精益求精的责任感和事业心，那么在从事别的工作中时也必然如此。所以往往是小组成员在做好 QC 小组活动的同时，当参与其他工作例如竞赛比武、党团工作、志愿服务等各条线上都能取得不错的成绩，这绝非偶然。优秀是一种习惯，归根到底，QC 平台帮助小组成员培养了融入其骨子里的勤奋钻研、刻苦踏实的积极向上的"精气神"，帮助其更快地成长、成才。另外，在 QC 小组活动推进过程中，潜移默化地培养了小组成员敏锐的嗅觉、利用质量管理理念分析问题的思维，培养其听说读写各方面的能力，这无疑对于成员全方位素质的提升是大有裨益的。

而反观部分 QC 小组，眼光局限于创造成果、解决问题和满足需求本身，忽略了活动过程对于提升小组与班组成员精神涵养、意志品质、技术技能、协调沟通、管理能力等方面的重要作用，只窥一斑而不见全豹，未将平台的功能进行有效发挥。

（二）团队建设的平台

QC 小组活动过程中，会碰到各种各样的困难和问题，会遇到意想不到的突发状况，小组成员凝心聚力，攻坚克难，为了实现课题目标而共同努力，这其实是小组和班组凝聚力提升的一种好的抓手。遇到问题不退缩，遇到困难不回避，充满自信，迎难而上，在小组和班组成员的思想中形成一种积极向上的正能量，这也会成为企业不断发展壮大、努力前行的强大动力。

很多企业为了加强团队建设，开展形式多样的如主题会议、读书会、专题培训、文体活动、素质拓展等，其实贴近生产实际的 QC 小组活动，既能够开发成员的智力资源，发掘人的潜能，提高各方面的素质，又能够在目标一致、攻坚克难的过程中增强成员彼此的联系，改善人与人之间的关系，提升集体主义和团队至上的精神。在长时间各类困难和紧迫任务的考验下，能够炼出真金，发掘管理能力出众的成员、技术技能扎实的成员、思维创造力强的成员、文字功底强的成员等，这些为管理者今后在生产实践中优化成员结构、按照员工能力特点调配工作任务和优化工作职责打下了坚实的基础。另外，通过集体的努力达成既定的目标，让企业从中受益，对整个团队的士气也是极大的鼓舞。因此，从某种意义上来讲，QC 小组活动是一种集合了其他各种团队建设形式优点的综合性活动，如能加以重视并脚踏实地地开展，可能会给管理者带来意想不到的收获。

如果管理者不能从团队建设平台的高度来统筹调配各类资源，统筹考虑 QC 小组活动的分工合作，而仅仅认为小组活动是个别人的工作，没有调动全体成员的智慧与力量，未能通过攻坚克难对全体成员的素质加以锻炼，那么将无法充分发挥 QC 小组活动对团队提升的贡献，转而需要通过其他形式来促进团队的建设，多少有点舍本逐末的嫌疑。

第二节　QC 小组活动的关键要素

一、健全组织制度保证

（一）注重基础知识的提升

QC 小组活动有其自身特有的内在规律和逻辑，要开展好 QC 小组活动，必须首先培养一批真正懂 QC、会 QC 的优秀人才。

1. 注重外部培训

要想快速地掌握 QC 小组活动的基本技能，参与全面而系统的培训尤为重要。近年来，由于国家和社会对于质量管理活动的认识的提升，中国质量协会、各省市质量协会组织以及各行各业每年都会组织针对性强的 QC 推进者、QC 小组组长（骨干）培训班，有的还会组织更加深入的、更有针对性的关于 QC 小组成果撰写、发布的强化班。参与各级质量协会和各个行业协会组织的专业理论培训和实例提升训练，有助于 QC 小组骨干更快地丰富知识储备，更快地提升基础知识。

当然，外部培训的形式可不拘泥于参加理论培训班，各个行业、各个协会内部每年都会评选出优秀的 QC 小组或质量信得过班组，中国质量协会近年来也表彰了一批长期致力于质量管理的优秀 QC 小组、标杆 QC 小组、质量信得过班组，这些小组或班组连续多年获得了非常突出的成绩，也形成了自己独特的 QC 成果孵化、推广、转化的经验和模式，也产生了可供推广和借鉴的 QC 小组创新氛围和质量管理文化塑造的方法。其他各 QC 小组也可以通过参观学习、集中交流等方式，深入到这些优秀的 QC 小组内部，和相关的管理人员和骨干进行交流和探讨，请他们讲讲 QC 小组活动的实例和背后的故事，实际体验他们是如何利用 QC 小组活动改进产品质量，提升服务水平的，学习一下他们是如何克服各类困难，团结一致完成最终的成果的。

QC 小组活动的推进也不是一蹴而就的，很多优秀的 QC 小组成果形成之前，常常是经过了千锤百炼的，有的也会碰到许多的波折，甚至有时活动过程中小的失误也会带来较大的负面影响，可能会导致整个小组活动未到达预定的目标而失败。在培训的过程中，也可以通过探讨质量改进的失败案例，分析失败的原因，并引以为戒，避免误入歧途。在培训和交流的过程中，既能做到知其可为，也能做到知其不可为，才能保证在正确的道路上越走越远，而不至于在错误的泥潭中越陷越深。

2. 做好内部培训

很多企业由于内部生产的压力，难以保证组织大规模的员工脱产参与各级质量协会和各个行业协会组织的系统的培训，此时企业内部 QC 培训的作用就尤为重要。

企业内部自己组织的培训形式可以多种多样，场地可以不受限制，时间可以相对灵活，可以利用工作之余、节假日组织学习。既可以利用企业内部的 QC 专家和骨干资源，进行培训和指导，同时也可以邀请企业外部的专家送课上门。其普及面可以涵盖更多的对 QC 小组活动感兴趣的员工。

另外，青年员工作为 QC 小组活动的主力军，必须首先对其加强 QC 知识基础培训。青年员工学历和素质都非常高，只要让其掌握 QC 小组活动相关知识，再假以时日，通过实践的锻炼，必能逐渐成长为 QC 小组活动开展的骨干成员。在企业内部，可以营造"以老带新"的培养模式，发挥老师傅"传、帮、带"的作用，与青年员工思维跳跃、创造力强的特点完美配合。老师傅们有丰富的工作经验，理论知识却欠缺，小组可以通过 QC 创新平台加以引导，在老师傅实际经验的指导下，结合大学生丰富的理论知识，以更好地保证课题的有效实施。这样一来，青年员工有了广阔的展示自身素质的平台，借以提高自身技能、技术等各方面素质；同时，老师傅在实际的课题实施过程中，技能、技术也得到了提升，尤其在论文的撰写、PPT 制作等方面。两相结合，可以将 QC 小组活动的水平迅速提升。

QC 小组内部培训的地点应不局限于培训教室、会议室，也可以走出去，走到工作现场，走近工友身边，深入了解 QC 成果在生产实际中的应用情况。特别是一些推广应用面广的成果，实地查看，了解它给企业带来的各种收益，通过示范效应激发广大小组成员更大的积极性和创造性。

同时，很多质量管理方面成效显著的企业，在企业内部都建立了自己的创新基地、工作室、荣誉室、创新角等活动场所，陈列了很多的在实际工作中进行推广的有益成果，展示了小组、企业在质量管理方面取得的各类表彰、奖励，同时也讲述了一个个鲜活的创新故事。在开展企业内部培训时，可以充分发挥创新基地、工作室、荣誉室、创新角等活动场所的展示、示范平台的作用，引导小组成员感受创新氛围，体验创新成果，进一步明确质量管理活动给企业和个人带来的效益，了解通过 QC 小组活动可以取得的荣誉，从而激发自豪感、上进心和内动力，形成满满的创新正能量。

3. 积极参与发布

各个层级的 QC 小组发布会，是每个小组成员学习的大好机会。各 QC 小组成员可以进行现场观摩，在感受现场发布氛围的同时，能学习各家 QC 小组之长，探究好的小组成员是如何将自己富有想象力和创造力的思维，聚焦于 QC 小组活动的框架内，并通过 QC 一环扣一环严密的逻辑规律，让创新之光借助 QC 这一创新平台落到实处的。发布会的另一效果，是以团队的形式，加强小组成员的相互交流、学习，让他们了解一个优秀的 QC 小组活动是如何在实际的一线生产过程中发现问题，解决需求的。

QC 成果发布作为整个 QC 小组活动的集体体现，需要有逻辑严密的 QC 文档、制作精良的 PPT 作为支撑，同样也需要一位精气神十足的发布人将其完美呈现给大家。在 QC 发布过程中，发布人必须穿着得体，建议穿着正装，面向观众，熟练脱稿进行发布。在这里需要特别指出的是，在 PPT 发布过程中，时间是有限定的，因此需要在发布前反复演练，在保证发布效果的前提下，合理控制发布时间。由于 PPT 是按照 QC 文档一一对应制作而成的，内容会相对比较多，为此，发布人必须有所侧重，不能面面俱到，有些相对次要的东西可以用一句话或几个关键词带过，将有限的发布时间用于最需表达的内容。切不可纠结于专业知识的推介。有的小组担心小组成果的专业性太强，因此会花大量的篇幅来介绍基本原理、特殊构造、工艺流程、管控指数、数理模型等，一方面占用了发布时长，有发布超时的危险；另一方面，由于讲的内容专业而复杂，往往会让听者更加"云里雾里"、毫无头绪。建议此类专业性强的成果，尽量以更加通俗的语言，采用视频、图片等方式，讲明基本的工作过程，让即使从没有接触过该专业的听众，也能有一定的代入感，对该成果有大致的了解。"讲得清，听得懂"，这也是对每一个 QC 小组发布人员的基本要求，因为在参加较高级别的质量管理发布活动的时候，往往是集聚了各行各业、不同工作岗位的小组，如何能以大众化的方式介绍自己的 QC 成果，阐述清楚小组活动的主要流程以及取得的有益效果，确实需要每一个 QC 小组成员进行反复学习和实践锻炼。

"台上三分钟，台下十年功"，要想在 QC 小组成果发布会上大放异彩，必须要做好充足的准备，小组成果必须反复修改打磨，PPT 介绍必须一遍又一遍地进行模拟发布，还要做好现场评委关于技术和质量管理方面的提问的应答准备工作，这些都需要小组成员齐心协力去完成。只有在台下孜孜不倦、精益求精地进行持续改进，才能换来发布时评委和现场听众的一致认同。

当然，我们必须认同的是，能够代表 QC 小组站上舞台进行发布，对于发布者来说，本身就是一种成功。很多小组成员在参与 QC 发布之前，很少或者几乎没有机会在人数众多的场合发表自己的观点或言论。能够借助 QC 发布会的平台，战胜胆怯、挑战自我，这对于发布者的自信心和抗压能力都是一次很好的提升。这也就是我们经常讲到的参与 QC 小组活动的同志们，能够全方位锻炼听、说、读、写等各方面的素质的一个体现，有助于发布者在今后的工作中应对各种需要发言的场合。

每一次的 QC 成果发布，对于每一个 QC 小组来说，都是进一步总结提升的大好机会。因此，在重视参加每一场 QC 发布会并进行精彩展示的同时，在会后可以立马根据实际发布情况进行总结提升，学习和借鉴其他小组的可贵之处，并提炼出开展 QC 活动的成功经验和或不足的教训，在继续发挥好自身优势的同时，加强自身薄弱环节的建设。如有需要，QC 小组也可以根据评委的意见和建议，聘请相关专家、人员对自己的课题进行有针对性的辅导和把关，使其能更加精益求精。

4. 重视参考借鉴

很多 QC 小组成员在系统地参与 QC 小组基本知识、相关理论的学习之后，能够自觉地发掘生产实际当中存在的问题和困难，能够站在利益相关方的角度探究多方的需求，积极参与 QC 小组活动，并按照 PDCA 循环，利用先进的 QC 活动工具，改进生产工具，改良管理方法，创造新的成果，实现质量的提升。但是在活动总结提炼的过程中，却不知如何下手，不知道怎么对活动全过程进行总结陈述，撰写 QC 成果报告。而 QC 成果报告撰写又恰恰是质量管理小组全方位展示活动的重要手段。通过一份好的报告，专家评委能评判活动的水平和优劣，其他小组成员能够从中得到启迪，学到好的思维方式，学到各类分析方法以判断各种处置方案的优劣并进行合理选择。

而作为新手，如何快速入门并逐步提升成果文本撰写水平呢？一个比较好的方法就是参考借鉴。而参考借鉴的内容来源于哪里也很重要，需要进行慎重的挑选。因为如果借鉴的是本身存在较大问题的成果文本，必然会出现缺点的重复和放大，甚至产生对 QC 理论理解上的偏差，导致小组成员花很大的力气，却在错误的道路上越走越远。

我们推荐的成果的参考文本，首先是各类辅导教材中的经典案例，但是这里也要强调一点，必须是最新的理论教材或成果汇编。因为质量管理的相关理论也是在持续改进、不断完善、不断提升的，例如 2016 年的《质量管理小组活动准则》相对于上一版，内容上有了较多的改进和提升，评价的标准也做了修改，新的教材中都针对性地进行了细致的阐述，而如果参考的是较早版本的教材，则无法做到与时俱进、推陈出新，相应的在进行发布评选时也无法取得好的成绩。另外，我们可以在参与 QC 发布和交流的过程中，认真学习其他优秀 QC 小组的成果报告、PPT 等。如何判别其他小组的成果文本的优劣，一方面可以参考现场评委的评价和取得的成绩；另一方面也可以了解该 QC 小组历年来参与 QC 小组活动取得的成绩。一般情况下，持续多年不间断从事实质量管理活动的小组，在成果总结和提炼方面是具有很好的经验的，同时他们也很注重对新知识新标准的学习和吸纳，能够在第一时间对自己的成果文本进行合规性修正，保障成果文本能够符合最新要求，我们完全可以参考借鉴吸取其中的精华部分，并转化为自己的内容。

这些好的范例，给予新接触 QC 的人员一个好的参照，有助于其更快明确课题总结"写什么、怎么写"的问题。但是需要说明的是，参考借鉴不能"拿来主义"，一味地照搬照抄。有的 QC 小组在模仿其他小组成果文本进行总结时，文本框架基本一致，采用的质量管理工具、图表甚至某些数据都高度雷同，这显然违背了我们讲的借鉴的初衷。我们比较推荐的一个做法，是将优秀的 QC 成果文本拿来，反复研究、弄懂弄通文本中各个部分内在的逻辑联系，明确文本中各种质量管理工具运用的手法，甚至可以研究海量数据之间的前后对应关系，以及总结结论的严密性等，在此基础上，再来搭建自己的总结文本基本框架，并进行内容的充实，而绝不是像某些 QC 小组成员那样，将优秀成果的文本拿来进行简单的内容上的删除和替换。因为如果仅仅关注优秀范例的"形"，而不是学习、探究和模仿它的"质"，往往会画虎类犬，既得不到实际意义上的能力的提升，也会使小组成员故步自封，阻碍其创造力的发挥。

总的来说，关于 QC 小组活动基础知识的提升，在参与内外部培训、现场发布、学习参考借鉴的时候，切不可以持完成工作任务的态度，而要从服务企业、提升自我的高度，全身心参与其中。既要以学会、学通、熟练掌握 QC 小组活动的基本要点、规范流程为目的，学会如何整理、总结成果并精彩地呈现在众人面前，以及如何将成果进行推广和转化，让更多的人受益。更重要的是学会质量管理的思维和质量管理的精神，在日常工作中，遇到技术难点和用户的个性化的需求，小组成员能够第一时间想到，用质量管理的工具、方法进行创新，创造出能解决实际问题、获得用户认同的成果。碰到难关时，能够展现出永不言败、攻坚克难、积极向上的质量管理的精神，能够以客观、严谨的工作方式，一步一步实现小目标并达成课题的总目标。

（二）注重内部制度保障

1. 建立"领导挂帅"的工作机制

广泛而普遍地开展 QC 小组活动，是调动广大员工为企业发展贡献力量的重要措施，也是增强企业核心竞争力的重要途径。QC 小组活动的具体实施与开展离不开各个部门领导的高度重视、用心支持、合理引导与关心关爱。

目前国际上较为流行一种做法，以美国和日本为例，部门领导可以作为基层班组 QC 小组的顾问，上下一心，共同参与到 QC 小组活动中去。部门领导会定期对小组的活动开展情况进行检查和督促，而 QC 小组其他成员，也必须定期向领导进行汇报，让领导及时了解活动实施开展的情况、取得的阶段性成果、下一步工作的计划与打算以及存在的问题和困难，如此一来，可以确保 QC 小组能有条不紊、脚踏实地地开展活动，有效避免突击实施式的 QC 小组活动。另外，当出现某些特殊困难时，可以请部门领导出谋划策、出面协调，从而保障 QC 小组活动的顺利、快速推进。"领导挂帅"的 QC 小组活动，一方面在人力、物力以及财力等方面，必然会得到相应的支持，以利于小组各方面活动的开展。另一方面，QC 小组活动在开展的过程中，能够得到领导的重视，对于小组成员士气的鼓舞，参与活动的创造性、主动性、积极性提升等方面也将起到举足轻重的作用。

总的说来，我们讲的"领导挂帅"工作机制，绝不是简单地将领导名字列到小组成员名单里面，在小组参与各类评比获得成绩后，能够及时给与领导相应的反馈，而是推崇领导积极参与群众创新创效、为基层人员提供必要资源和精神鼓励，并督促小组成员按照时间节点要求抓紧实施的一种良好生态。

2. 建立"金点子"的发掘和孵化机制

在企业日常经营和生产服务工作中，会遇到各种各样的问题，以及不同人群的类型各异的需求，很多员工以此为灵感来源，天马行空，迸发出了创新的灵感。在数量众多的创新创意的点子中，可能有些是偏离实际的，有些是方向错误的，有些是暂时无法实现的，但是同时也存在通过努力能够实现，而且一旦实现，可以完美地破解当前的困局，满足相关方的需求的，通常称它们为"金点子"。

"金点子"的诞生是需要土壤的，首先必须营造一个全员创新的氛围，培养很多双善于观察的眼睛，激活很多善于思考的头脑。由于灵感的稍纵即逝性，QC 小组活动的管理者还需要建立一个可随时更新的点子库，当员工头脑中闪现出好的创意时，就可以随时记录下来，放到点子库中，随时准备接受挑选。

QC 小组活动在确定课题时，可以通过对点子库中的条目进行比对和筛选，选择适合自身小组的、利于发挥小组特长的、打算具体实施的"金点子"，开展 QC 小组活动注册，并按照 QC 小组活动流程开展 PDCA 循环活动，最终取得可贵的成果。

因为企业人力、财力、物力的限制，不可能针对全体员工所有的"金点子"一起实施，这就需要 QC 小组活动的管理者对"金点子"的质量进行评估，针对企业或班组存在的重大安全隐患、效率低下等问题、对相关方需求的迫切程度等进行轻重缓急排序，对课题实施的背景、意义、可操作性、难易程度等进行全方位的总结、讨论和评估，从而确定最终的立即实施的若干项目，从而保证最佳、最需及时解决的项目得以加快实施，使经费、人力、物力等利用最合理高效。

3. 建立"奖勤罚懒"的奖惩机制

QC 小组活动是一种主动性和自觉性很强的活动，如果小组成员积极性高、参与度高，形成的成果往往比较丰硕，而反之，如果小组成员情绪低靡、不愿付出，则小组活动的成果品质堪忧。

"奖勤罚懒"的激励机制不但是对小组成员开展活动的态度、付出程度的鉴定，也是一种"让实干者得实惠"的行之有效的促进手段，能够培养成员的自信与自尊、激发成员的热情和投入程度，能够鞭策后进，见贤思齐，不断改善。

"奖勤罚懒"的激励机制就是要对于不积极参与质量管理提升的单位和部门进行通报，对不愿参与 QC 小组活动的员工，在未能完成年度 QC 指标的情况下予以批评，对在 QC 小组活动推进过程中形成阻碍的人员进行考核。对取得优异成绩的小组进行物质和精神奖励，对甘于付出、不计个人得失的成员进行重点表扬。将质量管理工作完成、获奖情况以及推广转化情况作为部门业绩考核和员工年度评优的重要依据，落实对参与成员的奖励机制，形成"实干者得实惠、吃苦者吃香、流汗者流芳"的价值导向，营造更为浓厚的质量管理氛围。

有的企业在年度评优、人才评定、职称评定甚至岗位调动、干部提拔等方面，将 QC 小组活动参与情况以及 QC 课题产生的有益成果列入打分项或加分项，这对于员工自身成长成才更是一种长效的激励和督促，这也是"奖勤罚懒"奖惩机制的另一种行之有效的形式。

二、有的放矢选择课题

所谓良好的开始就是成功的一半，对于 QC 小组活动的开展也是如此，选择好的、合适的课题，对小组活动的开展具有重要作用。各小组要树立"课题决定成败"的思想，对于课题选择慎之又慎。但是很多 QC 小组在选择课题时，却恰恰是千头万绪，又理不出头绪，不知该如何下手。

以下常用的几种选题的方式可供参考。

（一）从解决日常工作中的各类隐患入手

对于课题的选择，必须把握"从工作中来，到工作中去"的原则。在日常的实践过程中做一个有心人，坚持创新来源于工作，课题来源于实际，在善于从自己班组身上发现问题的同时，也要善于从周围的人和事中发现课题的来源。

在实践中，经常会发现一些可能会对安全稳定造成不良影响的细节，或者会对产品和服务质量带来一定风险的区域，对于这些隐患的排查和处理，就是比较符合"小、实、活、新"的课题。防患于未然，从某种意义上来讲，绝对比已经造成恶劣影响或呈现明显的不良趋势后的质量改进或创新更有意义。这种"抓本质、重性质、防趋势"的事前预防、以小见大的质量管理方式，更值得提倡和推广。

（二）从节约生产成本、提高效率入手

日本的丰田汽车公司经过长时间的实践与探索，创造出了举世闻名的丰田生产方式，它的理论框架中的"一个目标"，就是指的低成本、高效率、高质量地进行生产，最大限度地使用户满意。

很显然的，从节约生产成本、提高效率入手，是 QC 小组活动选题最简单、最直接、最容易让人接受的方式。一方面，旨在节约成本和提高效率的课题，更容易得到企业管理人员的认同，使其能够给予 QC 小组更多的支持，能够更加合理而充分地分配人力、财力、物力给 QC 小组，保障后续 QC 活动的开展。另一方面，小组成员通过自身努力，顺利达成课题目标，既节约了生产成本，提高了工作效率，又减轻了劳动强度，提升了幸福指数，这些都会让小组成员获得满满的成就感，从而能更加充满热情、以更为饱满的精神状态开启下一阶段 QC 小组活动。

（三）从上级部门下达的攻关课题入手

上级主管部门根据企业或部门的实际需要，可能会以行政指令的形式向 QC 小组下达企业生产经营活动中迫切需要解决的重要技术攻关性课题，企业的质量管理部门也可以根据企业实现经营战略、方针、目标的需要，推荐并公布一批可供各 QC 小组选择的课题。这些课题具有一定的挑战性，需要整个 QC 小组迎难而上，花费较大的精力、齐心协力来达成课题目标。但是课题一旦成功完成，所能取得的收益也是显著的，能够帮助企业解决"疑难杂症"，或者度过"瓶颈期"，进而实现大的飞跃。而且往往在完成攻关项目之后，可以形成独特的工作方法、流程、工序，或者创造前所未有的工具、设施、设备，为申请发明、实用新型和外观专利、软件著作权等"衍生产品"打下坚实基础。而发明、实用新型和外观专利、软件著作权等成果，可以为小组成员技术等级评定、职称等级评定、人才晋升等提供强有力的支撑，因而很多 QC 小组成员都极为重视。

（四）从新的技术、设备引入的新问题、新需求入手

我们经常讲，改革从来都不是一帆风顺的，都会经历这样或者那样的波折，技艺革新也是如此。伴随着新技术、新设备的引入，必然引起员工工作方式和操作流程上的改变，可能会造成员工的不适感，引起情绪上的负面的波动，造成企业管理方式的变化，也因此会出现形形色色的问题，以及方方面面的新的需求。

作为 QC 小组成员，要善于把握机会，找准课题的切入点，将可能因为新设备、新技术的引入而带来的各类风险尽早排除，解决员工的不适应问题，解决新技术、新方法的"水土不服"问题，固化各类制度和流程，建立正确的、规范的工作秩序，从而使企业尽快克服因为变化导致的不稳定，顺利过渡到平稳期。

以"追求卓越"为目的的创新型课题，常常会重点关注新形势下利益相关方日益增长的各种需求，通过研制原来没有的产品、服务、软件、方法、材料及设备等，达到课题目标。

三、多方协作打造平台

(一)新老结合,取长补短

一个优秀的 QC 课题的成功立项,就如一颗优良的种子被埋入土地,但是为了其后续更好地生根发芽,开花结果,还需我们不断地呵护。在具体的活动开展过程中,需要根据课题和小组成员的实际情况,对课题进行计划制订,并根据每一位小组成员的特长,进行有针对性的分工。可以充分利用好"理论联系实际"原理,形成"新老结合"的模式,取长补短,将各方优势合理组合并发挥至极致,形成最好的效果。由于新进青年员工理论知识丰富,但工作经验还稍显稚嫩,而老师傅们有丰富的工作经验但理论知识方面却有所欠缺,通过 QC 和创新平台加以引导,使他们的特长有机地结合起来,青年员工们有广阔的展示自身素质的平台,同时老师傅的全方位的技能也得到提升。

要注重骨干力量的培养,因为本质上来讲,QC 小组是一个相对不固定的组织,而且因为企业员工调动的原因,小组成员存在一定的流动性,在此情形下,如何保障 QC 小组始终处于较高水平,每年都能够持续产出令人信服的优质成果,一个最为重要的手段就是骨干力量的培养。QC 小组活动的管理人员必须时刻防范优质人才流失对小组活动带来的影响,着力通过成员日常活动展现出的素质和能力,确定具有潜力的培养对象,在小组活动中,多安排其参加高级别的培训,多给其分配工作内容,多让其参加成果撰写、现场发布以及论文、专利等的孵化,条件成熟后,还可以推荐其成为企业的质量管理专家团队成员、QC 小组活动评审专家,尽快让其成长为能独当一面的骨干力量。

(二)外聘专家,技术支持

经过统计发现,因为 QC 小组活动需要各小组成员集思广益、共同努力,以达成最终的目的,所以为方便活动的大众参与性,保证各位成员步骤一致,便于管理,很多 QC 小组的建立都以班组(车间)为单位,QC 小组成员就是班组中的某些志同道合的班员。

其实,QC 小组的建立是不受班组(车间)建制限制的,可以多个班组的成员,为了一个共同的目标,自发组成一个 QC 小组,甚至可以跨部门,跨行业组成 QC 小组团队。根据 QC 课题的专业情况,合理配置小组成员,成员可来自不同的年龄段、不同的专业工种、不同班组和科室。充分利用各专业工种、一线员工和科室管理人员各自的专业特长和思路,发挥各自的长处,从各自不同的角度来思考问题,可以达到取长补短,相互学习,共同进步的目的。

而且,来自不同部门、不同专业领域的人员组成的 QC 小组,一旦发挥出各位成员各自的专长,如营销人员考虑用户的感知,生产人员考虑企业的运行,安监人员考虑运行可靠性和安全性,物资人员考虑材料采购……诸如此类,那么形成合力之后,便能在第一时间找出小组活动的不足和方向性错误,避免不必要的人、财、物的浪费,最终形成的成果也能获得各专业的普遍认可,适用范围也更加宽广。

如果 QC 小组从便于管理的层面出发,以班组成员为基础组建,也可以根据需要,从营销、生产、安全、物资、财务等方面聘请一个或多个富有经验的技术骨干或专家人才,成为小组的专业顾问团队,监督 QC 小组活动课题在开展过程中的方向,在遇到问题时能够寻求专业协助。这样就保证了 QC 课题的科学性和技术性,发挥 QC 与创新活动人员覆盖广、技能专长多的优势，真正做到集思广益，攻坚克难。在 QC 小组活动中，各专业的人员都能从中获益，一线生产人员和管理人员的技术水平、钻研精神、协作能力、组织能力等诸多方面也能得到共同提高。

四、过程实施攻坚克难

（一）要有精益求精的态度

QC 小组活动具有较强的技术属性，小组成员必须以做学问、搞科研的心态来做 QC，切忌浮于表面、走马观花和浅尝辄止。QC 小组活动强调用数据说话，通过试验、测试、调查分析的方法取得海量数据并进行系统分析，全过程都必须秉承精益求精的态度，才能得出具有说服力的结论。针对小组活动过程和成果，又需要以永不满足的心态，积极发现存在的不足，持续改进，通过一个又一个的 PDCA 循环，将 QC 小组成果水平提升到更高的层次。

（二）要有刻苦钻研的精神

QC 小组活动也是一场修行，从发掘身边的"金点子"到课题选择，再经过一系列科学严谨、环环相扣的小组活动过程，最终获得各方面的收益，这是一个漫长而艰苦的过程，跨度常常长达数月甚至更长时间。在这个过程中，活动的推进往往都不是一帆风顺、一蹴而就的，经常会碰到各种各样的问题和难点，如果没有刻苦钻研的精神，没有敢打硬仗的决心，碰到问题时，选择无视或绕行，那么往往会阻碍活动的顺利开展，或者即使最终达到了课题的目标，未必呈现的就是最好的结果，可能通过攻坚克难将某些因素再加以削减，小组活动的成效还会更加显著。

（三）要处理好与生产的关系

好的 QC 小组成果既来源于生产又服务于生产，QC 小组的课题从生产实践中来，最终取得的成果又能很好地反馈到生产实践中去，促进生产更加高效、品质更高，这是相得益彰的良好局面。但是，不可否认的是，QC 小组活动是一项需要耗费较多人力、财力、物力的活动，如果在 QC 小组活动开展的过程中，若由于对资源不合理、不合时的占用，本来应该保障的生产工作任务受到不良影响甚至偏废，那么就是本末倒置了，因为做 QC 的最终目的就是改进生产和服务中的不足，从而追求更加卓越的品质。因此，QC 小组活动全过程需要统筹谋划、合理布局，在工作之余或其他合适的时间，合理调配物料、资金等资源，在不影响正常的生产活动的前提下，逐步推进 PDCA 流程，以确保生产活动不受影响的同时，又能稳步推进 QC 小组活动，从而呈现"双赢"的良好局面。

五、推广应用成果转化

QC 小组活动的宗旨和目的并不局限于创造 QC 成果本身，而是通过 QC 小组活动取得"提高职工素质、激发职工的积极性和创造性、建立文明的、令人心情舒畅的生产、服务和工作现场环境"等"边际效应"，以及"改进质量、降低消耗、提高经济效益"的目的。而要使 QC 小组活动的效益最大化，无疑需要在完成全部流程、取得阶段性活动成果之后更进一步，将成果进行广泛的推广应用和转化。

（一）扩大小组活动影响力

要有将 QC 小组活动做成品牌的意识，扩大影响面，扩大应用面，惠及同行业、同类别的关联群体，将 QC 小组活动的效益最大化。

QC 小组可以通过以下几种方式，扩大 QC 小组活动成果的影响力。

（1）对小组活动全过程中的亮点、发生的故事以及取得的成绩进行宣传报道，形成示范引领作用，吸引更多的人参与 QC 活动。

（2）将质量管理的理念、固化的制度、流程等进行总结提炼，形成可复制、可推广的管理创新和典型经验，在企业、行业内部进行发布、交流和展示，让更多人了解并采纳、效仿。

（3）搜集 QC 小组活动中的各类知识点并进行体系化的梳理，按照相关的标准和要求，撰写管理论文、科技论文，并在有影响力的报刊杂志上刊载。

（4）持续改进和优化，参与更高级别的评比，做大做强（也可以多个成果相互融合和贯通），逐渐扩展为科技含量更高的群众性创新项目以及各种级别的科技创新成果，从而在更高的层面进行展示，获得更多的有形和无形的收益。

（二）做好知识产权保护

随着知识产权在国际经济竞争中的作用日益上升，知识产权的保护已经上升至国家发展战略的高度。知识产权一般包括版权和工业产权，而专利权作为工业产权的重要组成部分，越来越受到我国政府和全体社会的认可和重视。

QC 小组活动是广大企业积极落实国家"大众创业，万众创新"号召的重要举措，而 QC 成果则是全体小组成员的智慧结晶，凝聚了大家的心血和汗水。通过申报专利的形式对创新点、新思维、新知识、新技术、新工艺、新服务等进行保护，利用法律武器捍卫 QC 小组对成果的占有和应用的合法权益，既是落实国家依法治国方略的体现，又让更多的人能查找和了解该成果，进一步拓展小组活动的影响力。

由于国家和社会对专利申请的重视，发明、实用新型和外观专利在很多行业已成为表征和评判广大企业创新能力和创新水平的标尺之一，而为了保证专利申请的规模和含金量，众多企业也将专利申报作为员工创新能力的考核标准。对 QC 成果进行知识产权保护，申请各类专利，既能帮助企业占领知识产权高地，提升科学技术核心竞争力，又能促进小组成员在漫长的职业生涯中优秀业绩的积累，有助于提升小组成员自身的竞争力，使其在参与争先创优、人才聘任、职称评定、岗位竞聘等各类活动时更具优势。而这些有益的效果，对于小组成员来说无疑是一种正向激励，能够激发其内心更大的创新热情，从而持续性地为企业创造更多、更优秀的成果。

（三）实物推广与工厂化

实物推广与工厂化是最为直接的推广应用和成果转化的方式，将形成的实物成果进行复制，针对性地应用到生产现场，解决同类型的问题，满足相类似的需求，便能为企业解决相应类型的隐患治理。而如果该实物成果应用范围广，潜在的经济效益突出，可以在落实知识产权保护工作之后，提出产权转让或共同开发等意向，向设备制造企业发出要约。相关企业通过市场调研、经济效益评估，如果确认该成果适合工厂化生产，具备批量生产并推向市场的条件，则可以与 QC 成果持有方商谈开展工厂化签约等细节并逐一落实，QC 成果持有方即可通过转让或共同开发等形式，由设备制造企业对实物成果进行产品化生产。

目前，已有较多的 QC 成果通过工厂化生产的方式，走向市场，走进更多的企业内部，为整个行业和社会的发展贡献了积极的力量。

（四）专利申报相关知识简介

专利的撰写和申报流程，相对于其他推广应用和成果转化方式来说，专业性更强，更难掌握。目前专利申报已经成为广大 QC 小组开展创新活动的薄弱环节之一，因此在此进行重点阐述和讲解。

1. 专利挖掘的概念

专利挖掘，实际就是站在专利的视角，对纷繁的技术成果进行剖析、拆分、筛选以及进行合理的推测，进而得出各技术成果内在的创新点，以及专利申请技术方案的过程。

QC 小组活动过程中产生的具有新颖性、创造性、实用性的技术成果，包括仪器、设备、工器具、材料、装置及方法等，都可以从中进行挖掘，从而产生发明专利、实用新型专利与外观设计专利等。

2. 专利挖掘的流程

专利挖掘的流程具体如图 5-1 所示。

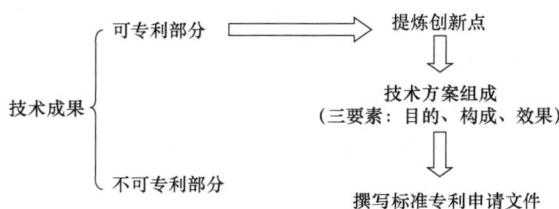

图 5-1　专利挖掘流程图

对于技术成果进行深入剖析，可以将内容区别为可专利部分和不可专利部分。其中可专利部分为发明、实用新型、外观设计的保护客体。不可专利部分为违反法律、社会公德，妨害公众利益的发明创造，科学发现、智力活动规则、疾病的诊断与治疗方法、动植物品种、原子核变换、起标示作用的平面印刷品等。

3. 专利挖掘的时机

在 QC 小组活动整个过程中，为确保专利的授权，对于专利的挖掘，适合在以下节点进行申请，如图 5-2 所示。

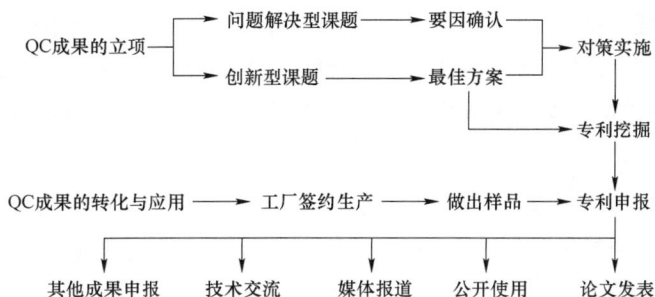

图 5-2　专利挖掘的时间点

（1）专利可以在实物做出前，如 QC 小组活动的对策实施阶段，进行专利挖掘与申报，创新型课题也可在形成最佳方案时进行专利挖掘与申报。

（2）专利也可以在实物定型阶段，如 QC 成果转化与应用中，工厂签约生产做出样品后，进行专利挖掘与申报。

（3）需要特别注意的是，作为知识产权保护的重要手段，专利具有极强的保密性，在专利申报前，不宜进行论文发表、公开使用、媒体报道、技术交流、其他成果报奖等活动。

4. 专利挖掘的步骤

（1）基础挖掘。基础挖掘是基于现有的 QC 成果，如 QC 活动总结报告、成果样品及 QC 活动中产生的项目建议书、可行性报告、技术总结等，根据专利法及细则之规定，分别申请相应的发明、实用新型、外观设计专利。具体步骤包括确定拟申报样品或项目（保护客体判断）、提取技术方案（三要素法：问题、方案、效果）、确定创新点、撰写专利申请文件。

（2）深度挖掘。深度挖掘的目的是考虑专利的布局与回避，以专利无效和专利诉讼为目标，目的在于实现产品或技术的全面保护和垄断。挖掘的方式包括核心专利与周边专利（专利布局）、整体专利与部件专利、专利的概括（具体实物与上位概念）、专利的拓展（优选方案、替换方案、改劣方案）等。

（3）反向挖掘。反向挖掘的目的是设计专利回避，提供交叉许可之依据。主要挖掘方式包括检索相关技术的已有专利、专利解读及确定保护范围（审查档案与禁止反悔原则）、专利回避、新的申请（替换方案、进一步改进）等。

5. 专利挖掘的误区

误区一：必须做出了样品，或者技术方案已经经过验证。

（1）从保护客体上来看，专利保护的是一种构思，满足的条件是可以解决某一技术问题的技术方案。

（2）从专利三性来看，专利要求的"实用性"，是指该产品或方法具有工业应用的可能性，而并非要求该产品已经做出样品，或者已经大规模工业化生产。

（3）从专利申请材料看，对于机械、机电、电子类的产品而言，只需要提供产品构造图、电路图、示意图等图示，以及相应文字说明，表达技术的内涵，提交给国家专利局，不需要提交样品或样机去论证技术方案的可行性。

（4）专利申报遵循先申请原则，先入为主，同样的技术谁先申报，谁就能获得专利局授权。而样品或样机的制作需要耗费一段的时间，如果筹措经费的过程中再有耽搁和迟滞现象，在成品完全完成后再申报，必定会导致申请专利的时间拖延，不利于专利的抢先申报。

误区二：简单的产品或技术不能申报专利。

（1）能否获得专利的依据是专利法对于专利的审查标准（新颖性、创造性等），不是该专利能否符合国家的技术进步奖的要求。

（2）许多技术人员认为自己的产品仅仅是做了一点改进，或做了一些技术改造，没有打破原有的规范、规程，没有原理上的重大突破，因此不能报专利，这是对专利申请与审批的误解。

误区三：发明专利内容必须属于"高精尖"。

（1）发明专利的评价标准——创造性：一是相对于现有技术而言，是否"显而易见"；二是是否取得了"意料不到的效果"。

（2）发明专利的内容与所谓的技术含量无关，也与技术的复杂程度无关。

（3）发明专利的内容与技术问题的存在时间、现有技术的公开程度以及本领域技术人员对该技术的了解程度有关。

（4）发明专利的内容判断重点依靠现有技术的公开情况，须提供足够多与现有技术的对比例子，尤其是涉及区别点的效果对比。

误区四：软件产品不能申报专利。

由于国内的《计算机软件保护条例》中明确，对软件著作权的保护不延及开发软件所用的思想、处理过程、操作方法或者数学概念等。因此软件著作权登记对于软件的法律保护有一定的局限性，而软件的专利申请保护恰恰是在很大程度上弥补了这一不足。

误区五："现有技术"不能申报专利。

一般技术人员理解的现有技术指的是本领域大家熟知的技术、已经在使用的技术、已经在销售的产品、自己觉得很普通的技术。而专利法上明确的现有技术是指教科书、技术词典、期刊、杂志，已经公开的专利技术文件，已经公开的学术论文，已经使用或销售的产品，这些可以作为"证据证明"。因此，如果不是列入专利法上明确的"证据证明"内容的，即使是已经熟知、使用、普通的技术手段，仍然有申报专利的空间。

六、用对用好统计方法

用好统计方法，在实际工作中可以起到事半功倍的效果，同时也是质量管理小组成员的一项基本素质。但通过近年来参与质量管理小组成果发布会的情况发现，很多 QC 小组对于统计方法的掌握存在较多问题。在此就常用的统计方法进行简要介绍。

准则中关于质量管理小组活动常用的统计方法的应用范围进行了阐述，见表 5-1。

表 5-1　　　　　　质量管理小组活动常用统计方法汇总表

序号	程序	老七种工具							新七种工具							其他方法					
		分层法	调查表	排列图	因果图	直方图	控制图	散布图	树图	关联图	亲和图	矩阵图	矢线图	PDPC法	矩阵数据分析法	简易图表	正交试验设计法	优选法	水平对比法	头脑风暴法	流程图
1	选择课题	●	●	●			○	○		○	○					●			○	●	○
2	现状调查	●	●	●		○	○								○						
3	设定目标		○													●			●		
4	原因分析				●				●	●		○			○					●	
5	确定主要原因		○				○		○							●					
6	制订对策	○					○		○			○		●						●	○
7	对策实施																				

续表

序号	程序	老七种工具							新七种工具							其他方法					
		分层法	调查表	排列图	因果图	直方图	控制图	散布图	树图	关联图	亲和图	矩阵图	矢线图	PDPC法	矩阵数据分析法	简易图表	正交试验设计法	优选法	水平对比法	头脑风暴法	流程图
8	效果检查	○	○			○	○									●			○		
9	制定巩固措施		○				○									●					○
10	总结和下一步打算	○	○													●			○	○	

注　1. ●表示特别有效，○表示有效。

　　2. 简易图表包括：折线图、柱状图、饼分图、甘特图、雷达图。

（一）排列图简介

1. 基本知识

排列图，即帕累托图，是为寻找主要问题或影响质量的主要原因所使用的图。它是由两个纵坐标、一个横坐标、几个按高低顺序依次排列的长方形和一条累计百分比折线所组成的图。排列图最早被意大利经济学家帕累托用来分析社会财富的分布状况。后来，美国质量管理专家朱兰，把这个"关键的少数、次要的多数"的原理应用于质量管理中。排列图用双直角坐标系表示，左边纵坐标表示频数，右边纵坐标表示频率，分析线表示累积频率，横坐标表示影响质量的各项因素，按影响程度的大小（即出现频数多少，"其他"除外）从左到右排列，通过对排列图的观察分析可以抓住影响质量的主要因素。

主要方法和步骤：

（1）确定分析的项目、问题是什么。

（2）明确度量的单位是什么，如频数、件数、金额等。

（3）明确分析的周期有多长，确定数据分析的时间间隔。

（4）按照度量单位和时间周期，收集相关数据，制作统计表格，计算各项目的百分比及累计百分数。

（5）根据统计表格绘制排列图。

1）画横坐标。按照度量单位数值逐渐递减的顺序从左到右在横坐标上列出各项目。这里要注意，为避免排列图拖沓，将量值最小的项目或者几个项目，归并成"其他"项，置于最右端。

2）画纵坐标。此处需要画两个纵坐标，分别位于横坐标的两端，左边的纵坐标表示频数，高度按照度量单位标定，右边的纵坐标表示百分比，从0到100%进行标定。两个纵坐标高度须保持一致。

3）画矩形。对每个项目画矩形，其高度表示其量值，反映出该项目的影响程度。

4）画百分比曲线。从左到右累计每个项目的量值（%），连接起来，画出频率曲线。

（6）分析并得出结论，确定关键的少数。

2. 示例介绍

小车式高压断路器试验工作流程分为工作许可、安全交底、试验过程、工作终结几个环节，不同环节工作时长不同，小组对各工作环节的工作时间也进行了统计。运用分层法，对表5-2中的平均工作时间99min进行不同环节工作流程分析：

表5-2   小车式高压断路器试验工作不同流程耗时调查表

节点号	业务类型	时间（min）	累计百分比（%）
3	试验过程时间	79	79.8
2	安全交底时间	8	8.1
1	工作许可时间	7	7.1
4	工作终结时间	5	5
总　计		99	100

根据表绘制排列图，如图5-3所示。

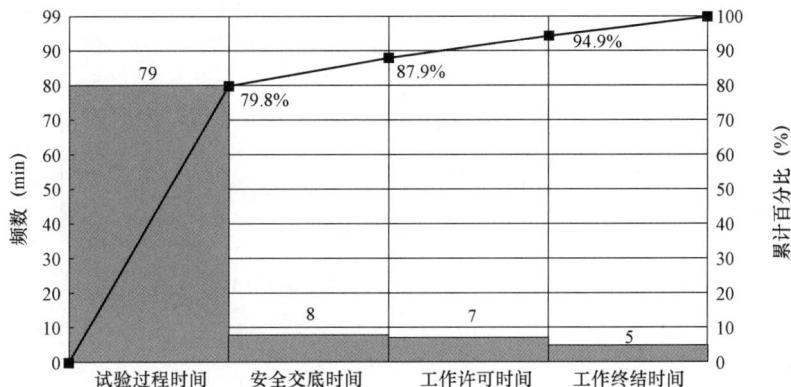

图5-3 高压断路器试验工作不同环节工作流程排列图

结论：小车式高压断路器试验过程时间占总时间的79.8%，远高于其他工作流程所占比例，是重点关注对象。

3. 常见问题

（1）在数据量较少的情况下使用排列图，使得调查可信度不高。一般情况下，收集的数据量应在50个以上。

（2）将不太重要的项目一一列出，未归并到"其他"项目中。

（3）项目为3项及以下（此时宜用简易图表），或者超过8-9项。

（4）画法有误。未标明原点、百分比曲线起点和重点位置错误，未标明各项目的累计百分比、未标明各项目的量值、纵坐标端点超过总频数和总频率（100%）。

（二）因果图简介

1. 基本知识

因果图又叫石川图，由日本管理大师石川馨所发明，因此又叫石川图，是一种发现问题"根本原因"的分析方法，因其形状如鱼骨，所以又叫鱼骨图。

主要方法和步骤：

（1）找到需要解决的问题（症结）。

（2）设置可能发生的原因的类别，一般从人、机、料、法、环、测（5M1E）几个方面设置类别。

（3）召集小组成员，共同讨论导致问题出现的可能的原因，尽可能细致地查找出原因。

（4）画图。将问题（症结）画在右侧鱼头上，把原因的类别在左侧鱼骨上标出，层层展开完成全图。

（5）确认末端原因。

2. 示例介绍

图5-4为原因分析因果图的示例。

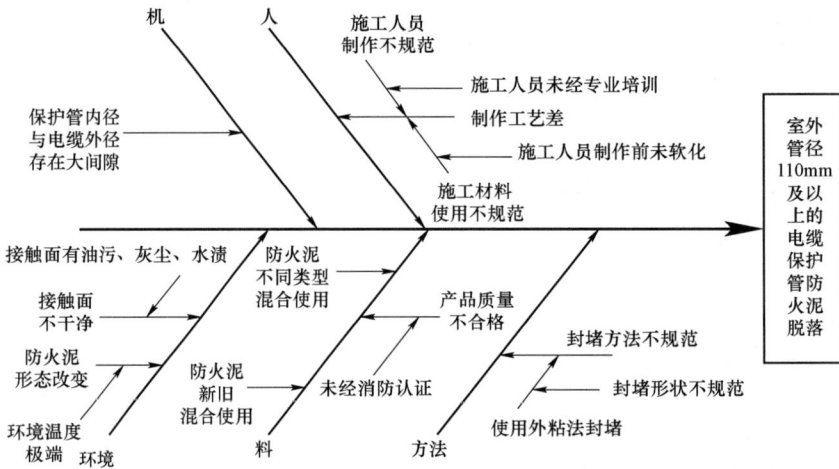

图5-4　原因分析因果图

小组成员梳理出9条末端原因：

（1）施工人员未经专业培训。

（2）施工人员制作前未软化。

（3）保护管内径与电缆外径存在大间隙。

（4）封堵形状不规则。

（5）未经消防认证。

（6）防火泥不同型号混合使用。

（7）防火泥新旧混合使用。

（8）环境温度极端。

（9）接触面有油污、灰尘、水渍。

3. 常见问题

（1）分析多个问题（症结），将多个质量问题画在一张图上。

（2）因果图的展开不够，问题分析不彻底。一张完整的因果图展开的层次至少应该有两层，一般不超过四层。

（3）原因描述模糊，无法根据末端原因直接采取对策。

（4）各层级之间的逻辑关系混乱、错误。

（5）画法错误，如未使用箭头、箭头方向错误等。

（6）原因之间有交叉关系。

（三）树图简介

1. 基本知识

树图又称树形图或系统图，用来描述质量问题及其相关的组成要素之间的关系，将事物或现象分解成树枝状，把要实现的目的与需要采取的措施或手段，系统地展开，并绘制成图，以明确问题的重点，寻找最佳手段或措施。一般自上而下或者自左至右展开。

主要方法和步骤：

（1）确定质量问题（症结）。

（2）设置可能发生的原因的类别，树图中的类别可以不先从人、机、料、法、环、测几个方面出发，而是根据具体的问题（症结）或逻辑关系选取。

（3）画图。将问题（症结）放在左侧方框内，把主要类别放在右侧方框内，层层展开。

（4）确认末端原因。

2. 示例介绍

针对前期分析得出的问题症结"无线网络原因"，小组成员运用 QC 的理论和方法多次展开头脑风暴，寻找重要场馆 4G 驻留比低的末端原因并将结果归纳整理制成系统图，如图 5－5 所示。

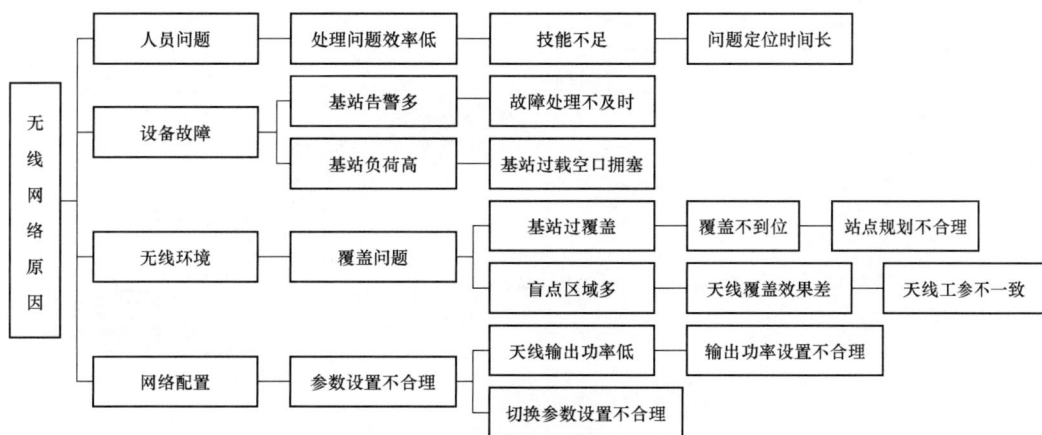

图 5－5　无线网络原因分析图

3. 常见问题

（1）分析多个问题（症结），将多个质量问题画在一张图上。

（2）原因分析在顺序上或逻辑上存在错误，未做到层层分解，问题分析不彻底。

（3）原因描述模糊，无法根据末端原因直接采取对策。

（4）原因之间有交叉关系。

（四）关联图简介

1. 基本知识

关联图，又称关系图，是用来分析事物之间"原因与结果""目的与手段"等复杂关系的一种图表，它能够帮助人们从事物之间的逻辑关系中，寻找出解决问题的途径。是采用逻辑关系，理清复杂问题，整理语言文字资料的一种方法。是一种解决关系复杂、因素之间的有相互关联的原因与结果或目的与手段等的单一或多个问题的图示技术。包括两种类型：一是中央集中型，把要分析的问题放在图的中央位置，把同问题发生关联的因素逐层排列在其周围；二是单侧汇集型：把要分析的问题放在左（或右）侧，与其发生关系的因素逐层排开。

主要方法和步骤：

（1）确定要分析的质量问题（症结），填入粗线框圈内。一个粗方框只填一个"问题"，多个问题则应填入多个方框内。问题（症结）的识别规则是"箭头只进不出"。

（2）分析产生质量问题（症结）的所有原因，可采用"头脑风暴法"。

（3）画图。用箭头表示原因与结果（目的与手段）的关系。箭头指向是：原因→结果。将原因填入细线框内。

2. 示例介绍

小组成员召开会议，运用头脑风暴法，针对主要问题"拆接连接线时间过长"，从"人员、机器、材料、方法、测量、环境"因素的角度找出了10条末端原因。由于末端原因之间有交叉影响，因此绘制中央集中型关联图，如图5-6所示。

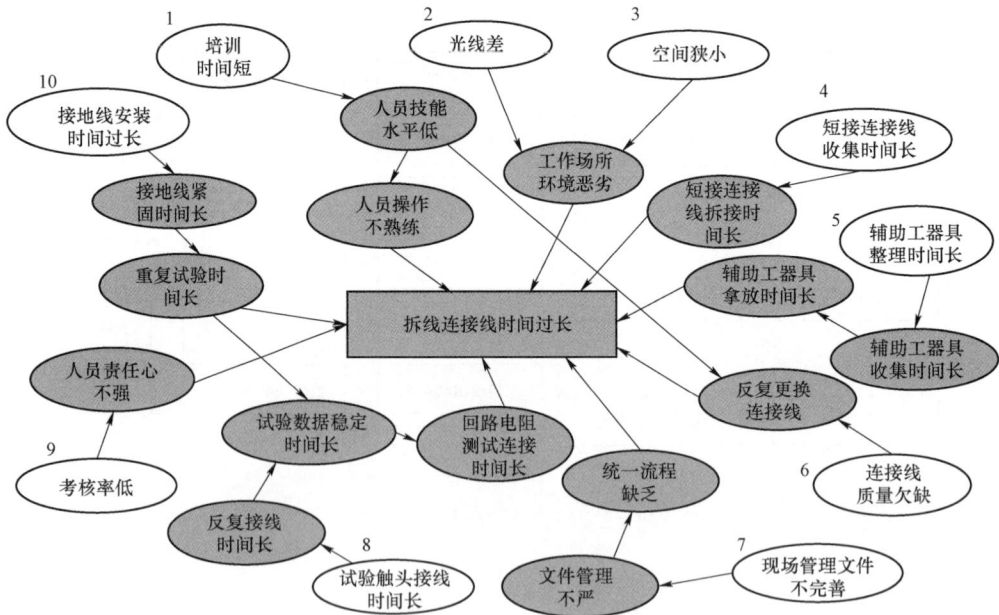

图5-6 "拆接连接线时间过长"原因分析关联图

3. 常见问题

（1）原因之间没有相互交叉、缠绕关系，使用了关联图。

（2）画法错误，对于质量问题（症结）、原因采用的方框形式错误，箭头方向错误等。

（3）原因分析在顺序上或逻辑上存在错误，未做到层层分解，问题分析不彻底。

（4）原因描述模糊，无法根据末端原因直接采取对策。

（五）散布图简介

1. 基本知识

散布图又叫相关图，它是将两个可能相关的变数资料用点画在坐标图上，以判断成对的资料之间是否有相关性。这种成对的资料或许是特性—原因，特性—特性—原因的关系。通过对其观察分析，来判断两个变数之间的相关关系。用来绘制散布图的数据必须是成对的（X，Y），每一对为一个点子，通常用垂直轴表示现象测量值Y，用水平轴表示可能有关系的原因因素 X。成对的多个数据形成点子云，研究其分布状态，即可推断成对数据之间的相关程度。

主要方法和步骤：

（1）收集数据，形成点子（X，Y）。

（2）确定 X 轴和 Y 轴表示的项目的内容，并确定 X、Y 的极值，合理确定两个轴的分布，两个轴的长度应大致相等。

（3）描点。将成对数据在坐标图上一一标出。

（4）分析判断成对数据之间的相关程度。

2. 示例介绍

小组查阅资料、现场调查分析，通过现场调查采样获得短接连接线收集时间与拆接连接线时间相关情况，见表5-3。

表5-3　　　　　　　　　　现场调查采样情况　　　　　　　　　单位：min

序号	短接连接线收集时间	拆接连接线时间	序号	短接连接线收集时间	拆接连接线时间	序号	短接连接线收集时间	拆接连接线时间
1	11.1	51.9	21	13.1	52.6	41	15.1	55.6
2	11.2	50.6	22	13.2	51.6	42	15.2	54.8
3	11.3	52.4	23	13.3	55	43	15.3	55.3
4	11.4	51.3	24	13.4	53.7	44	15.4	55.3
5	11.5	51.1	25	13.5	52.9	45	15.5	56.6
6	11.6	51.4	26	13.6	53.5	46	15.6	54.2
7	11.7	51.7	27	13.7	54.7	47	15.7	55.7
8	11.8	52.9	28	13.8	54.8	48	15.8	56
9	11.9	51.7	29	13.9	53.6	49	15.9	55.3
10	12	52.2	30	14	54.5	50	16	55.7
11	12.1	51.4	31	14.1	54.7	51	16.1	56.5
12	12.2	51.4	32	14.2	54.2	52	16.2	55.9
13	12.3	51.9	33	14.3	54.4	53	16.3	56
14	12.4	51.8	34	14.4	54.4	54	16.4	55.9
15	12.5	52.8	35	14.5	55.7	55	16.5	55.4
16	12.6	51.7	36	14.6	54.5	56	16.6	57.3
17	12.7	52.6	37	14.7	55.3	57	16.7	57.3
18	12.8	53.9	38	14.8	54.2	58	16.8	55.4
19	12.9	52.9	39	14.9	55.3	59	16.9	57
20	13	52.9	40	15	55.6	60	17	57.2

通过数据分析获得相关关系如图5-7所示。

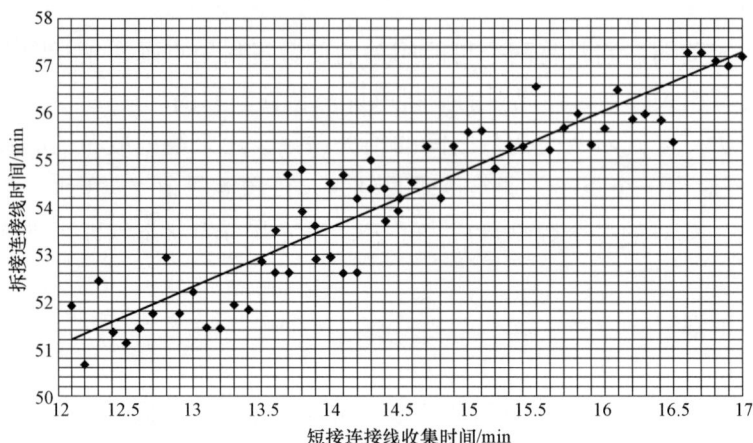

图5-7 采样数据分析散布图

小组进行现场测量、试验、计算，散布图可以获得 R 为 0.926 2，发现短接线的收集时间与症结——拆接连接线时间过长呈强正相关性，可见末端因素"短接连接线收集时间长"对症结的影响程度大，为要因。

3. 常见问题

（1）数据量少。使用散布图时，点子数量（成对数据数量）应不少于 30 个。

（2）只有图示，缺乏相应的分析过程，未判断并得出成对数据之间相关程度的相关结论。

（六）简易图表

1. 折线图

折线图也叫波动图，常用来表示质量特性的数据随着时间推移而产生的波动的情况，如图5-8所示。

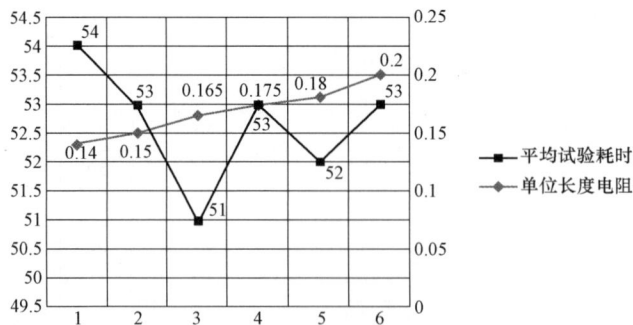

图5-8 折线图示意图

2. 柱状图

柱状图又称柱形图，是一种以长方形的长度为变量的表达图形的统计报告图，由一系列高度不等的纵向条纹表示数据分布的情况，用来比较两个或以上的数据（不同时间或者不同条件），经常用于目标值设定和效果检查环节，如图 5-9 所示。柱状图也可以横向排列，或用多维方式表达。

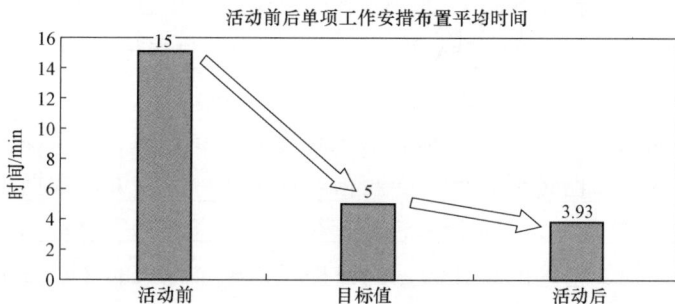

图 5-9　柱状图示意

3. 饼分图

饼分图也叫圆形图，它是将数据的构成按照比例用扇形面积来表示的圆形，扇形的面积加起来为 100%，即整个圆形的面积，将各部分占比情况一目了然地展示出来，如图 5-10 所示。

饼分图作图时，一定要注意，须从圆形的正上方 12 点钟位置开始，将数据从大到小进行顺时针布置，顺序不能交叉调整。

4. 雷达图

雷达图又称为戴布拉图、蜘蛛网图，是财务分析报表的一种。雷达图主要应用于企业经营状况——收益性、生产性、流动性、安全性和成长性的评价，上述指标的分布组合在一起非常像雷达的形状，因此而得名。在质量管理中常用来检查工作的成效。

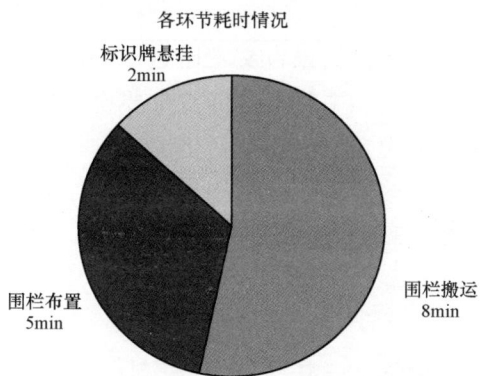

图 5-10　饼分图示意

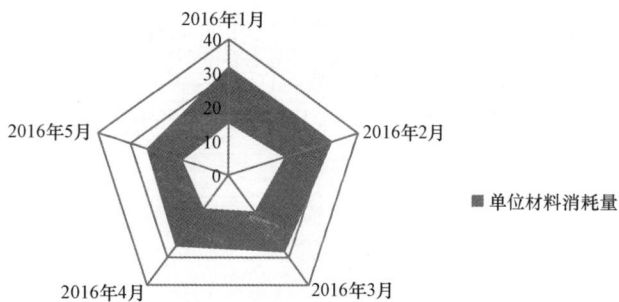

图 5-11　雷达图示意

需要注意的是，雷达图的数据来源须准确真实，多有 QC 小组在进行小组总结过程中采用了雷达图，但是对于质量意识、分析能力、团队协作水平等方面的打分具有主观性，画出的雷达图也不具有说服力，这是不可取的。

七、文档总结精彩呈现

对于 QC 成果的发布，总结报告的提炼非常重要，特别是 QC 成果的 Word 文档和 PPT

制作，其从某种程度上决定了 QC 成果发布的成功与否。

完成 QC 成果的总结报告，要把握 PDCA 循环、应用统计方法、以事实为依据用数据说话三大原则。无论是创新型课题还是问题解决型课题，都应遵循标准的 PDCA 流程。但是，仅仅按照流程是不够的。在 QC 成果的编写过程中，数据是核心，这是很多 QC 成果在总结报告过程中出现硬伤的地方。QC 小组活动在总结报告过程中，每一项结论的得出都不是"拍脑门"或"毛估估"得来的，都必须根据准确的试验、测试、调查分析而来，而且在数据的统计采样方面，也必须具有科学性和可溯源性。可以说，数据是贯穿整篇 QC 文档的灵魂所在。

在准确的流程模式、精确的统计数据的前提下，一个优秀的 QC 文档还必须使用好各类 QC 工具，对数据进行分析，以更科学、直观地得出调查结论。而在具体使用过程中，需要根据不同的情况和需要，采用排列图、散布图、直方图等不同的 QC 工具。

在总结提炼过程中，必须坚持先有 QC 成果报告再有课题 PPT 这一原则。而在 PPT 的制作过程中，必须首先选好背景，背景要清新明亮，同时需要注意颜色的搭配，做到简单大方、统一协调。其次，在 PPT 的制作过程中内容须做到简明扼要，表格数据可以在 PPT 上呈现，说明结论的来源，建议用关键字将最需要讲明白的结论凸显出来，将最重要的信息传达到听众。整个 PPT 的制作必须与 Word 文档一一对应，不能出现关键内容缺失和流程遗漏的情况。

需要说明的是，较多现场发布的 QC 小组，存在着"重发布、轻文本"的情况，PPT 做得很丰满灵动，发布声情并茂有感染力，而报告文本则粗糙潦草、内容简略。殊不知，在 QC 成果评比过程中，成果报告的质量是评分最为重要的依据。现场发布这一环节不能喧宾夺主，只能作为锦上添花的部分。即使现场发布效果突出，如果不注重成果报告的撰写，综合评价下来，也难以在评比中获得较好的成绩。而且对于某些级别的发布会，组织者为保障发布的品质，通常会做充足的准备，提前将所有成果的报告文本送达专家评委，要求评委提前阅览，以做到发布时心中有数，点评时也能更加中肯，更能点中要害。如果报告文本简单潦草，实际上在未发布之前，已经在评委眼中定位为质量低劣的课题，即使发布时再进行挽救，也难以获得较好的成绩。

案例一　缩短小车式高压断路器试验时间

　　随着电网的发展，小车式高压断路器越来越多地应用于不同的电压等级中，小车式高压断路器也就成为变电站中的重要设备之一。一直以来，高压断路器作为电力系统的重要组成部分，其作用无可替代。小组对国网××公司高压断路类型进行统计发现，小车式高压断路器在 10kV 和 20kV 电压等级中已经 100%覆盖，在 35kV 中也实现了 92%的覆盖率。该类设备已经成为变电站重要设备之一。

　　在电力系统日常工作中，高压试验是其中非常重要的一项，是电力设备运行和维护工作中的一个重要环节，是保证电力系统安全运行的有效手段之一，通过高压试验可以分析设备的实际状态，及时发现设备存在的一些重要缺陷等。但是在传统的高压断路器试验中，存在着辅助工器具放置杂乱、取用效率低、运输过程中易损坏等问题；试验接线收集效率低，易少带或遗落设备上，处于自然放置状态，试验线的数量和质量未实现有效控制，存在着短接接地等重大安全隐患，同时影响到工作效率；此外，传统试验接地线通过绕接方式，存在安全隐患；试验接线采用夹接的方式实现，在对设备加高电压和大电流时，由于点接触的原因，易出现烧坏触头，试验数据不稳定，误差大等情况，在重复试验中，效率十分低下。并且存在对设备健康状态进行误判的可能，为电网的安全稳定运行埋下了安全隐患。

一、小组简介

　　QC 小组情况简介见表 6-1。

表 6-1　　　　　　　　　　　小 组 简 介 表

小组名称	××××QC 小组						
课题名	缩短小车式高压断路器试验时间						
获奖情况	2018 年：本课题获国家电网有限公司 QC 成果一等奖 ……						
课题类型	现场型			活动次数		16 次	
注册号	JDBD20170102	注册日期	2017 年 1 月 1 日	活动时间		2017 年 1—12 月	
姓名	性别	文化程度/职称	分工	姓名	性别	文化程度/职称	分工
×××	男	本科/副高	组长	×××	男	本科/高级技师	组员
×××	男	本科/副高	副组长	×××	男	本科/高级技师	组员
×××	男	本科/副高	组员	×××	男	硕士/工程师	组员
×××	男	硕士/工程师	组员	×××	男	硕士/工程师	组员
×××	男	硕士/副高	组员	×××	男	硕士/工程师	组员

二、选择课题

本次活动课题选择如图 6-1 所示。

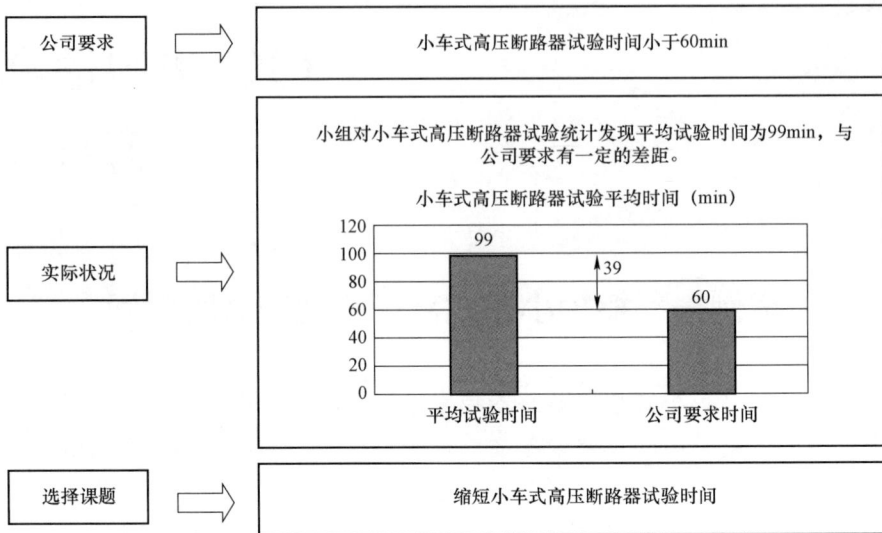

图 6-1 课题选择示意图

三、现状调查

（一）调查一：各类小车式高压断路器进行试验时间调查

2017 年 1 月 1—31 日，小组对公司所辖范围内的小车式高压断路器试验工作耗时情况进行统计（以 10kV 为例），结果见表 6-2。

表 6-2　　　　　2017 年 1 月 1—31 日各类小车式高压断路器试验耗时统计表　　　　　单位：min

日期	厂家	型号	工作许可时间	安全交底	试验过程	工作终结时间	平均耗时
1.5	厦门 ABB	VD4 1212-31M	7	8	77	5	97
1.6	上海西门子	3AF1767	7.5	7.5	81	5.5	101.5
1.8	苏州阿海珐	HVX12-25	6.5	7.5	79	4.5	97.5
1.8	西电三菱	10-VPR-32C	7	8.5	79	5	99.5
1.9	西电三菱	10-VPR-32C	7	8.5	80	5	100.5
1.10	厦门 ABB	VD4 1212-31M	7.5	8	78	5.5	99
1.11	上海西门子	3AF1767	7.5	8	79.5	4.5	99.5
1.12	苏州阿海珐	HVX12-25	6.5	8.5	78.5	5	98.5
1.15	西电三菱	10-VPR-32C	6.5	7.5	79	5	98
1.17	西电三菱	10-VPR-32C	7	7.5	80	5.5	100
1.19	厦门 ABB	VD4 1212-31M	7	8.5	78	4.5	98
1.24	上海西门子	3AF1767	6.5	8	79	5	98.5
1.26	苏州阿海珐	HVX12-25	6.5	8	79.5	5	99
1.29	西电三菱	10-VPR-32C	7	8	78.5	4.5	98
1.30	西电三菱	10-VPR-32C	7	8	79	5.5	99.5
总　　计			7	8	79	5	99

结论一：小车式高压断路器试验时平均耗时 99min，具体情况需进一步调查。

（二）调查二：小车式高压断路器试验工作流程耗时统计

小车式高压断路器试验工作流程分为工作许可、安全交底、试验过程、工作终结几个环节，如图 6-2 所示。不同环节工作时长不同，小组对各工作环节的工作时间也进行了统计。运用分层法，对表 6-3 中的平均工作时间 99min 进行不同环节工作流程分析。

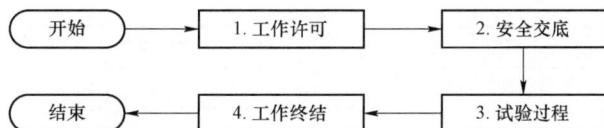

图 6-2　小车式高压断路器试验工作流程图

表 6-3　　　　　2017 年 1 月 1—31 日小车式高压断路器试验工作不同流程耗时调查表

节点号	业务类型	时间（min）	累计百分比（%）
3	试验过程时间	79	79.8
2	安全交底时间	8	8.1
1	工作许可时间	7	7.1
4	工作终结时间	5	5
总　　计		99	100

根据表 6-3 绘制排列图如图 6-3 所示。

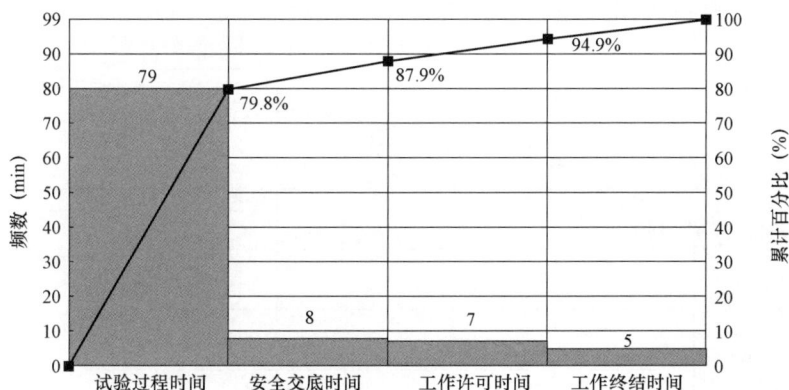

图 6-3　高压断路器试验工作不同环节工作流程排列图

结论二：小车式高压断路器试验过程时间占总时间的 79.8%，远高于其他工作流程所占比例，是重点关注对象。

（三）调查三：小车式高压断路器试验过程时间统计

小车式高压断路器试验过程包括设置安全围栏时间、布置试验设备时间、拆接连接线时间、试验操作时间、回路螺栓紧固时间、回路清扫时间六个部分，如图 6-4 所示。各阶段耗费时间统计见表 6-4。

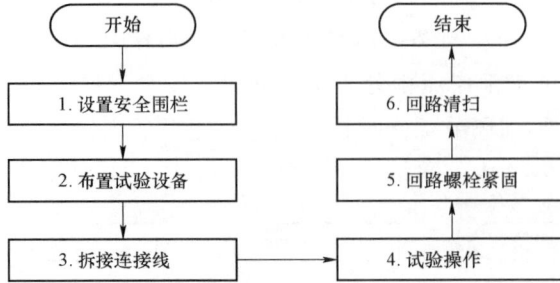

图6-4 小车式高压断路器试验过程流程

表6-4 小车式高压断路器试验时间统计表

节点号	业务类型	时间（min）	累计百分比（%）
3	拆接连接线时间	54	68.4
4	试验操作时间	10	12.7
1	设置安全围栏时间	5	6.3
5	回路螺丝紧固时间	4	5.1
2	布置试验设备时间	3	3.8
6	回路清扫时间	3	3.8
总　　计		79	100

根据表6-4绘制排列图如图6-5所示。

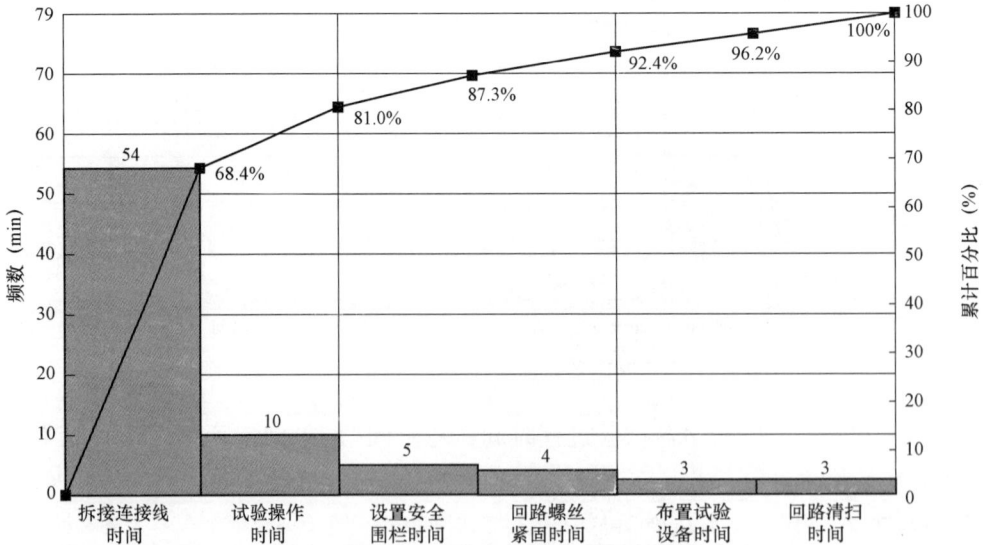

图6-5 小车式高压断路器试验时间统计排列图

结论三："拆接连接线时间"累计时间占试验过程时间的68.4%，因此"拆接连接线时间"是小车式高压断路器试验过程时间长的症结所在。

（四）目标设定依据

小组现场调查发现，传统试验接线方式原始、测试数据不稳定，导致试验过程中多次接线、重复测试；收集方式不规范，导致试验线及辅助工具整理时间长。以上问题使得"拆接连接线时间"环节平均耗时长达 54min。经过小组测试、试验、调查分析，若能采用一系列方法一次完成试验、规范整理试验工器具，可将平均试验时间缩短至 57.9min（见表 6-5），通过以上分析，小组成员认为目标具有可行性。

表 6-5　　　　　　　　　　　　现场测试时间对比表　　　　　　　　　　单位：min

日期	厂家	型号	传统试验耗时	测试试验耗时
2.18	厦门 ABB	VD4 1212-31M	97	57.5
2.20	上海西门子	3AF1767	101.5	58
2.21	苏州阿海珐	HVX12-25	97.5	55.5
2.21	西电三菱	10-VPR-32C	99.5	57
2.23	西电三菱	10-VPR-32C	100.5	58.5
2.24	厦门 ABB	VD4 1212-31M	99	59.5
2.26	上海西门子	3AF1767	99.5	59
平均耗时			99	57.9

四、设定目标

为满足公司要求，计划将小车式高压断路器试验时间由平均 99min 缩短到 58min，如图 6-6 所示。

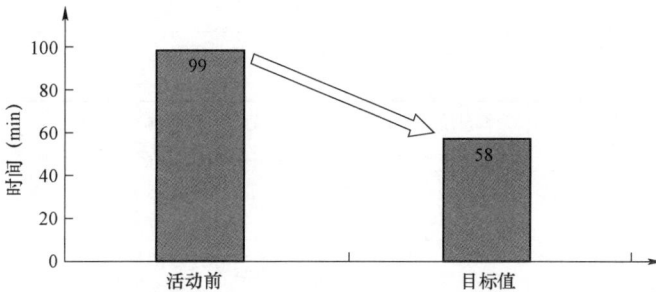

图 6-6　缩短小车式高压断路器试验时间目标设定柱状图

五、分析原因

小组成员召开会议，运用头脑风暴法，针对主要问题"拆接连接线时间过长"，从"人员、机器、材料、方法、测量、环境"因素的角度找出了 10 条末端原因。由于末端原因之间有交叉影响，因此绘制中央集中型关联图，如图 6-7 所示。

六、要因确认

（一）要因确认计划表

小组通过讨论后制定了要因确认计划表，运用不同的调查方法，就十条末端因素进行要因确认，见表 6-6。

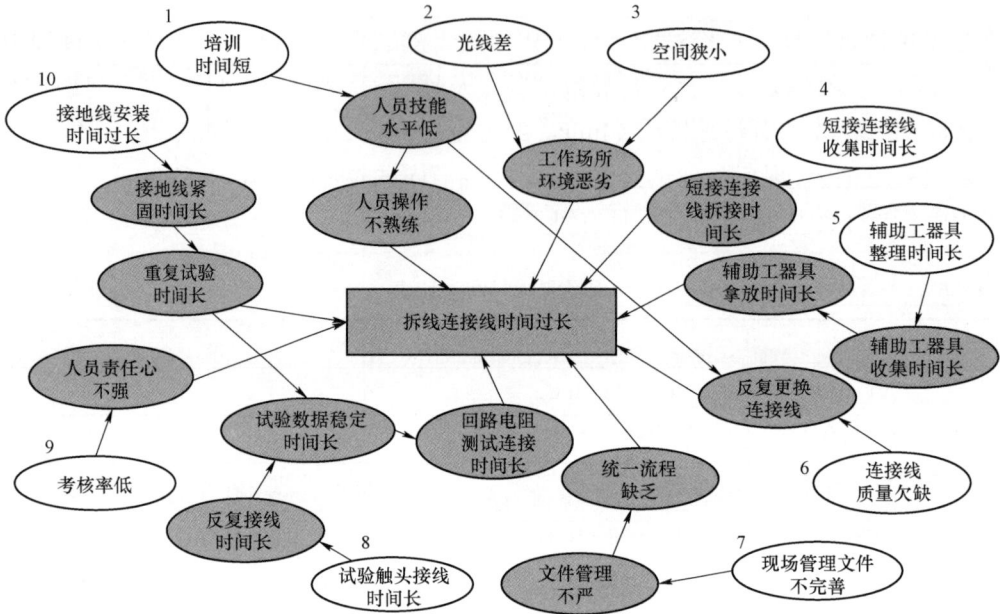

图6-7 原因分析图

表6-6　　　　　要因确认计划表

序号	末端因素	确认标准	确认内容	确认方法	责任人	确认时间
1	培训时间短	对症结的影响程度大	调查分析参与高压断路器检测工作的检修人员的专项培训学时对症结的影响	现场测量、试验、调查分析	×××	2017年3月8日
2	光线差	对症结的影响程度大	现场检测高压断路器现场检测的光线情况对症结的影响	现场测量、试验、调查分析	×××	2017年3月8日
3	空间狭小	对症结的影响程度大	现场测量高压断路器工作场地的可操作面积对症结的影响	现场测量、试验、调查分析	×××	2017年3月9日
4	短接连接线收集时间长	对症结的影响程度大	调查统计各试验中的连接线收集时间	现场测量、试验、调查分析	×××	2017年3月10日
5	辅助工器具整理时间长	对症结的影响程度大	调查统计辅助工器具整理时间长	现场测量、试验、调查分析	×××	2017年3月3日
6	连接线质量欠缺	对症结的影响程度大	试验连接线质量对症结的影响	现场测量、试验、调查分析	×××	2017年3月12日
7	现场管理文件不完善	对症结的影响程度大	统计调查小车式断路器试验的各项规章制度对症结的影响	现场测量、试验、调查分析	×××	2017年3月14日
8	试验触头连接线时间长	对症结的影响程度大	调查统计各试验中的试验触头接线时间对症结的影响	现场测量、试验、调查分析	×××	2017年3月18日
9	考核率低	对症结的影响程度大	调查分析高压断路器检测工作完毕后考核率对症结的影响	现场测量、试验、调查分析	×××	2017年3月18日
10	接地线安装时间过长	对症结的影响程度大	调查统计各试验中的接地线安装时间对症结的影响	现场测量、试验、调查分析	×××	2017年3月20日

（二）调查确认

确认一：培训时间短，见表6-7。

表 6-7　　　　　　　　　　　　　　**末 端 因 素 1 确 认 表**

确认一	培训时间短						

确认标准	对症结的影响程度大						

小组查阅了班组的培训记录，统计了 5 位试验人员的培训课时数，统计如下：

序号	培训内容	试验人员					
		×××	×××	×××	×××	×××	×××
1	高压断路器控制回路基础知识培训	17	15	22	16	18	15
2	高压断路器试验流程培训	10	12	14	15	15	10
3	高压断路器试验设备使用规范培训	7	6	8	10	8	5
4	高压断路器试验理论知识培训	32	31	36	30	33	30
5	高压断路器试验实际操作培训	50	48	55	50	47	45
6	高压断路器试验注意事项培训	5	6	5	8	7	5
	总学时	121	118	140	129	128	110

通过现场测量、试验对影响程度分析

试验人员培训时长表

培训文件　　　　　　　现场培训照片　　　　　基础知识培训照片

小组针对不同培训时间长度的 5 位试验人员，在不同类型小车式高压断路器试验耗时进行调研，得到下表：

试验人员	培训时间	厦门 ABB VD41212-31M	西门子 3AF1767	西电三菱 10-VPR-32C	阿海珐 HVX12-25-12E210	平均试验时间
×××	118	55	50	54	53	53
×××	121	51	53	53	55	53
×××	128	52	53	51	52	52
×××	129	53	50	51	50	51
×××	140	54	53	51	54	53

从小组调查分析的结果可以看到，试验人员的培训时长和试验时长呈现杂乱无章的变化关系：培训时间多和培训时间少的试验人员，试验时间十分接近，甚至出现了培训时间多的试验人员试验时间高于培训时间少的试验人员的情况，故"培训时间短"对症结影响程度无影响

确认结论	非要因

确认二：光线差，见表6-8。

表6-8　　　　　　　　　　末 端 因 素 2 确 认 表

确认二	光线差
确认标准	对症结的影响程度大

在2017年1月至2017年3月期间，抽样选取文昌变、东栅变、凤桥变、新篁变等变电所，对高压断路器试验环境光线进行调研，统计如下：

光线强度（lx）									
629	631	627	860	560	662	746	694	565	781
992	400	789	525	628	995	812	422	428	418
802	539	735	606	707	698	487	911	423	672
646	556	813	682	624	518	445	912	848	411
979	855	899	594	666	571	890	536	500	671
922	879	795	638	820	762	966	823	638	901
700	602	613	707	881	621	803	408	879	401
908	500	500	662	495	615	568	962	400	462
441	434	614	606	707	843	620	663	882	523
458	518	623	425	434	976	990	885	929	904

实际统计分析高压断路器检测环境光线强度实际在400～1000 lx范围内，从直方图中可以看出符合正态分布，为A级环境光强。

小组查阅资料、现场调查分析，通过现场调查采样获得光线强度与拆接连接线时间相关情况，见下表。

序号	光线强度	拆接连接线时间	序号	光线强度	拆接连接线时间	序号	光线强度	拆接连接线时间
1	575	51.9	21	964	52.9	41	787	54.7
2	690	50.6	22	982	52.9	42	645	54.2
3	687	52.4	23	519	54.2	43	987	54.4
4	936	51.3	24	507	53.2	44	751	54.4
5	744	51.1	25	730	53.2	45	573	54.2
6	436	51.4	26	488	52.9	46	456	55.3
7	970	51.7	27	943	52.9	47	652	55.6
8	975	52.9	28	401	55.3	48	469	55.6
9	437	51.7	29	458	54	49	971	54.8
10	901	52.2	30	944	54.2	50	998	55.3
11	563	51.4	31	730	52.6	51	538	55.3
12	867	51.4	32	869	52.6	52	429	56.6
13	565	51.9	33	610	55	53	921	55.3
14	798	51.8	34	920	53.7	54	856	55.7
15	949	52.8	35	984	53.9	55	935	56.5
16	737	52.6	36	972	53.5	56	978	55.9
17	792	52.6	37	789	54.7	57	754	56
18	912	53.9	38	842	54.8	58	710	57.3
19	912	52.9	39	838	53.6	59	941	57
20	759	53.1	40	526	54.5	60	689	57.2

通过现场测量、试验对影响程度分析

续表

通过现场测量、试验对影响程度分析	通过数据分析获得相关关系如下图所示： 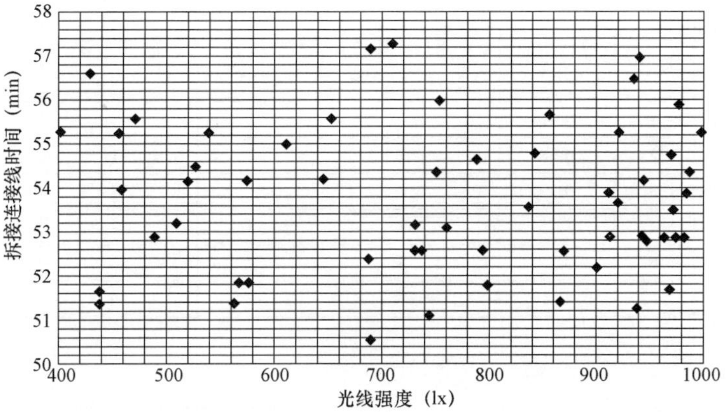 小组进行现场测量、试验、计算，散布图可以获得 R 为 0.0223，发现光线强度与症结——拆接连接线时间过长无相关性，可见末端因素"短接连接线收集时间长"对症结的影响程度小，为非要因。
确认结论	非要因

确认三：空间狭小，见表 6-9。

表 6-9　　　　末 端 因 素 3 确 认 表

确认三	空间狭小
确认标准	对症结的影响程度大

通过现场测量、试验对影响程度分析

在 2017 年 1 月至 2017 年 3 月期间，抽样选取南门变、江南变、焦山变、汇龙变等变电所，对高压断路器试验操作空间进行调研，统计如下：

操作空间（m³）									
0.19	0.15	0.17	0.1	0.1	0.15	0.19	0.13	0.07	0.15
0.06	0.18	0.1	0.2	0.08	0.2	0.06	0.17	0.11	0.14
0.12	0.16	0.08	0.16	0.14	0.05	0.06	0.18	0.14	0.19
0.1	0.11	0.09	0.07	0.09	0.12	0.12	0.17	0.14	0.08
0.05	0.19	0.07	0.13	0.07	0.05	0.2	0.13	0.13	0.09
0.14	0.06	0.1	0.19	0.18	0.15	0.18	0.11	0.19	0.13
0.19	0.09	0.11	0.11	0.09	0.09	0.14	0.17	0.18	0.2
0.1	0.12	0.12	0.14	0.16	0.18	0.16	0.19	0.1	0.19
0.05	0.14	0.12	0.05	0.17	0.1	0.19	0.12	0.18	0.18
0.13	0.16	0.11	0.15	0.2	0.07	0.05	0.12	0.07	0.07

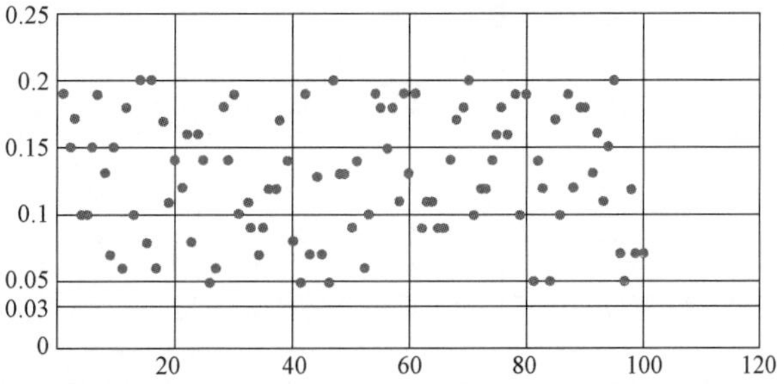

续表

通过现场测量、试验对影响程度分析	根据小组调查，得到下表为不同操作空间下的工作时间情况。

根据小组调查，得到下表为不同操作空间下的工作时间情况。

序号	操作空间（m²）	厦门 ABB VD41212－31M	西门子 3AF1767	西电三菱 10－VPR－32C	阿海珐 HVX12－25－12E210	平均
1	0.07	50	52	49	53	51
2	0.08	52	54	51	51	52
3	0.12	50	51	53	50	51
4	0.15	53	55	51	53	53
5	0.18	55	52	54	55	54
6	0.2	51	50	54	53	52
平　均						52

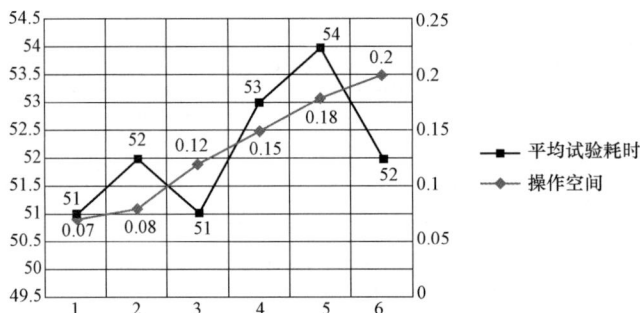

从小组调查分析的结果可以看到，现场操作空间和试验时长呈现杂乱无章的变化情况：在 0.07～0.2m² 操作空间下，试验耗时十分接近，甚至出现了操作空间大时试验耗时高于操作空间小时试验耗时的情况，故"空间狭小"对症结无影响

确认结论	非要因

确认四：短接连接线收集时间长，见表6－10。

表6－10　　　　　　　　末 端 因 素 4 确 认 表

确认四	短接连接线收集时间长
确认标准	对症结的影响程度大

通过现场测量、试验对影响程度分析

在 2017 年 1 月至 2017 年 3 月期间，抽样选取汇龙变、洪合变、文昌变、泾水变等变电所，对高压断路器试验短接连接线收集时间进行调研，统计如下：

（min）

次数	厦门 ABB VD41212－31M	西门子 3AF1767	西电三菱 10－VPR－32C（D）	阿海珐 HVX12－25－12E210	平均耗时
1	12	14	12	13	
2	13	14	13	14	
3	15	12	14	12	
4	14	12	14	11	13
5	11	13	11	12	
6	12	14	12	14	

续表

	小组查阅资料、现场调查分析，通过现场调查采样获得短接连接线收集时间与拆接连接线时间相关情况，见下表。

<table>
<tr><th>序号</th><th>短接连接线收集时间</th><th>拆接连接线时间</th><th>序号</th><th>短接连接线收集时间</th><th>拆接连接线时间</th><th>序号</th><th>短接连接线收集时间</th><th>拆接连接线时间</th></tr>
<tr><td>1</td><td>11.1</td><td>51.9</td><td>21</td><td>13.1</td><td>52.6</td><td>41</td><td>15.1</td><td>55.6</td></tr>
<tr><td>2</td><td>11.2</td><td>50.6</td><td>22</td><td>13.2</td><td>51.6</td><td>42</td><td>15.2</td><td>54.8</td></tr>
<tr><td>3</td><td>11.3</td><td>52.4</td><td>23</td><td>13.3</td><td>55</td><td>43</td><td>15.3</td><td>55.3</td></tr>
<tr><td>4</td><td>11.4</td><td>51.3</td><td>24</td><td>13.4</td><td>53.7</td><td>44</td><td>15.4</td><td>55.3</td></tr>
<tr><td>5</td><td>11.5</td><td>51.1</td><td>25</td><td>13.5</td><td>52.9</td><td>45</td><td>15.5</td><td>56.6</td></tr>
<tr><td>6</td><td>11.6</td><td>51.4</td><td>26</td><td>13.6</td><td>53.5</td><td>46</td><td>15.6</td><td>54.2</td></tr>
<tr><td>7</td><td>11.7</td><td>51.7</td><td>27</td><td>13.7</td><td>54.7</td><td>47</td><td>15.7</td><td>55.7</td></tr>
<tr><td>8</td><td>11.8</td><td>52.9</td><td>28</td><td>13.8</td><td>54.8</td><td>48</td><td>15.8</td><td>56</td></tr>
<tr><td>9</td><td>11.9</td><td>51.7</td><td>29</td><td>13.9</td><td>53.6</td><td>49</td><td>15.9</td><td>55.3</td></tr>
<tr><td>10</td><td>12</td><td>52.2</td><td>30</td><td>14</td><td>54.5</td><td>50</td><td>16</td><td>55.7</td></tr>
<tr><td>11</td><td>12.1</td><td>51.4</td><td>31</td><td>14.1</td><td>54.7</td><td>51</td><td>16.1</td><td>56.5</td></tr>
<tr><td>12</td><td>12.2</td><td>51.4</td><td>32</td><td>14.2</td><td>54.2</td><td>52</td><td>16.2</td><td>55.9</td></tr>
<tr><td>13</td><td>12.3</td><td>51.9</td><td>33</td><td>14.3</td><td>54.4</td><td>53</td><td>16.3</td><td>56</td></tr>
<tr><td>14</td><td>12.4</td><td>51.8</td><td>34</td><td>14.4</td><td>54.4</td><td>54</td><td>16.4</td><td>55.9</td></tr>
<tr><td>15</td><td>12.5</td><td>52.8</td><td>35</td><td>14.5</td><td>55.7</td><td>55</td><td>16.5</td><td>55.4</td></tr>
<tr><td>16</td><td>12.6</td><td>51.7</td><td>36</td><td>14.6</td><td>54.5</td><td>56</td><td>16.6</td><td>57.3</td></tr>
<tr><td>17</td><td>12.7</td><td>52.6</td><td>37</td><td>14.7</td><td>55.3</td><td>57</td><td>16.7</td><td>57.3</td></tr>
<tr><td>18</td><td>12.8</td><td>53.9</td><td>38</td><td>14.8</td><td>54.2</td><td>58</td><td>16.8</td><td>55.4</td></tr>
<tr><td>19</td><td>12.9</td><td>52.9</td><td>39</td><td>14.9</td><td>55.3</td><td>59</td><td>16.9</td><td>57</td></tr>
<tr><td>20</td><td>13</td><td>52.9</td><td>40</td><td>15</td><td>55.6</td><td>60</td><td>17</td><td>57.2</td></tr>
</table>

通过数据分析获得相关关系如下图所示：

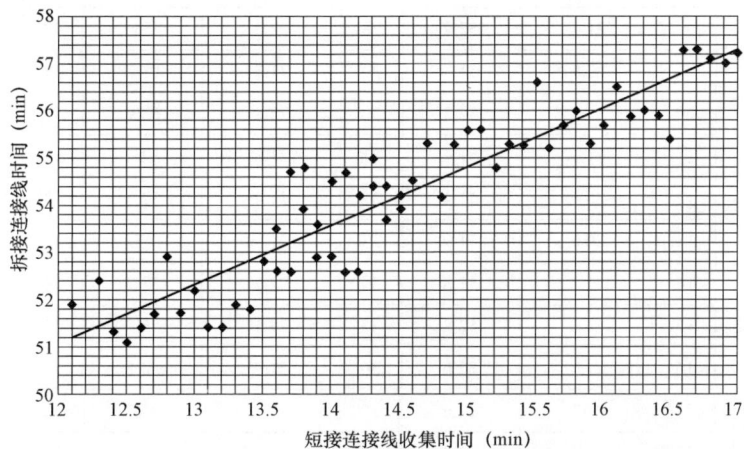

小组进行现场测量、试验、计算，散布图可以获得 R 为 0.9262，发现短接线的收集时间与症结——拆接连接线时间过长呈强正相关性，可见末端因素"短接连接线收集时间长"对症结的影响程度大，为要因。

行标题（左侧）：通过现场测量、试验对影响程度分析

确认结论	要因

确认五：辅助工器具整理时间长，见表 6-11。

表 6-11 末 端 因 素 5 确 认 表

确认五	辅助工器具整理时间长				
确认标准	对症结的影响程度大				

在 2017 年 1 月至 2017 年 3 月期间，抽样选取汇×变、洪×变、文×变、泾×变等变电所，对高压断路器试验连接线收集时间进行调研，统计如下：

次数	汇×变	洪×变	文×变	泾×变	平均耗时
1	24	21	22	21	22
2	23	24	20	23	
3	21	22	20	20	
4	23	20	24	24	
5	24	23	21	22	
6	21	23	21	21	

小组查阅资料、现场调查分析，通过现场调查采样获得辅助工器具整理时间与拆接连接线时间相关情况，见下表。

通过现场测量、试验对影响程度分析

序号	辅助工器具整理时间	拆接连接线时间	序号	辅助工器具整理时间	拆接连接线时间	序号	辅助工器具整理时间	拆接连接线时间
1	21.3	51.9	21	21.1	52.6	41	21.8	54.7
2	20.8	50.6	22	21.6	52.6	42	22.3	54.2
3	21.2	52.4	23	21.9	53.9	43	22.3	54.4
4	20.8	51.3	24	21.7	52.9	44	22.3	54.4
5	20.7	51.1	25	21.1	52.9	45	22.3	54.2
6	21.1	51.4	26	21.5	52.6	46	22.4	55.3
7	20.6	51.7	27	21.4	52.6	47	22.1	55.6
8	21.4	52.9	28	22.2	55	48	22.1	55.6
9	20.9	51.7	29	21.3	53.7	49	22.5	54.8
10	21.5	52.2	30	22.2	53.9	50	22.9	55.3
11	21.4	51.4	31	21.8	52.6	51	22.8	55.3
12	20.5	51.4	32	21.2	52.6	52	23.2	56.6
13	20.6	51.9	33	21.9	55	53	22.1	55.3
14	21.2	51.8	34	21.7	53.7	54	22.7	55.7
15	21.6	52.8	35	22.1	53.9	55	22.7	56.5
16	21.6	52.6	36	21.4	53.5	56	22.6	55.9
17	21.1	52.6	37	22	54.7	57	22.8	56
18	22.3	53.9	38	22.6	54.8	58	23.2	57.3
19	21.2	52.9	39	22	53.6	59	23.4	57
20	21.6	52.8	40	22.4	54.5	60	22.9	57.2

续表

通过现场测量、试验对影响程度分析	通过数据分析获得相关关系如下图: 小组进行现场测量、试验、计算，散布图可以获得 R 为 0.9186，发现辅助工器具整理时间与症结——拆接连接线时间过长呈强正相关性，可见末端因素"辅助工器具整理时间长"对症结的影响程度大，为要因。
确认结论	要因

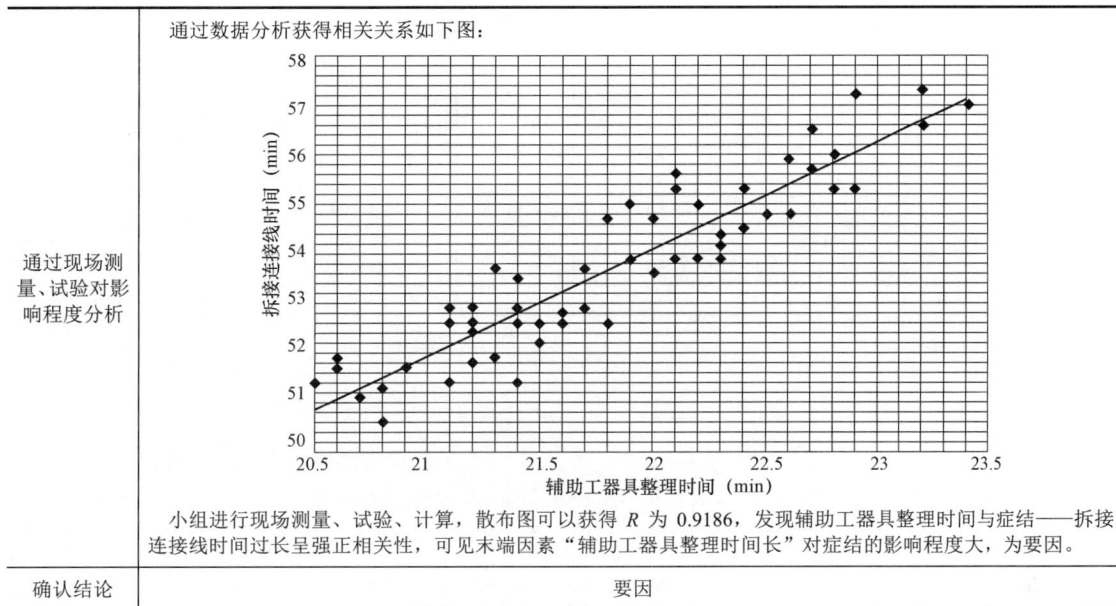

确认六：连接线质量欠缺，见表 6-12。

表 6-12　　　　　　末端因素 6 确认表

确认六	连接线质量欠缺
确认标准	对症结的影响程度大

将试验连接线送至专业检测单位进行检测：

序号	被检测设备	检测单位	检测标准（Ω/m）	实际检测结果（Ω/m）	
1	1 号接地线	运维检修班	0.5	0.153	0.152
2	2 号接地线	运维检修班	0.5	0.175	0.178
3	1 号短接线	运维检修班	0.5	0.22	0.23
4	2 号短接线	运维检修班	0.5	0.212	0.207
5	1 号连接线	运维检修班	0.5	0.164	0.161
6	2 号连接线	运维检修班	0.5	0.144	0.141

通过现场测量、试验对影响程度分析

	下表为采用不同质量（不同单位长度电阻）的连接线试验耗时的统计表：

序号	单位长度电阻 （Ω/m）	厦门 ABB VD41212－31M	西门子 3AF1767	西电三菱 10－VPR－32C	阿海珐 HVX12－25－12E210	平均
1	0.14	54	54	55	53	54
2	0.15	52	55	53	52	53
3	0.165	50	51	53	50	51
4	0.175	53	55	51	53	53
5	0.18	51	52	52	53	52
6	0.2	51	52	56	53	53
平　均						52.7

通过现场测量、试验对影响程度分析

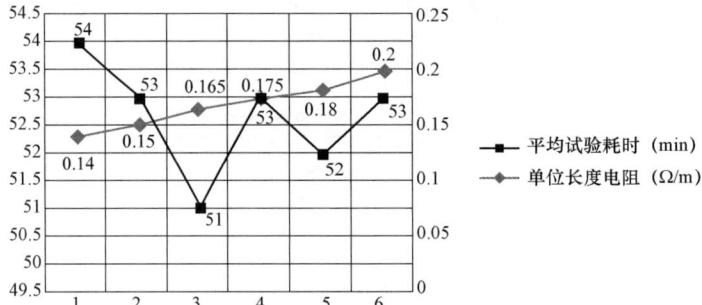

从小组调查分析的结果可以看到，连接线单位长度电阻和试验时长呈现杂乱无章的变化关系：在 0.14～0.2Ω/m 的单位长度电阻下，试验耗时十分接近，甚至出现了单位长度电阻小（质量好）时试验耗时高于单位长度电阻大（质量差）时试验耗时的情况，故"连接线质量欠缺"对症结无影响。

确认结论	非要因

确认七：现场管理文件不完善，见表 6－13。

表 6－13　　　　　　　　　末 端 因 素 7 确 认 表

确认七	现场管理文件不完善
确认标准	对症结的影响程度大
通过现场测量、试验对影响程度分析	在 2017 年 1 月至 2017 年 3 月期间，小组对城南、城北、嘉瓦共变电运维班所辖变电所以下现场管理文件情况进行检查统计：

检查结果如下：

时间	班组名称	试验总次数	试验现场检查次数	检查合格率	检查情况	平均试验时间（min）	
2017年1月	×南	16	8	100%	合格	53.5	最高平均试验时间：55min 最低平均试验时间53.5min
	×北	20	7	100%	合格	54.5	
	×共	21	9	100%	合格	54	
2017年2月	×南	12	6	100%	合格	55	
	×北	15	9	100%	合格	53.5	
	×共	16	7	100%	合格	54	
2017年3月	×南	17	9	100%	合格	55	
	×北	25	10	100%	合格	54	
	×共	8	5	100%	合格	54.5	

（左侧栏：通过现场测量、试验对影响程度分析）

平均试验时间

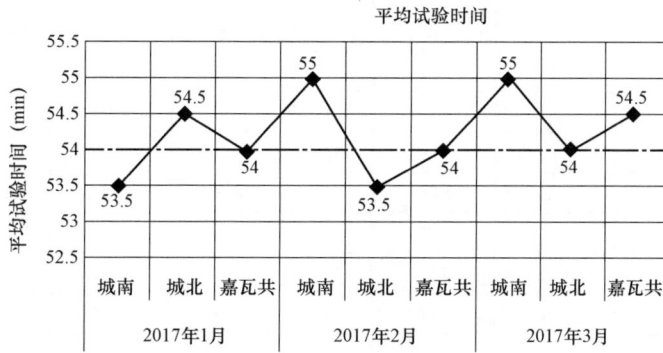

小组通过对现场管理文件的调查，发现工作票管理标准、一事一卡一流程、安全运行规定、高压断路器试验作业规范等文件均已完善，即现场管理文件以实现100%完善率。且从表中最高、最低平均试验时间几乎一致中可以看出，"现场管理文件不完善"对症结无影响。

确认结论	非要因

确认八：试验触头接线时间长，见表6-14。

表6-14　　　　　　　末 端 因 素 8 确 认 表

确认八	试验触头接线时间长				
确认标准	对症结的影响程度大				

通过现场测量、试验对影响程度分析

在2017年1月至2017年3月期间，抽样选取南门变、城中变、新篁变、新丰变等变电所，对高压断路器试验连接线收集时间进行调研，统计如下：

次数	厦门ABB VD41212-31M	西门子 3AF1767	西电三菱 10-VPR-32C	阿海珐 HVX12-25-12E210	平均耗时
1	14	17	16	15	16
2	17	14	15	15	
3	16	17	16	16	
4	18	19	17	13	
5	15	17	16	15	
6	16	15	16	15	

	实际统计分析高压断路器试验触头接线时间实际在 13～18min 范围内，平均值为 16min。
	小组查阅资料、现场调查分析，通过现场调查采样获得试验触头接线时间与拆接连接线时间相关情况，见下表。

序号	试验触头接线时间	拆接连接线时间	序号	试验触头接线时间	拆接连接线时间	序号	试验触头接线时间	拆接连接线时间
1	14.1	51.9	21	15.65	52.9	41	17.1	54.7
2	14.2	50.6	22	15.75	52.9	42	17.2	54.2
3	14.3	52.4	23	15.85	54.2	43	17.3	54.4
4	14.4	51.3	24	15.95	53.2	44	17.4	54.4
5	14.5	51.1	25	16	53.2	45	17.5	54.2
6	14.6	51.4	26	16.15	52.9	46	17.9	55.3
7	14.7	51.7	27	16.25	52.9	47	18	55.6
8	14.8	52.9	28	16.35	55.3	48	18.1	55.6
9	14.9	51.7	29	16.45	54	49	18.2	54.8
10	15	52.2	30	16.55	54.2	50	18.3	55.3
11	15.1	51.4	31	16.1	52.6	51	18.4	55.3
12	15.2	51.4	32	16.2	52.6	52	18.5	56.6
13	15.3	51.9	33	16.3	55	53	18.9	55.3
14	15.4	51.8	34	16.4	53.7	54	19	55.7
15	15.5	52.8	35	16.5	53.9	55	19.1	56.5
16	15.6	52.6	36	16.6	53.5	56	19.2	55.9
17	15.7	52.6	37	16.7	54.7	57	19.3	56
18	15.8	53.9	38	16.8	54.8	58	19.7	57.3
19	15.9	52.9	39	16.9	53.6	59	19.9	57
20	15.55	53.1	40	17	54.5	60	20	57.2

通过现场测量、试验对影响程度分析

通过数据分析获得相关关系如下图所示：

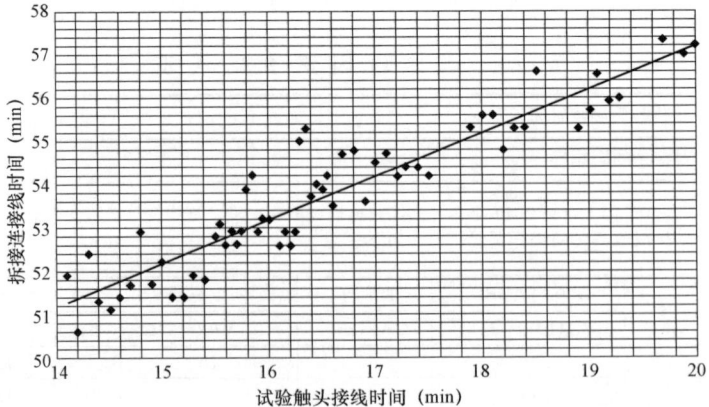

小组进行现场测量、试验、计算，散布图可以获得 R 为 0.933，发现试验触头接线时间与症结——拆接连接线时间过长呈强正相关性，可见末端因素"试验触头接线时间长"对症结的影响程度大，为要因。

确认结论	要因

确认九：考核率低，见表 6－15。

表 6－15　　　　　　　　　　末 端 因 素 9 确 认 表

确认九	考核率低
确认标准	对症结的影响程度大

通过现场测量、试验对影响程分析	在 2017 年 1 月至 2017 年 3 月期间，抽样选取新丰变、余新变、城中变、梅里变等变电所，对高压断路器试验完成后的考核情况进行调研，统计如下：

	变电站名称	考核率	平均试验时间（min）		考核情况
各变电站考核情况	城中	100%	54.5	最高平均试验时间：54.5min 最低平均试验时间 53.5min	
	梅里	100%	54		
	江南	100%	53		
	新丰	100%	53.5		
	新塍	100%	54.5		
	洪兴	100%	54		
	汇龙	100%	54		
	余新	100%	53.5		

各变电站考核情况

小组通过对高压断路器试验完成后的考核的调查，发现现有的高压断路器试验工作均完成了 100%考核。且从表中最高、最低平均试验时间几乎一致中可以看出，"考核率低"对症结的影响程度小。

确认结论	非要因

确认十：接地线安装时间过长，见表 6－16。

表 6－16　　　　　　　　　　末 端 因 素 10 确 认 表

确认十	接地线安装时间过长
确认标准	对症结的影响程度大

在 2017 年 1 月至 2017 年 3 月期间，抽样选取城中变、泾水变、凤桥变、亚太变等变电所，对高压断路器试验完成后的考核情况进行调研，统计如下：

次数	厦门 ABB VD41212－31M	上海西门子 3AF1767	西电三菱 10－VPR－32C	阿海珐 HVX12－25－12E210	平均耗时
1	3	3	3	2	
2	3	2	4	2	
3	3	3	3	3	3
4	2	2	3	3	
5	2	4	4	3	
6	3	5	3	4	

实际统计发现试验接地线安装时间在 2～5min，平均 3min 能够完成接地线安装。

小组另一 QC 项目针对该末端因素已完成活动，设计制作了接地桩＋接地桩头的机械闭锁装置（如图所示），大幅缩短了接地线安装时间。不仅如此，目前接地线安装时间平均仅 3min。

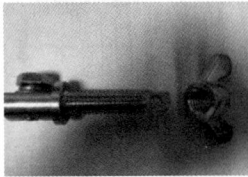

小组查阅资料、现场调查分析，通过现场调查采样获得接地线安装时间与拆接连接线时间相关情况，见下表。

通过现场测量、试验对影响程度分析

序号	接地线安装时间	拆接连接线时间	序号	接地线安装时间	拆接连接线时间	序号	接地线安装时间	拆接连接线时间
1	3.6	51.9	21	3.8	52.6	41	1.7	54.7
2	1.7	50.6	22	3.3	52.6	42	3	54.2
3	3	52.4	23	3.2	53.9	43	2.9	54.4
4	1.6	51.3	24	4.4	52.9	44	2	54.4
5	3.3	51.1	25	4.4	52.9	45	2.9	54.2
6	3.9	51.4	26	3.3	52.6	46	2.1	55.3
7	3.8	51.7	27	2.9	52.6	47	2.2	55.6
8	2.1	52.9	28	2.9	55	48	4.1	55.6
9	3.4	51.7	29	2.2	53.7	49	3.9	54.8
10	1.7	52.2	30	4.2	53.9	50	2.1	55.3
11	1.7	51.4	31	1.9	52.6	51	1.9	55.3
12	3.3	51.4	32	3.7	52.6	52	2.5	56.6
13	1.6	51.9	33	3.1	55	53	3.8	55.3
14	2.4	51.8	34	3.4	53.7	54	3.6	55.7
15	4	52.8	35	4	53.9	55	3.9	56.5
16	2.1	52.6	36	1.8	53.5	56	3.5	55.9
17	2.3	52.6	37	2.4	54.7	57	2.5	56
18	1.8	53.9	38	3.7	54.8	58	4.3	57.3
19	2.4	52.9	39	2.5	53.6	59	3.6	57
20	1.7	52.8	40	2.9	54.5	60	2.2	57.2

续表

通过现场测量、试验对影响程度分析	通过数据分析获得相关关系如下图所示: 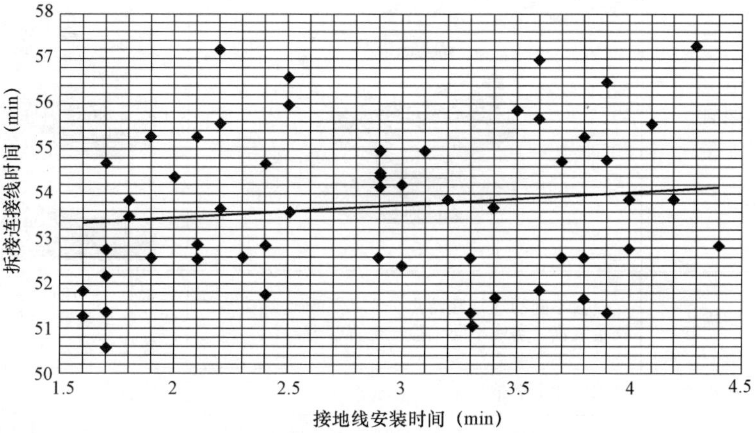 小组进行现场测量、试验、计算,散布图可以获得 R 为 0.1403,发现接地线安装时间与症结——拆接连接线时间过长无相关性,可见末端因素"短接连接线收集时间长"对症结的影响程度小,为非要因。
确认结论	非要因

结论:确认三条要因:

(1)短接连接线收集时间长。

(2)辅助工器具整理时间长。

(3)试验触头接线时间长。

七、制订对策

(一)提出对策

针对不同要因,分别提出两种解决对策,见表6-17。

表6-17 要 因 及 对 策 确 认

要 因	对 策
短接连接线收集时间长	制作分散式集线滚筒
	制作一体化集线装置
辅助工器具整理时间长	制作可拉伸辅助工器具包
	制作专用辅助工器具箱
试验触头接线时间长	制作高压断路器试验触头
	制作大型夹接件

(二)对策评估

(1)针对短接连接线收集时间长,对策评估表见表6-18。

表 6-18   方 案 对 策 评 估 表

序号	方案	方案 1：制作分散式集线滚筒	方案 2：制作一体化集线装置
1	图例		
2	方案描述	根据不同的连接线特点分别设计制作连接线的收集装置，实现不同试验线定置管理	根据不同的连接线特点分别设计制作连接线的收集装置，并将收集装置集成一体，实现一体化定置管理
3	便携程度	相对便于携带	携带十分方便
4	可执行性	根据不同连接线长度等情况，分别制作集线装置，工艺相对容易	根据断路器试验接线的种类和数量专门设计和制作，工艺要求较高
5	可收集长度	8m	45m
6	毛刺率	较高，不同的集线装置易相互碰除产生毛刺	一体化集线装置保证了不同连接线相互独立定置，杜绝了毛刺的产生

序号	方案	次数	时间（s）	次数	时间
7	试验收集时间	1	115	1	109
		2	110	2	108
		3	109	3	101
		4	112	4	102
		5	111	5	98
		6	109	6	101
		平均	111	平均	103

序号	方案	方案 1：制作分散式集线滚筒	方案 2：制作一体化集线装置
8	价格成本	一套约 100 元	一套约 150 元
方案优缺点：		优点：① 制作简单；② 成本较低 缺点：① 收集速度略慢；② 不能避免毛刺的产生	优点：① 携带方便；② 大幅降低毛刺率；③ 绕线长度长 缺点：设计制作相对复杂
是否采用		否	是

（2）针对辅助工器具整理时间长，对策评估表见表 6-19。

表 6-19   方 案 对 策 评 估 表

序号	方案	方案 1：制作可拉伸辅助工器具包	方案 2：制作专用辅助工器具箱
1	图例		

续表

序号	方案	方案1：制作可拉伸辅助工器具包	方案2：制作专用辅助工器具箱
2	方案描述	根据各类辅助工器具的尺寸和大小，设计制作一套可拉伸的放置辅助工器具的包，实现对辅助工器具的合理化放置	辅助工器具专用箱，由一个用加厚铝合金板制作而成的箱体以及用铰链连接的上盖组成，箱体内分隔成多个供电力设备高压试验专用物品和工器具分类放置的格子空间
3	便携程度	可拎可拉，方便便捷，定置管理	随手拎取，自由携带
4	可执行性	设计后交由厂家定做	根据辅助工器具尺寸进行设计后交由厂家定做
5	相互干扰性	较高，不能避免辅助工器具之间的相互摩擦	箱体上盖内衬蜂窝状海绵，箱体底部也内衬高密度海绵，相互隔离并有缓冲作用，完全避免相互干扰
6	放置损伤	辅助工器具间相互碰除和摩擦，易产生毛刺，影响使用	蜂窝状海绵使得辅助工器具在取用过程中实现自我保护，避免损伤
7	拿取整理时间	次数 / 时间（s） 1 / 238 2 / 246 3 / 233 4 / 239 5 / 233 6 / 228 平均 / 236	次数 / 时间（s） 1 / 226 2 / 228 3 / 231 4 / 233 5 / 229 6 / 231 平均 / 229
8	价格成本	一套约200元	一套约150元
方案优缺点：		优点：① 携带方便；② 制作简单 缺点：① 收集速度略慢；② 易导致辅助工器具的损伤	优点：① 成本较低；② 收集更便捷；③ 杜绝相互干扰，避免损坏 缺点：设计制作较复杂
是否采用		否	是

（3）针对试验触头接线时间长，对策评估表见表6-20。

表6-20　　　　　方案对策评估表

序号	方案	方案1：制作高压断路器试验触头	方案2：制作大型夹接件
1	图例		
2	方案描述	断路器试验通用触头需要与断路器触头接触完好，满足要求，触头间应能方便连接，满足相间短接要求；为放弃使用夹子，则可考虑试验中常用的插孔/插针方式，既可靠连接，又不易掉落，使用方便；通用触头最好应设计为可以满足不同型号断路器试验	根据断路器梅花触头大小设计制作合适的大型夹接件，使其能够完美贴合梅花触头，方便试验，解决连接线挂接难的问题
3	接线脱落率	0	20%

序号	方案	方案1：制作高压断路器试验触头		方案2：制作大型夹接件	
4	接触电阻	2Ω		8Ω	
5	制作成本	200元/套		100元/套	
6	单台断路器试验预计接线时间	序号	时间（min）	序号	时间（min）
		1	5.3	1	5
		2	6	2	7
		3	5.1	3	5.6
		4	5.5	4	6.3
		5	5.7	5	6
		6	5.5	6	5.8
		平均	5.5	平均	5.95
方案优缺点：		优点：① 挂接时间短；② 接线不脱落；③ 接触电阻小 缺点：成本高		优点：成本较低 缺点：① 挂接时间长；② 接线易脱落；③ 接触电阻大	
是否采用		是		否	

（三）制订对策计划表

针对采用的对策，分别制定详细计划表，见表6-21。

表6-21　　　　　　　　　　　　　　　对 策 实 施 表

序号	要因	对策	目标	措　　施	地点	负责人	完成日期
1	短接连接线收集时间长	制作一体化集线装置	断路器试验连接线的收集时间应≤2min 裸导线每次收集产生的毛刺率应≤1% 收集装置重量应≤2kg	（1）统计每次断路器试验所需的连接线种类及数量 （2）设计并绘制一体化集线装置的结构图 （3）根据图纸，制作一体化集线装置 （4）对一体化集线装置进行试验 （5）效果验证	资料室、工作室	×××	7月20日
2	辅助工器具整理时间长	制作专用辅助工器具箱	单台断路器辅助工器具整理时间应≤4min；箱子体积小于0.05m³	（1）设计专用辅助工器具箱 （2）根据辅助工器具大小合理设置定置仓 （3）根据图纸，制作专用辅助工器具箱 （4）对专用辅助工器具箱现场试验 （5）效果验证	资料室、工作室	×××	7月20日
3	试验触头接线时间长	制作高压断路器试验触头	接触电阻≤10mΩ（电流200A）；100%无接线掉落；试验接线时间≤4min	（1）设计并绘制试验触头的结构图 （2）根据图纸，制作高压断路器试验触头 （3）对高压断路器试验触头进行试验 （4）效果验证	资料室、工作室	×××	7月22日

八、对策实施

（一）实施一：制作一体化集线装置

制作一体化集线装置，其实施表见表6-22。

表 6-22 制作一体化集线装置实施表

步骤	实施方法	图纸与数据
步骤1：统计每次断路器试验所需的连接线种类及数量	对断路器试验的实际现场进行调研，统计每次试验所需的连接线、接地线等各类线的种类与数量	<table><tr><td>种类</td><td>接地线</td><td>短接线</td><td>短接线</td></tr><tr><td>数量</td><td>1</td><td>2</td><td>2</td></tr><tr><td>长度</td><td>20m</td><td>2m</td><td>4m</td></tr></table>
步骤2：设计并绘制集线器的结构图	根据统计的各类线的情况完成集线器的功能设想，并绘制初步结构图	
步骤3：根据图纸，制作集线器	严格按照图纸的设计制作集线装置	
步骤4：对一体化集线装置进行试验	通过现场实际环境完成对一体化集线装置的功能测试及试验	

步骤	实施方法	目标	每次断路器试验连接线的收集时间应≤2min	裸导线每次收集产生的毛刺率应≤1%	收集装置重量应≤2kg
步骤5：效果验证	根据设定的目标值进行效果的验证	目标值	120s	1%	2kg
		实测值1	111s	0.8%	
		实测值2	113s	0.6%	
		实测值3	112s	0.7%	
		实测值4	115s	0.9%	
		实测值5	107s	0.5%	
		实测值6	109s	0.8%	实测重量 1.8kg
		实测值7	110s	0.7%	
		实测值8	109s	0.6%	
		实测值9	109s	0.8%	
		实测值10	107s	0.7%	
		实测值11	112s	0.5%	
		实测值12	108s	0.8%	
		平均	110s	0.7%	
		结论	符合要求	符合要求	符合要求

（二）实施二：制作专用辅助工器具箱

制作专用辅助工器具箱，其实施表见表6-23。

表 6-23　　　　　　　　　　制作专用辅助工器具箱实施表

步骤	实施方法	图纸与数据
步骤 1：设计专用辅助工器具箱	根据辅助工器具大小和种类，合理设计专用辅助工器具箱的大小和形状	
步骤 2：根据辅助工器具大小合理设置定置仓	用隔断材料分隔成不同格子，空间大小与不同的辅助工器具大小相适应	
步骤 3：根据图纸，制作专用辅助工器具箱	制作专用辅助工器具箱，隔断材料选铝合金板，铝合金板外紧敷有一层高密度海绵	
步骤 4：对用辅助工器具箱进行试验	通过对专用辅助工器具箱的试用	

步骤	实施方法	目标	单台断路器辅助工器具整理时间应≤4min	箱子体积小于 $0.05m^3$
步骤 5：效果验证	根据设定的目标值进行效果的验证	目标值	240s	$0.05m^3$
		实测值 1	236s	
		实测值 2	228s	
		实测值 3	235s	
		实测值 4	231s	
		实测值 5	236s	
		实测值 6	229s	
		实测值 7	227s	实测体积 $0.03m^3$
		实测值 8	233s	
		实测值 9	225s	
		实测值 10	236s	
		实测值 11	238s	
		实测值 12	221s	
		平均值	231s	
		结论	符合要求	符合要求

（三）实施三：制作高压断路器试验触头

制作高压断路器试验触头，其实施表见表 6-24。

表 6-24　　　　　　　　　　　　制作高压断路器试验触头实施表

步骤	实施方法	图纸与数据
步骤 1：设计并绘制试验触头的结构图	根据统计的各类线的情况完成高压断路器试验触头的功能设想，并绘制初步结构图	
步骤 2：根据图纸，高压断路器试验触头	严格按照图纸的制作高压断路器试验触头	
步骤 3：对高压断路器试验触头进行试验	通过现场实际环境完成对高压断路器试验触头的功能测试及试验	
步骤 4：效果验证	根据设定的目标值进行效果的验证	（见下表）

目标	接触电阻≤10mΩ	100%无接线掉落	试验接线时间≤4min
目标值	10mΩ	100%	240s
实测值 1	8mΩ	无掉落	178s
实测值 2	7mΩ	无掉落	185s
实测值 3	8mΩ	无掉落	173s
实测值 4	9mΩ	无掉落	176s
实测值 5	6mΩ	无掉落	179s
实测值 6	7mΩ	无掉落	187s
实测值 7	9mΩ	无掉落	176s
实测值 8	8mΩ	无掉落	182s
实测值 9	7mΩ	无掉落	175s
实测值 10	7mΩ	无掉落	173s
实测值 11	9mΩ	无掉落	171s
实测值 12	8mΩ	无掉落	169s
平均	7.8mΩ	无掉落	177s
结论	符合要求	符合要求	符合要求

（四）实施四：设备检测

在完成设备的设计制作后，为保证成果安全、可靠投入使用，进行了装置的第三方专业检测。小组将设备送至第三方专业检测机构检测认证，通过对各装置的各项数据进行检测，检测结果见表 6-25，各项数据合格。

表 6-25 检 测 报 告

装置名称	实物图	检测报告	检测结果
一体化集线装置			检测合格
专用辅助工器具箱			检测合格
高压断路器试验触头			检测合格

同时，本成果在多处现场实践应用，效果良好，经公司相关部门认证，本成果设备在安全、质量、管理、成本等方面均无负面影响，如图 6-8、图 6-9 所示。

图 6-8 用户使用报告及经济效益分析报告

图 6-9 成果现场使用场景

九、检查效果

（一）效果检查

首先，针对改造后的小车式高压断路器试验过程时间进行统计分析，小组整理了 2017 年 8 月 1 日—9 月 1 日的用时情况，统计分析主要问题的解决情况，并将根据表 6-26 所作排列图 6-10 及图 6-11 进行对比。

表 6-26　　　　　　　　　　　主要问题效果对比统计表

活动前（1 月 1 日—2 月 1 日）			实施后（8 月 1 日—9 月 1 日）		
业务类型	频数（min）	累计百分比（%）	业务类型	频数（min）	累计百分比（%）
拆接连接线时间	54	68.4	拆接连接线时间	12	32.4
试验操作时间	10	12.7	试验操作时间	10	27
设置安全围栏时间	5	6.3	设置安全围栏时间	5	13.5
回路螺丝紧固时间	4	5.1	回路螺丝紧固时间	4	10.9
布置试验设备时间	3	3.8	布置试验设备时间	3	8.1
回路清扫时间	3	3.8	回路清扫时间	3	8.1
合计	79	100	合计	37	100

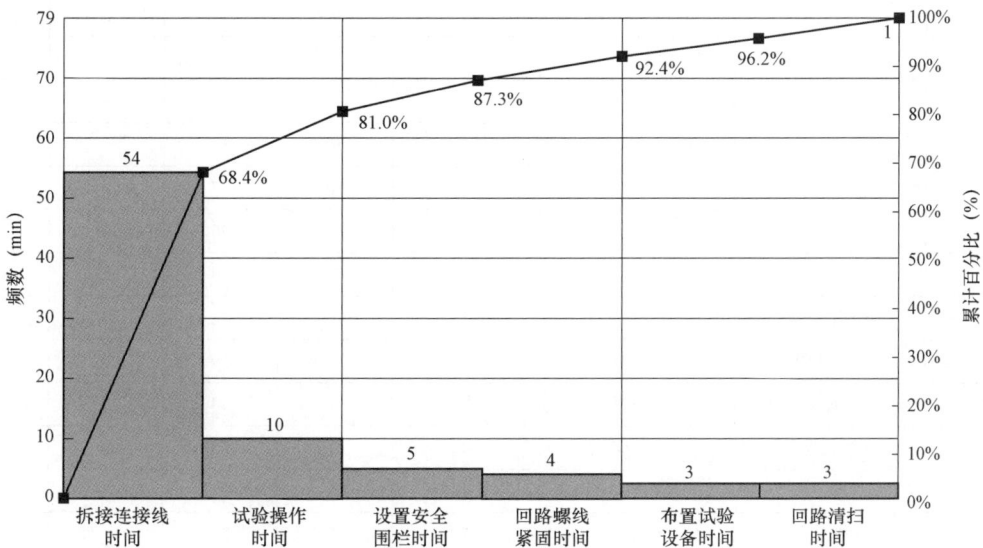

图 6-10 活动前时间问题排列图

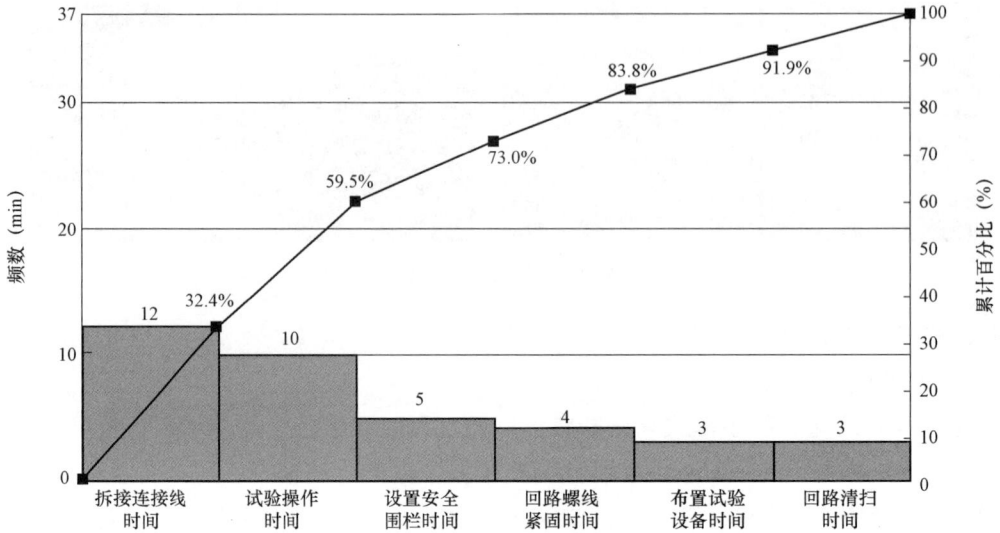

图 6-11 活动后时间问题排列图

结论：从排列图对比可以看出，主要问题已经得到了很好的解决。因为采用的新型的高压断路器检测方式，省去图纸查找的时间，并在接线方面用时也有所下降。

针对不同厂家的小车式高压断路器，分别进行试验，得到统计表 6-27，并得出如图 6-12 所示的活动情况对比图。

表 6-27　　　　　　　　活动后小车式高压断路器试验时间统计表　　　　　　单位：min

日期	厂家	型号	工作许可时间	安全交底	试验过程	工作终结时间	平均耗时
8.5	厦门 ABB	VD4 1212-31M	6	8	38	4	56
8.6	上海西门子	3AF1767	7	9	36	5	57
8.7	苏州阿海珐	HVX12-25	6	9	37	6	58
8.8	西电三菱	10-VPR-32C	9	8	39	6	62
8.9	西电三菱	10-VPR-32C	7	7	38	4	56
8.10	厦门 ABB	VD4 1212-31M	6	9	37	5	57
8.11	上海西门子	3AF1767	7	10	37	6	60
8.12	苏州阿海珐	HVX12-25	8	7	36	4	55
8.15	西电三菱	10-VPR-32C	6	7	36	5	54
8.17	西电三菱	10-VPR-32C	7	8	38	4	57
8.19	厦门 ABB	VD4 1212-31M	6	9	39	6	60
8.24	上海西门子	3AF1767	9	8	34	4	55
8.26	苏州阿海珐	HVX12-25	8	6	35	6	55
8.29	西电三菱	10-VPR-32C	6	8	37	4	55
8.30	西电三菱	10-VPR-32C	7	7	38	6	58
总　计			7	8	37	5	57

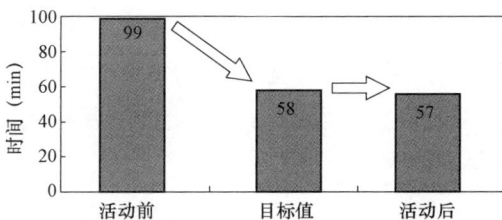

图 6－12　缩短小车式高压断路器试验时间目标完成情况

结论：经过小组的攻关，试点 110kV 变电站小车式高压断路器试验时间已经从活动前的 99min 缩短到了 57min，实现了小车式高压断路器试验时间小于 60min 的目标值。2017 年度 QC 课题目标已完成！

（二）经济及社会效益分析

1. 直接经济效益为企业节约成本

成果从 2017 年 8 月 1 日投入使用，截至 2017 年 12 月 31 日四个月内，直接降低成本 98.5 万元，具体见表 6－28。

表 6－28　　　　　　　　　　高压断路器检修成本调查表

项目	未采用本 QC 成果	采用本 QC 成果
检测高压断路器台数	11 260	11 260
每台试验时间	99min	57min
每次检测需要的检修人员	2	2
每人每天人工成本（元）	500	500
成本总计（元）	11 260×99/60/8×500×2＝232.2 万	1126×57/60/8×500×2＝133.7 万
节约成本（元）	232.2－133.7＝98.5 万	

2. 提高人身、设备安全性社会效益不可估量

小组成果在×南运维站所辖的×桥变电所电容器组集中检修、江×变电站 10kV 开关柜间隔预试等工作现场进行了运用。工作过程中，实现工作效率质的飞跃性，从源头杜绝了试验项目的漏测、损坏插针等问题，减小误差、提高数据稳定性，保证了检修试验工作中设备及人员的安全性，节省了设备的消缺、检修试验时间，四个月内共节省了检修时间约 8445h（11 260×45/60），大大提高了供电的可靠性，带来的间接经济效益和社会效益不可估量。

3. 额外收获：提高试验结果准确性、稳定性防止误判断

以高压断路器回路电阻测试为例，小组对 QC 成果活动前后回路电阻测试时间进行统计，见表 6－29：

表 6－29　　　　高压断路器回路电阻测试 QC 成果活动前后对照表　　　　单位：Ω

试验次数	1	2	3	4	5	平均值	标准差
活动前	31	33	35	38	40	35.4	3.65
活动后	31	31.5	31	31	31.5	31.2	0.27

从对照表中可以看出，本成果的投入使用，明显提高了试验数据的准确性、稳定性（标准差由 3.65 变为 0.27），有效防止了原始的检测方式所引起的试验数据不准确造成对设备状态的误判断等情况，同时也避免了因试验数据不稳定而反复检测，提高了工作效率。

（三）项目的先进性及推广应用前景

1. 先进性

项目受理发明专利 2 项、授权实用新型专利 4 项、发表论文 4 篇。项目成果成功运用于科技项目《高压断路器试验智能检测及主动安全防护技术与应用》中，得到了中国电力企业联合会专家的一致认可。在 2018 年 1 月，以中国工程院院士韩英铎领衔的鉴定委员会认为：项目成果整体达到国际先进水平，其中高压开关柜用断路器现场检测方面达到国际领先水平（图 6-13）。

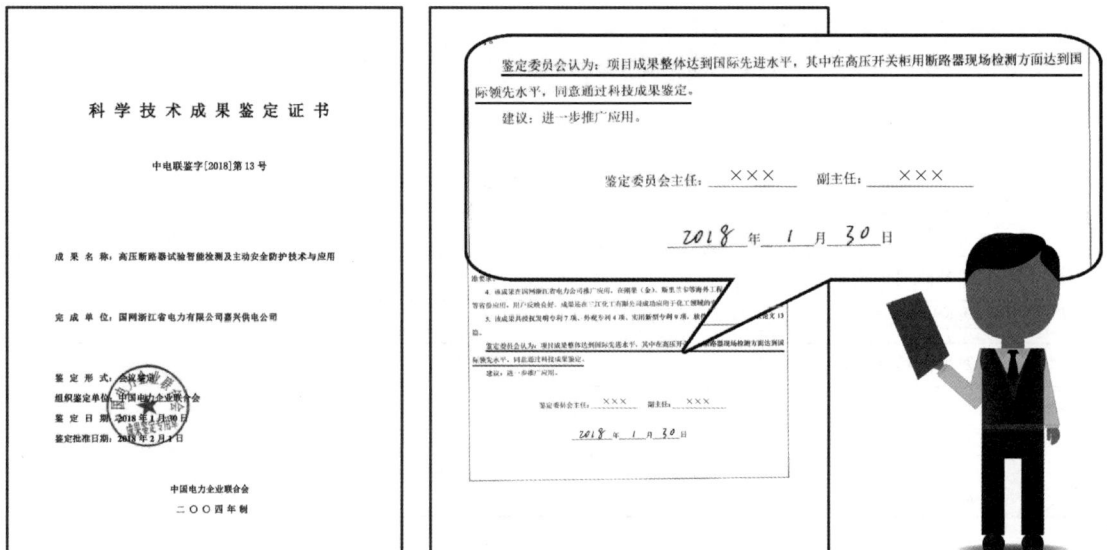

图 6-13 中国电力企业联合会鉴定证书

2. 推广应用前景

本项目成果效果显著、易于复制，具有很好的推广应用前景。目前成果运用于科技项目《高压断路器试验智能检测及主动安全防护技术与应用》，已列入××公司推广目录，并已在职工技术创新成果转化会上成功转化，进入工厂化生产阶段。此外，成果还在刚果（金）、斯里兰卡等"一带一路"国家电力工程及陕西、新疆、云南、湖南等 7 个省份应用。同时，成果还成功应用于化工领域的安全防护。如能在更广泛的范围内推广应用，创造的经济、社会效益将不可估量。

（四）项目的示范作用

1. 作为国网教材供整个公司借鉴运用

本项目完成实施后，由于其效果显著、易于复制、推广性强等特点，运用于国家电网有限公司培训教材《高压断路器检测又快又准的秘密——高压断路器智能检测装置》中（图 6-14），供整个××公司借鉴运用。

图 6-14　网络培训教材

2. 获教学培训优秀开发成果奖一等奖

小组 QC 成果严格按照 QC 活动流程编写，得到了各活动小组的一致好评，于 2018 年 5 月，获××公司教学培训优秀开发成果奖一等奖。

十、巩固措施

（一）巩固措施

小组对被实施有效的三项措施进行巩固，具体措施见表 6-30。

表 6-30　　　　　　　　　　　　　　成 果 巩 固 措 施

对策措施	巩固项目	巩固内容	巩固方法	文件编号
专用辅助工器具箱	构件设计	专利申请	已申请发明专利《一种电力设备检修接地机械闭锁装置》	201710328879.3
			已申请实用专利《电力设备检修试验接地机械闭锁装置》	201720453956.3
	设计图纸	图纸归档	图纸方案、工程样机等设计文件由项目负责人审定后签字归档，交档案室负责保管	JXEP - BDQC20171201
	资料撰写	制定说明书	已编制《专用辅助工器具箱使用说明书》	YJ - 0821004029
设计制作专用的连接线收集装置	构件设计	专利申请	已申请实用新型专利《电力设备高压试验端接线、接地线收集装置》	200820164864.7
	设计图纸	图纸归档	图纸方案、工程样机等设计文件由项目负责人审定后签字归档，移交档案室负责保管	JXEP - BDQC20171202
	资料撰写	制定说明书	已编制《设计制作专用的连接线收集装置使用说明书》	YJ - 0821004032
设计制作高压断路器试验触头	构件设计	专利申请	已申请发明专利《一种高压断路器试验专用触头》	201710228066.1
			已申请实用新型专利《一种高压断路器试验专用触头》	201720330844.3
	设计图纸	图纸文件归档	图纸方案、工程样机等设计文件由项目负责人审定后签字归档，交档案负责保管	JXEP - BDQC20171203
	资料撰写	制定说明书	已编制《设计制作高压断路器试验触头使用说明书》	YJ - 0821004035

已获：××公司管理创新一等奖
已获：××科技成果
已作为：××公司《群众性科技创新项目》
已发表：发表 3 篇技术论文、1 篇管理论文小组进行了国内、外科技查新，本课题的研究内容在目前还是空白的科技领域。不仅如此，小组成员通过查新进一步了解了科技前沿知识，为小组的课题研究提供了新的思路和启发。小组还通过发明专利申请进行知识产权保护。

同时，本公司组织召开了工区、班组宣贯会议，确保本成果在巩固期间的效果。

（二）巩固措施回头看

小组对 2017 年 9 月 1 日—11 月 30 日公司小车式高压断路器试验工作的完成情况进行跟踪调查，见表 6-31。

表 6-31　　　　　　　高压断路器检测工作跟踪期时间统计表

日期（2017 年）	平均耗时（min）	日期（2017 年）	平均耗时（min）	日期（2017 年）	平均耗时（min）
9 月 1 日	58	10 月 2 日	58	11 月 1 日	56
9 月 2 日	57	10 月 3 日	57	11 月 2 日	55
9 月 4 日	56	10 月 5 日	56	11 月 3 日	56
9 月 5 日	55	10 月 6 日	58	11 月 5 日	58
9 月 6 日	57	10 月 7 日	56	11 月 8 日	56
9 月 8 日	58	10 月 8 日	56	11 月 9 日	55
9 月 9 日	56	10 月 9 日	58	11 月 10 日	55
9 月 10 日	58	10 月 10 日	57	11 月 12 日	56
9 月 14 日	57	10 月 11 日	56	11 月 13 日	57
9 月 15 日	58	10 月 12 日	57	11 月 15 日	55
9 月 20 日	57	10 月 15 日	57	11 月 16 日	54
9 月 21 日	58	10 月 16 日	56	11 月 17 日	56
9 月 22 日	56	10 月 17 日	57	11 月 20 日	55
9 月 25 日	56	10 月 21 日	56	11 月 21 日	56
9 月 28 日	55	10 月 27 日	56	11 月 29 日	57
平均	56.8	平均	56.7	平均	55.8

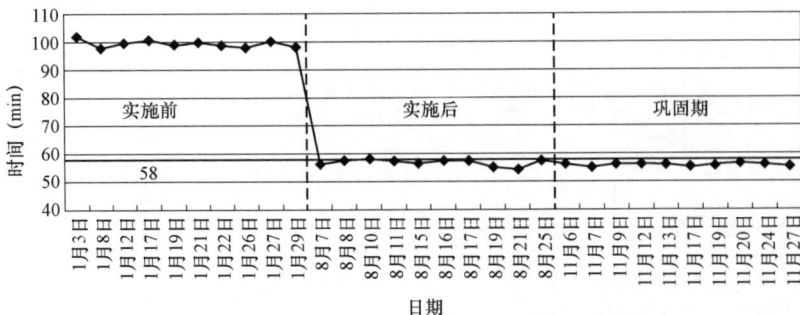

图 6-15　实施前后与巩固期小车式断路器试验时间折线图

从表 6-31 及图 6-14 看出，2017 年 9、10、11 月的高压断路器的试验工作平均工时分别为 56.8min、56.7min、55.8min，满足公司要求，巩固效果良好。

十一、总结与下一步打算

（一）总结

本次课题《缩短小车式高压断路器试验时间》以缩短小车式高压断路器试验时间、提高工作效率、提高供电服务质量为目的，通过调查研究并运用调查表、柱状图等方法，对数据进行整理、分类、统计。小组成功设计并研制出了专用辅助工器具箱、一体化集线器、高压断路器试验触头等提高工作效率、降低毛刺率、增强工作安全性的技术手段，进一步提高了移动变电站的供电可靠性，缩短了停电时间。课题各阶段总结见表 6-32。

表 6-32　　　　　　　　　　课 题 总 结

活动内容	优　点	运用工具	今后努力方向
课题选择	课题针对性强，能有效解决现场实际问题	调查表、柱状图	吸收其他小组的经验教训，扩大选题范围
现状调查	现场调查深入，确定基本目标	调查表、流程图、排列图	对现场进行进一步调查，更深层次剖析现状
目标设定	根据现状调查，通过试验、测试的数据确定目标	柱状图	更加精准正确地确定目标
原因分析	开展头脑风暴，集思广益，深度剖析现场，分析所有可能原因	关联图	更加深入地分析现场，层层分析，头脑风暴，寻找末端要因
要因确认	通过试验、测试、调查统计，用数据说话，根据对症结的影响程度，分析并确认要因	调查表、折线图、柱状图、散布图等	进一步贴近现场实际情况，确保要因的准确定位
制订对策	提出了对策的多种方案，通过试验、测试、调查统计，确定最佳方案，提出有效的实施措施	调查表	开阔眼界，利用最前沿的技术提出更加有效的改进方案
对策实施	逐条实施并检查实施效果，数据充分	调查表、折线图等	进一步对对策实施方案进行细化
效果检查	对课题效果、经济效果、社会效果、安全效果等方面进行检查	调查表、排列图、柱状图等	利用多种方法更加准确地对课题效果进行评估和检查
巩固措施	对实施证明有效的措施进行逐项巩固	调查表、折线图等	增加巩固方法，保证课题成果能够更好地巩固

小组对各种可能的因素采用调查表、直方图等方式进行要因分析，确定了接地线安装时间过长、连接线收集时间过长、试验触头接线时间过长三大要因，并设立了活动目标、制定了解决措施。通过设计制作专用辅助工器具箱、一体化集线器、高压断路器试验触头等一系列的措施，缩短了小车式高压断路器试验时间，使得单台小车式高压断路器试验时间由原来的 99min 缩短到了 57min。最后，小组通过制定规范，撰写专利、论文，依托群创、科技项目等方式对本成果加以巩固、推广和应用。

通过本次 QC 活动，小组成员不仅解决生产上的安全难题，同时小组成员创新能力、应用质量工具分析问题解决问题能力得到提升，对 QC 小组活动的科学性加深了认识，增加了小组成员对企业管理的投入，提高了团队精神，尤为重要的是在 QC 活动过程中，培养了小组成员各个方面的技能与素质，为员工的成长、成才提供强有力的推动力。

（二）下一步打算

小组针对本 QC 成果进一步研究，发现仍存在待提高的地方，小组在下一步将对其不断提升，并制订了方案，确定了完成时间节点，落实到人，使本成果更加完美，见表 6–33。

表 6–33   下 一 步 打 算

序号	问题	方案	完成时间	负责人
1	试验过程的精益化	利用计算机程序可以一步完成所有检测，即采用计算机控制方式代替人工测量的方式来实现小车式高压断路器的试验工作	2018 年 10 月	×××
2	与"互联网＋"技术相结合	利用"互联网＋"技术将试验数据直接传入计算机后台，实现试验数据自动比对，智能化判断设备健康状态	2018 年 11 月	×××

今后，小组将在实际工作中，更广泛地开展 QC 活动，针对顾客需求不断改进，不断创新，小组今后将不断用 PDCA 循环的方法来解决电力生产实践中发现的问题，为企业的安全生产添砖加瓦。

十二、《缩短小车式高压断路器试验时间》点评

本 QC 小组针对电力运行维护过程中，传统的高压断路器试验存在"试验接线收集效率低、有短接接地等重大安全隐患，试验数据不稳定存在对设备健康状态进行误判的可能、为电网的安全稳定运行埋下安全隐患"等突出问题，以《缩短小车式高压断路器试验时间》为课题，严格遵循 PDCA 循环，开展质量管理小组活动，活动类型为现场型。活动思路清晰、流程规范、成效显著，突出体现了 QC 小组活动成果"小、实、活、新"的特点。此外，成果易推广、易复制，且在创新性、安全性、经济性等方面都具有显著的成效，值得广大质量管理小组学习和借鉴。具体优点介绍如下：

1. 活动成效显著

本 QC 小组通过设计制作专用辅助工器具箱、一体化集线器、高压断路器试验触头等一系列措施，缩短了小车式高压断路器试验时间，使得单台小车式高压断路器试验时间由原来的 99min 缩短到了改进后的 57min，节省了设备的消缺、检修试验时间，从源头上杜绝了试验项目的漏测、插针损坏等问题，减小了试验误差，提高了数据稳定性，而且保证了检修试验工作时人员和设备的安全，从根本上解决了传统的高压断路器试验存在的诸多问题，活动成果较为显著，具有极强的可推广性。

2. 流程标准规范

QC 成果按照问题解决型（自定目标）课题 10 个部分进行阐述，选择课题、现状调查、目标制定、原因分析、对策制定、对策实施、效果检查、巩固措施、总结打算等环节环环相扣，逻辑严密。各个环节都论述严密，且做到了前后呼应。例如：现状调查环节，调查 1 首先查明"小车式高压断路器试验时平均耗时 99min，具体情况需进一步调查"，紧接着调查 2 从小车式高压断路器试验的"工作许可、安全交底、试验过程、工作终结"等 4 个流程环节着手，查明"小车式高压断路器试验过程时间占总时间的 79.8%，远高于其他工作流程所占比例，是重点关注对象"，进而调查 3 从小车式高压断路器试验过程"设置安全围栏时间、布置试验设备时间、拆接连接线时间、试验操作时间、回路螺栓紧固时间、回路

清扫时间"等 6 个部分着手，查明"拆接连接线时间累计时间占试验过程时间的 68.4%"，因此结论为："拆接连接线时间长"是小车式高压断路器试验过程时间长的症结所在。整个过程层层递进，层层深入，较为清晰地呈现了寻找症结的整个过程，为后续原因分析提供了指引；在要因确认过程中，QC 小组广泛采用试验、测试、调查分析的方法，针对末端因素对症结的影响程度，使用客观数据进行详细分析论证，从而确定要因所在，符合质量管理新标准的要求；对策实施过程中，及时收集数据，与对策表中设定的目标值进行比较验证，以明确对策实施的有效性，同时小组对成果进行了第三方检测，确保试验工器具的改进对安全、环保、经济等无负面影响；效果检查过程中，不仅针对性地对 QC 小组活动前后情况与课题目标值进行了效果比较和检查，而且对问题的症结也进行了活动前、后的比较和检查。

3. 巩固措施有力

小组将对策表中通过实施证明有效的措施，经主管部门批准纳入相关标准，通过撰写专利、论文，依托群创、科技项目等方式对课题成果加以巩固、推广和应用。且在 2017 年 8 月的效果检查期后，小组又在 9 月 1 日至 11 月 30 日开展巩固措施"回头看"工作，对公司小车式高压断路器试验工作的完成情况进行跟踪调查，调查显示平均工时仍满足公司要求，巩固效果良好。

4. 工具应用灵活

课题较为灵活地运用 QC 工具，采用图、表配合的方式，直观地推导和呈现结论。在现状调查过程中，采用排列图，利用"二八原则"，逐层剖析，找到问题症结。在原因分析过程中，通过调查研究，并运用调查表、直方图、折线图、柱状图、散布图等工具，确定了"接地线安装时间过长""短接连接线收集时间过长""试验触头接线时间过长"为三大要因，过程清晰合理，说服性强。

5. 数据翔实合理

课题严格地遵循"用数据说话"这一质量管理基本原则，文本通篇都充分运用试验、测试、调查分析得到的详细数据进行分析和阐述，使得论证严谨，结论有力。对策目标中也合理地设定了可量化的目标值，便于对策实施过程中的验证以及对实施效果完成情况的掌控。

本课题存在的问题主要有：

（1）现状调查过程中，明确了"拆接连接线时间"是小车式高压断路器试验过程时间长的症结所在，因此在描述目标设定依据时，"经过小组测试、试验、调查分析，若能采用一系列方法一次完成试验、规范整理试验工器具，可将平均试验时间缩短至 57.9min"，并未交代采用何种方法何压缩了拆接连接线时间，因此目标设定的依据略显不足。

（2）原因分析图中，个别原因前后逻辑不够严密，如"统一流程缺乏—文件管理不严—现场管理文件不完善"，有的原因未分析到末端，如"光线差"的原因可能有很多种，是照明不足还是窗户数量少？应该进一步分析。

（3）效果检查流程中，小组没有先检查设定的课题目标是否完成，而是先统计分析主要问题的解决情况，次序上颠倒。对策实施后收集的样本量总数合计 37，用排列图不恰当。人工成本节约不是实际发生的，不能作为直接经济效益来计算。

案例二　提高110kV移动变电站运维完善率

随着社会的不断发展，用户对供电服务水平的要求越来越高。然而目前，当变电站或供电线路发生重大突发性故障时，现有的电网结构无法满足对用户的持续性供电的需求，导致用户出现停电现象，且无法在最短时间内恢复供电；同时，在对老旧变电站的改造或故障设备进行维修的过程中，部分线路为单一电源供电而非环网供电，造成负荷无法转供，导致部分区域停电；此外，随着供电用户负荷需求量的不断增长，未来在用电高峰时期可能会出现供电不足、末端用户电压不理想、电能质量无法满足经济运行指标的情况，无法满足不断增长的用户需求。为了解决用户用电量的不断增长和电力系统设备容量有限的矛盾，进一步提升供电服务水平，提升用户满意度，以××公司为试点，于2015年3月引入了首台110kV移动变电站。移动变电站的出现，有效解决了110kV新塍变电站改造期间重要负荷无法转供难题；6月22日，移动变电站再次服役于220kV建设变电站，彻底解决了建设变电站在夏季高峰负荷期间区域电压过低问题；目前，移动变电站已投运于全停改造的盐横港变电站，接替其供电任务。然而移动变电站作为新生事物，由于其结构特殊，设备安装方式、工作地点等不同于常规变电所，因此相比于发展成熟的传统变电站，在运行维护方面仍不够完善。为提高110kV移动变电站运维完善率、消除安全隐患、保证人身和设备安全，小组开展《提高110kV移动变电站运维完善率》的课题。

一、小组简介

本课题QC小组基本情况见表6-34。

表6-34　　　　　　　　　　　　小组简介表

小组名称	××××QC小组						
课题名	提高110kV移动变电站运维完善率						
获奖情况	2007—2016年连续10年获国网嘉兴供电公司优秀QC小组一等奖 2007—2015年共36次获省部级及以上优秀QC小组一等奖 2008—2015年共18次获"全国优秀质量管理小组"等荣誉称号 2009—2015年共25项QC成果被省公司列为群众性创新项目推广应用 2008—2015年有56项QC成果已转化为科技、管理论文在中文核心、科技核心等杂志上发表，获得国家发明、实用新型专利共计115项						
课题类型	现场型			活动次数		15次	
注册号	JDBD-2016B	注册日期	2016年3月1日		活动时间		2016年3—11月
姓名	性别	文化程度/职称	分工	姓名	性别	文化程度/职称	分工
×××	男	本科/高级技师	组长	×××	男	本科/高级技师	组员
×××	男	硕士/工程师	副组长	×××	男	硕士/工程师	组员
×××	男	硕士/工程师	组员	×××	男	本科/技师	组员
×××	男	硕士/工程师	组员	×××	男	硕士/工程师	组员
×××	男	本科/高级技师	组员	×××	男	硕士/工程师	组员

电能质量：是指供、用电的质量，衡量其好坏的指标主要包括电压、波形与频率，关

系着国民经济生活的各个方面，从普遍意义上讲是要求优质供电。

移动变电站：是指将传统变电站一次设备、二次系统安装在平板拖车或者集装箱中的变电站，是电力系统突发事件应急预案的重要组成部分，具有非常好的灵活性及快速性，能够很好地满足电网优质供电的要求。

二、选择课题

110kV 移动变电站是电力系统应急预案不可或缺的一部分，它可以按照供电要求迅速转移到指定位置，解决系统突发紧急状况，从而能够更好地满足电力系统优质供电的要求。嘉兴 110kV 移动变电站是国网浙江省电力公司首台 110kV 移动变站，是浙江电网智能化进程中的重要一环。移动变电站作为一个新生事物，必然存在一些不足，其运行维护工作的完善率并不能满足公司要求。为解决以上问题，我们小组通过对移动变电站展开了调研工作，表 6-35 所示是 2016 年 1 月 110kV 移动变电站运维完善率统计表。

运维完善率主要包括管理制度完善率、人员素质完善率、"两票"完善率和设备完善率四个方面。基于式（6-1），利用统计所得的管理制度完善率、人员素质完善率、"两票"完善率和设备完善率可以计算得到运维完善率。

$$\eta=M_1\eta_1 + M_2\eta_2 + M_3\eta_3 + M_4\eta_4 + \cdots \qquad (6-1)$$

式中：η 为运维完善率；M_1、M_2、M_3、M_4 等为权重系数；η_1、η_2、η_3、η_4 分别为管理制度、人员素质、"两票"、设备的完善率。

表 6-35　　　　　　2016 年 1 月 110kV 移动变电站运维完善率统计表

	管理制度完善率	人员素质完善率	"两票"完善率	设备完善率	运维完善率
权重系数	0.2	0.1	0.1	0.6	1
110kV 移动变电站	96%	100%	100%	76.7%	85.2%

选题思路如图 6-16 所示。

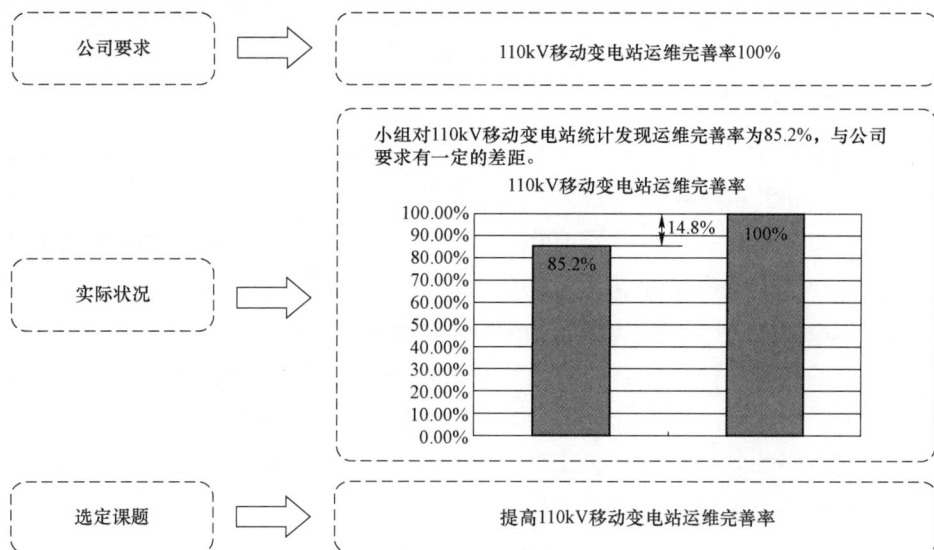

图 6-16　选题思路

三、设定目标

为满足国家电网有限公司要求，计划将 110kV 移动变电站运维完善率由 85.2%提高到 100%，如图 6-17 所示。

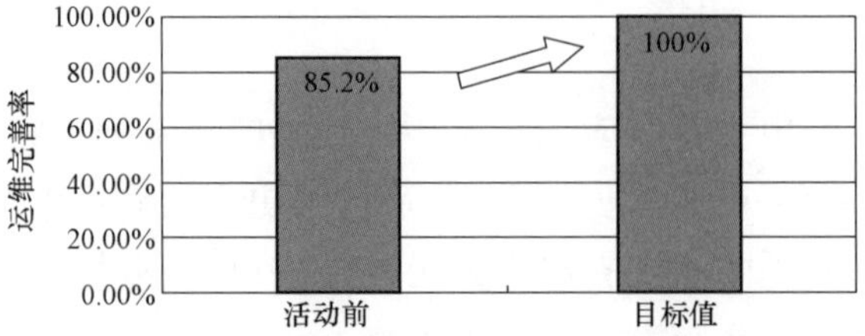

图 6-17 提高 110kV 移动变电站运维完善率

（一）目标可行性分析一

2016 年 1 月国网嘉兴供电公司 110kV 移动变电站运维完善率为 85.2%，设备完善率为 76.7%，管理制度完善率为 96%，人员素质完善率为 100%，两票制度完善率为 100%如图 6-18 所示。

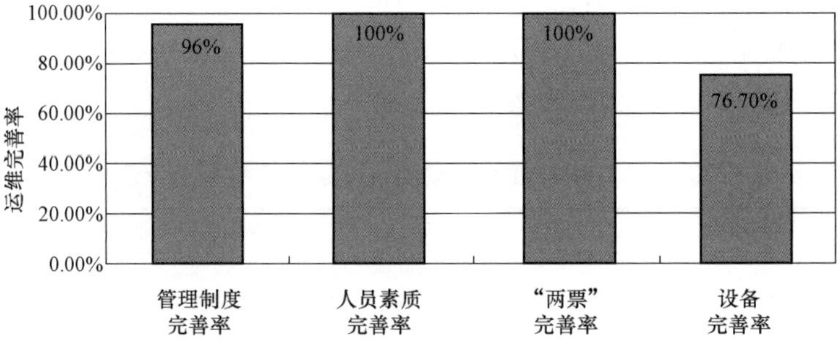

图 6-18 110kV 移动变电站运维完善率

结论：从图 6-18 发现，110kV 移动变电站运维完善率未达到 100%的要求，是由于设备完善率与管理制度完善率两方面未达标造成的。

（二）目标可行性分析二

移动变电站相较于常规变电站，其设备可以分为常规设备（常规设备即与常规变电站共同具备的设备）和非常规设备（由于不同于常规变电站而特别配置的设备）。由此可以知道，移动变电站的常规设备完善率为 100%，满足工作要求。但是，移动变电站的非常规设备发展相对滞后，其完善率不能满足工作要求。并且，设备完善率低是 110kV 变电站运维完善率未达到 100%的主要因素，也是造成管理制度未及时有效更新，未实现 100%完善率的原因，因此设备完善率低是问题的症结所在。当设备完善率达到 100%之后，相应的管理制度完善率才能随之达到 100%。因此，移动变电站的运维完善率的提高重点在于设备完善率的提高，关键在于非常规设备完善率的提高。如图 6-19 为从人员素质、团队能力、成本分析、时间裕度四个维度进行的可行性分析。

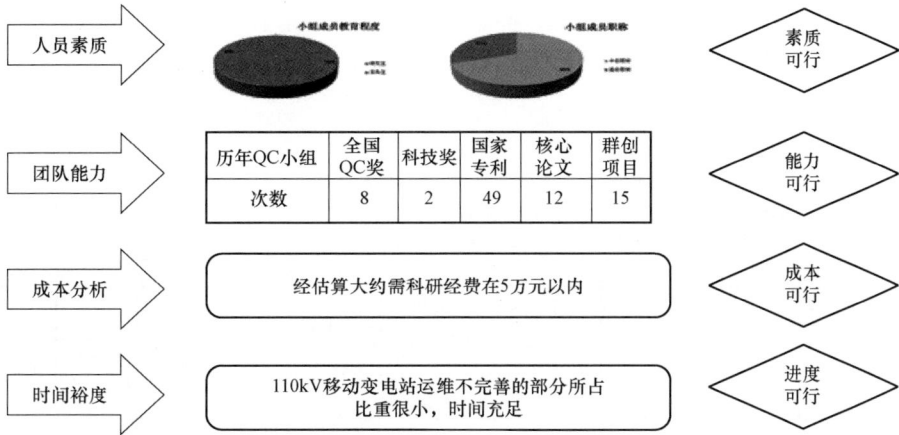

图 6-19　可行性分析

由图 6-19 可知，非常规设备完善的程度，完全可以在现有的科技水平下，利用创新和改进实现 100%完善。因此，只要对存在的问题进行较为全面的调查、统计和研究，寻求可行的解决方法，逐一改善，可以将设备完善率提高到 100%。

四、分析原因

小组成员针对问题症结——"设备完善率低"，绘制关联图如图 6-20 所示，找到了 12 条末端要因。

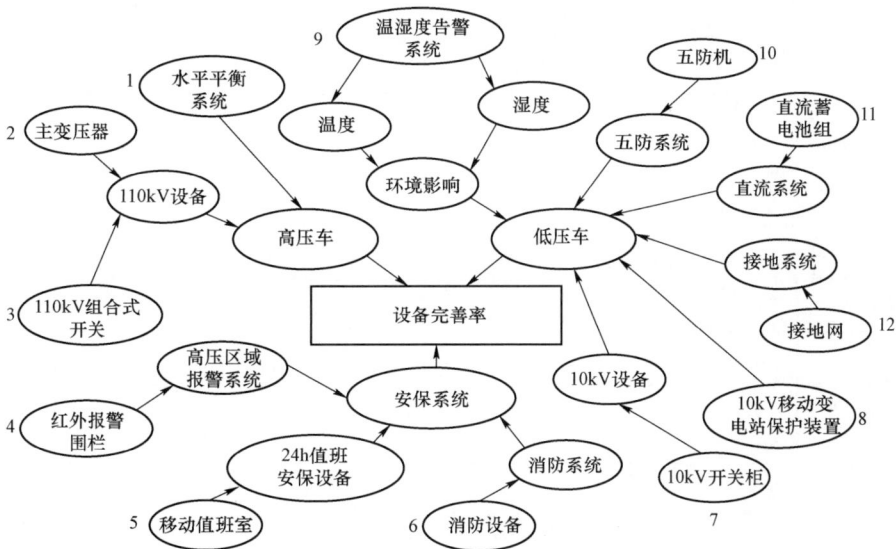

图 6-20　原因分析图

五、要因确认

（一）要因确认计划表

小组通过讨论后制定了要因确认计划表，运用不同的调查方法，就每条末端因素进行要因确认，见表 6-36。

147

表 6-36   要 因 确 认 计 划 表

序号	末端因素	确认标准	确认内容	参考标准	确认方法	责任人	确认时间
1	水平平衡系统完善率低	水平平衡系统完善率100%，主变压器沿瓦斯继电器方向变压器大盖标准坡度1%～1.5%	对水平平衡系统的支撑、监控、报警系统完善率进行统计	《电力变压器运行规程》（DL/T 572—2010）	现场验证	×××	2016年3月8日
2	主变压器完善率低	主变压器完善率100%	对主变压器的设备、仪表、保护装置完善率进行统计	《油浸式电力变压器技术参数和要求》（GBT 6451—2015）	现场验证	×××	2016年3月8日
3	110kV组合式开关完善率低	110kV组合式开关完善率100%	对110kV组合式开关的设备、仪表、保护装置完善率进行统计	《高压交流六氟化硫断路器》（JB/T 9694—2008）	现场验证	×××	2016年3月9日
4	红外报警围栏完善率低	红外报警围栏完善率100%	对红外报警围栏监控、报警系统完善率进行统计	《国家电网110kV变电站通用设计规范》（Q/GDW 203—2008）	现场验证	×××	2016年3月10日
5	移动值班室完善率低	移动值班室完善率100%	对移动值班室人员、安防、消防、监控系统完善率进行统计	《国家电网110kV变电站通用设计规范》（Q/GDW 203—2008）	现场验证	×××	2016年3月12日
6	消防设备完善率低	消防设备完善率100%	对各小室安防的消防设备完善率进行统计	《电力设备典型消防规程》（DL/T 5027—2015）	现场验证	×××	2016年3月14日
7	10kV开关柜完善率低	10kV开关柜完善率100%	对10kV开关柜的设备、仪表、保护装置完善率进行统计	《10kV高压开关柜选型技术原则和检测技术规范》（Q/GDW 11252—2014）	现场验证	×××	2016年3月18日
8	110kV移动变电站保护装置完善率低	110kV移动变电站保护装置完善率100%	对110kV移动变各项保护装置完善率进行统计	《浙江电网继电保护验收规范》（Q/ZDJ 06—2001）	现场检测	×××	2016年3月18日
9	温湿度告警装置完善率低	温湿度告警装置完善率100%，各小室内温度在20～30℃，湿度在50%～60%	对各小室安装的温湿度告警装置完善率进行统计	《国家电网110kV变电站通用设计规范》（Q/GDW 203—2008）	现场检测	×××	2016年3月20日
10	五防机完善率低	五防机完善率100%	对五防机的电脑、钥匙、锁具完善率进行统计	《国家电网110kV变电站通用设计规范》（Q/GDW 203—2008）	现场验证	×××	2016年3月20日
11	直流蓄电池组完善率低	直流蓄电池组完善率100%，蓄电池单体电压满足2.150～2.250V	对直流蓄电池组各个模块单元完善率进行统计	《变电站直流电源系统技术标准》（Q/GDW 11310—2014）	现场验证	×××	2016年3月21日
12	接地网完善率低	接地网完善率100%	对移动变电站各种工作场所的接地网完善率进行统计	《国家电网110kV变电站通用设计规范》（Q/GDW 203—2008）	现场验证	×××	2016年3月21日

（二）调查确认

确认一：水平平衡系统完善率低，见表 6-37。

表 6-37　　　　　　　　　末 端 因 素 1 确 认 表

确认一	水平平衡系统完善率低				
确认标准	水平平衡系统完善率100%，主变压器沿瓦斯继电器方向变压器大盖标准坡度 1%～1.5%				
确认过程	小组对水平平衡系统完善率进行了统计分析，小组从车轮支撑、液压支撑系统、硬支撑系统、支腿高度远方监控系统、水平支撑报警系统几个方面进行了分别统计，统计结果如下：				

设　备	完善要点	安装数量	是否完善	完善率
水平平衡系统	车轮支撑	48	是	40%
	液压支撑系统	8	是	
	硬支撑系统	0	否	
	支腿高度远方监控系统	0	否	
	水平支撑报警系统	0	否	

液压支撑系统　　　　　　　车轮支撑

同时，小组在 2016 年 2 月至 3 月期间对 110kV 移动变装载车辆的前后轮高度进行了多次测量，测量结果统计如下：

测量时间	前轮高度（m）	后轮高度（m）	前后轮高度差（m）	偏离角度（°）
2 月 18 日	1.21	1.20	0.01	0.057 295 8
2 月 19 日	1.21	1.20	0.01	0.057 295 8
2 月 20 日	1.21	1.20	0.01	0.057 295 8
2 月 21 日	1.21	1.19	0.02	0.114 591 4
2 月 22 日	1.21	1.19	0.02	0.114 591 4
2 月 23 日	1.20	1.18	0.02	0.114 591 4
2 月 24 日	1.20	1.18	0.02	0.114 591 4
2 月 25 日	1.19	1.17	0.02	0.114 591 4
2 月 26 日	1.19	1.17	0.02	0.114 591 4
2 月 27 日	1.19	1.17	0.02	0.114 591 4
2 月 28 日	1.19	1.16	0.03	0.171 886 8
2 月 29 日	1.19	1.16	0.03	0.171 886 8
3 月 1 日	1.18	1.15	0.03	0.171 886 8
3 月 2 日	1.18	1.14	0.04	0.229 181 9
3 月 3 日	1.18	1.14	0.04	0.229 181 9
3 月 4 日	1.18	1.13	0.05	0.286 476 5
3 月 5 日	1.17	1.12	0.05	0.286 476 5
3 月 6 日	1.17	1.10	0.07	0.401 063 9

确认过程	将测量时间和高度差、偏离角度的关系分别用折线图表示： 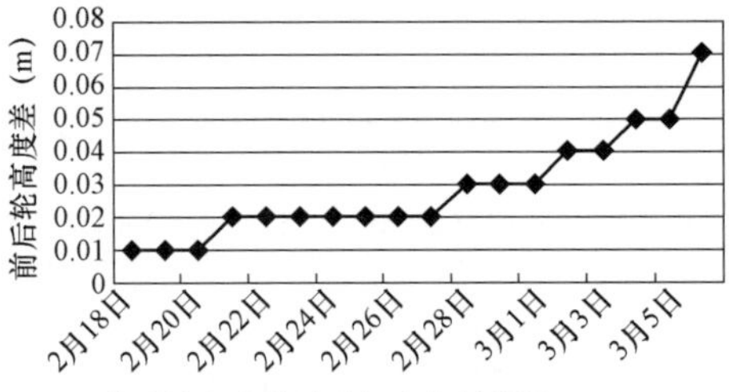 前后轮高度差随时间变化折线图 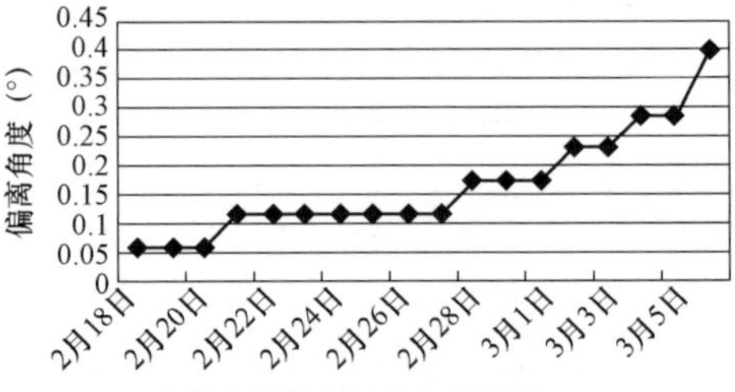　　　　偏离角度随时间变化折线图
对比标准	小组在对水平平衡系统的分析过程中发现，水平平衡系统完善率仅为40%。且从前后轮高度差、偏离角度随时间变化的折线图中可以明显看出，3月6日，车辆前后轮高度差已到达0.07m，偏离角度已达到0.4°以上，如任其继续发展，将使得主变压器沿瓦斯继电器方向变压器大盖标准坡度不满足《电力变压器运行规程》（DL/T 572—2010）中1%～1.5%的要求，因此，水平平衡系统完善率不符合标准100%的要求。 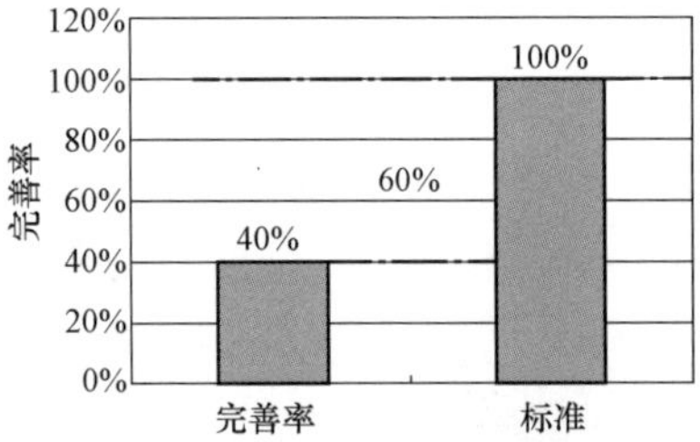  
影响程度 分析	移动变电站所有电气设备的重量全部施加在车轮或液压支腿上，若是液压机构长期承受重量，可能会出现泄漏现象，导致液压机构压力降低，支腿下降，将导致平板车无法保持水平。根据《电力变压器运行规程》（DL/T 572—2010）中规定：主变压器沿瓦斯继电器方向变压器大盖标准坡度为1%～1.5%，车轮机液压机构长期承重或出现水平支撑系统出现故障，将导致坡度不在此范围内，威胁到人身和设备的安全，必须提高其完善率
确认结论	要因

　　确认二：主变完善率低，见表6-38。

表6-38　　　　　　　　　　末 端 因 素 2 确 认 表

确认二	主变压器完善率低
确认标准	主变压器本体设备完善率、主变压器测量表计完善率、主变压器保护装置完善率、主变压器文件材料完善率100%

确认过程	小组对主变压器完善率进行了统计分析，将主变压器完善率分为主变压器本体设备完善率、主变压器测量表计完善率、主变压器保护装置完善率、主变压器文件材料完善率四方面现场进行分别统计，统计结果如下：

设备	完善点	安装数量	是否完善	完善率
主变压器本体设备完善率	有载分接开关	1	是	100%
	油枕	1	是	
	压力释放阀	1	是	
	散热器	8	是	
	呼吸器	2	是	
	中性点避雷器	1	是	
	在线滤油装置	1	是	
	瓦斯继电器	1	是	

续表

呼吸器

油枕

设备	完善点	安装数量	是否完善	完善率
主变压器测量表计完善率	油温表	2	是	100%
	绕组温度计	1	是	
	油位计	1	是	
	在线监测装置	1	是	

油温表

油位计

设备	完善点	保护数量	是否完善	完善率
主变压器保护装置完善率	差动速断保护装置	1	是	100%
	比率差动保护装置	1	是	
	主变压器高备保护装置	1	是	
	主变压器低备保护装置	1	是	
	主变压器重瓦斯保护装置	1	是	
	主变压器轻瓦斯保护装置	1	是	
	压力释放保护装置	1	是	
	主变压器油温保护装置	1	是	
	低压侧过流保护装置	1	是	
	CT 断线判别装置	1	是	

确认过程

续表

确认过程	主变保护屏		主变后备保护装置		
	设备	完善点	文件份数	是否完善	完善率
	主变压器文件材料完善率	出厂报告	1	是	100%
		合格证	1	是	
		入网许可证	1	是	
		投产试验报告	15	是	

对比标准	主变压器完善率，分为主变压器本体设备完善率、主变压器测量表计完善率、主变压器保护装置完善率、主变压器文件材料完善率四方面现场进行分别统计，均满足《油浸式电力变压器技术参数和要求》（GB/T 6451—2015），其完善率均达到了 100%，符合标准要求。
影响程度分析	主变压器的主变压器本体设备完善率、主变压器测量表计完善率、主变压器保护装置完善率、主变压器文件材料完善率中各完善点均满足《油浸式电力变压器技术参数和要求》（GBT 6451—2015），完善率已达到 100%，能够保证移动变电站主变压器安全稳定运行，不需要进行改进
确认结论	非要因

　　确认三：110kV 组合式开关完善率低，见表 6-39。

表 6-39　　　　　　　　末　端　因　素　3　确　认　表

确认三	110kV 组合式开关完善率低
确认标准	110kV 组合式开关本体设备完善率、110kV 组合式开关测量表计完善率、110kV 组合式开关文件材料完善率 100%
确认过程	小组对 110kV 组合式开关完善率进行现场统计分析的过程中，将 110kV 组合式开关完善率分为 110kV 组合式开关本体设备完善率、110kV 组合式开关测量表计完善率、110kV 组合式开关文件材料完善率三方面现场进行分别统计，统计结果如下：

续表

设备	完善点	安装数量	是否完善	完善率
110kV 组合式开关本体设备完善率	断路器	3	是	100%
	线路侧开关	3	是	
	变压器开关	3	是	
	线路接地刀闸	1	是	
	线路电压互感器	1	是	
	电流互感器	3	是	
	避雷器	3	是	
	变压器接地刀闸	1	是	

 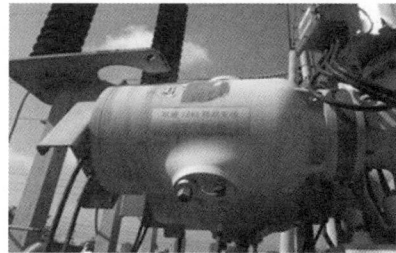

断路器　　　　　　　　　　　　　　　线路压变

确认过程

设备	完善点	安装数量	是否完善	完善率
110kV 组合式开关测量表计完善率	断路器及隔离开关、电流互感器气室气体密度计	1	是	100%
	进线及电压互感器气体密度计	1	是	
	避雷器泄漏仪	3	是	

气体密度计　　　　　　　　　　　　避雷器泄露仪

设备	完善点	文件份数	是否完善	完善率
110kV 组合式开关文件材料完善率	出厂报告	1	是	100%
	合格证	1	是	
	入网许可证	1	是	
	投产试验报告	8	是	

对比标准	110kV 组合式开关完善率，分为 110kV 组合式开关本体设备完善率、110kV 组合式开关测量表计完善率、110kV 组合式开关文件材料完善率三方面现场进行分别统计，均满足《高压交流六氟化硫断路器》（JB/T 9694—2008），其完善率均达到了 100%，符合标准要求。
影响程度分析	110kV 组合式开关本体设备完善率、110kV 组合式开关测量表计完善率、110kV 组合式开关文件材料完善率中各完善点均满足《高压交流六氟化硫断路器》（JB/T 9694—2008），完善率已达到 100%，能够保证移动变 110kV 开关安全稳定运行，不需要进行改进
确认结论	非要因

确认四：红外报警围栏完善率低，见表 6-40。

表 6-40　　　　　　　末 端 因 素 4 确 认 表

确认四	红外报警围栏完善率低				
确认标准	封闭式围栏装置完善率、就地声光告警装置完善率、远方告警装置完善率、远方监控装置完善率 100%				
确认过程	小组对红外报警围栏完善率进行现场统计分析的过程中，从有无封闭式围栏装置、有无就地声光告警装置、有无远方告警装置、有无远方监控装置四个方面进行现场进行分别统计，统计结果如下：				

设备	完善点	配置数量	是否完善	完善率
红外报警围栏完善率	封闭式围栏装置	1	有	25%
	就地声光告警装置	0	否	
	远方告警装置	0	否	
	远方监控装置	0	否	

就地声光告警装置　　　　　　　　　远方监控装置

续表

对比标准	小组在对红外报警围栏完善率的分析过程中发现，110kV 移动变电站虽已设置封闭式围栏装置，但并未安装就地声光告警装置、远方告警装置和远方监控装置，这可能导致无关人员或动物越过围栏并进入电力设备区，因不能及时发现并制止导致对人身、电网、设备造成威胁，无法达到《110kV 变电站通用设计规范》（Q/GDW 203—2008）的要求。因此，小组认为 110kV 红外报警围栏不完善，经现场统计分析，完善率为 25%，不符合标准 100%的要求。
影响程度分析	110kV 移动变电站虽已设置封闭式围栏装置，但封闭式围栏仅有 1.2m 高，在没有就地声光告警装置进行二次警告时，小孩或者小动物可以轻易接近爬入移动变设备区，误入有电部位造成触电。同时，110kV 移动变电站没有安装远方告警装置及远方监控装置，在有人员或动物闯入移动变电站后，不能及时发现，对人身、电网、设备造成威胁。因此，无法达到《110kV 变电站通用设计规范》（Q/GDW 203—2008）的要求，存在安全隐患，威胁到人身和设备的安全，必须提高其完善率
确认结论	要因

确认五：移动值班室完善率低，见表 6-41。

表 6-41　　　　　末 端 因 素 5 确 认 表

确认五	移动值班室完善率低				
确认标准	移动变电站值班室完善率、移动变电站安保人员完善率、安防设备完善率、消防装置完善率、远程监控告警装置完善率 100%				
确认过程	小组对移动值班室完善率进行现场统计分析的过程中，从有无专用移动变电站值班室、有无移动变电站安保人员、有无安防设备、有无消防装置、有无远程监控告警装置五个方面进行现场进行分别统计，统计结果如下：				

设备	完善点	配置数量	是否完善	完善率
移动值班室完善率	专用移动变电站值班室	0	否	40%
	移动变电站安保人员	1	是	
	安防设备	1	是	
	消防装置	0	否	
	远程监控告警装置	0	否	

专用移动变电站值班室　　　　　　　　移动变电站安保人员

对比标准	小组在对移动值班室完善率的分析过程中发现，110kV 移动变并未设置移动变电站值班室，未安排移动变电站安保人员，未配备安防设备、消防设备及远程监控告警装置，这可能导致现场出现突发状况时无法及时被发现，并合理处理，对人身、电网、设备造成威胁，无法达到《国家电网 110kV 变电站通用设计规范》（Q/GDW 203—2008）的要求。因此，小组认为移动值班室不完善，经现场统计分析，完善率为 40%，不符合标准 100% 的要求。
影响程度分析	110kV 移动变电站并未配备消防装置，可能导致移动变电站发生火灾时无法及时扑灭，导致火情蔓延扩大事故范围。未设置专用值班室，可能导致移动变电站出现有人恶意闯入、破坏移动变电站等突发状况时无法及时制止。未设置远程监控告警装置可能导致移动变电站出现火灾等突发状况无法及时发现并汇报，导致事故进一步扩大。因此，移动值班室无法达到《国家电网 110kV 变电站通用设计规范》（Q/GDW 203—2008）的要求，存在安全隐患，威胁到人身和设备的安全，必须提高其完善率
确认结论	要因

确认六：110kV 移动变消防设备完善率低，见表 6-42。

表 6-42　　　　　　末 端 因 素 6 确 认 表

确认六	110kV 移动变电站消防设备完善率低			
确认标准	高压车消防设备完善率、10kV 开关室消防设备完善率、主控室消防设备完善率 100%			
确认过程	小组对 110kV 移动变电站消防设备完善率进行统计分析的过程中，将消防设备完善率分为高压车消防设备完善率、10kV 开关室消防设备完善率、主控室消防设备完善率三方面现场进行分别统计，统计结果如下：			

设备	完善点	配置类型及数量	是否完善	完善率
110kV 移动变消防设备完善率	高压车	推车式干粉灭火器 2 个	是	100%
	10kV 开关室	手提式干粉灭火器 2 个	是	
	主控室	手提式干粉灭火器 2 个	是	

推车式干粉灭火器

对比标准	110kV 移动变电站消防设备完善率，分为高压车消防设备完善率、10kV 开关室消防设备完善率、主控室消防设备完善率三方面现场进行分别统计，均满足《电力设备典型消防规程》（DL/T 5027—2015），其完善率均达到了 100%，符合标准要求。
影响程度分析	110kV 移动变电站高压车消防设备完善率、10kV 开关室消防设备完善率、主控室消防设备完善率中各完善点均满足《电力设备典型消防规程》（DL/T 5027—2015），完善率已达到 100%，能够保证移动变直流蓄电池组安全稳定运行，不需要进行改进
确认结论	非要因

确认七：10kV 开关柜完善率低，见表 6-43。

表 6-43　　　　　　　　**末端因素 7 确认表**

确认七	10kV 开关柜完善率低			
确认标准	10kV 开关柜本体设备完善率，10kV 开关柜计量、测控装置完善率，10kV 开关柜保护装置完善率，10kV 开关柜文件材料的完善率 100%			
确认标准	小组对 10kV 开关柜完善率进行现场统计分析的过程中，将 10kV 开关柜完善率分为 10kV 开关柜本体设备完善率，10kV 开关柜计量，测控装置完善率，10kV 开关柜保护装置完善率，10kV 开关柜文件材料完善率四方面现场进行分别统计，统计结果如下：			
	设备	**完善点**	**安装数量**	**是否完善**	**完善率**
	10kV 开关柜本体设备完善率	主变压器 10kV 开关柜	1	是	100%
		10kV 出线柜	4	是	
		10kV 所用变压器柜	1	是	
		10kV 电压互感器柜	1	是	

10kV 开关柜　　　　　　　　　　　　10kV 出线柜

续表

设备	完善点	安装数量	是否完善	完善率
10kV 开关计量、测控装置完善率	测控装置	7	是	100%
	温湿度显示器	5	是	
	带电显示器	7	是	
	电能表	6	是	

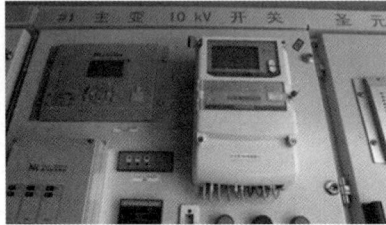

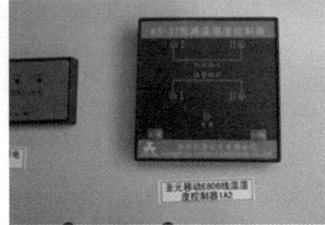

电能表　　　　　　　　　　　温湿度控制器

设备	完善点	保护数量	是否完善	完善率
10kV 开关柜保护装置完善率	过流加速保护装置	1	是	100%
	零序加速保护装置	1	是	
	低频减载保护装置	1	是	
	高频解列保护装置	1	是	
	低电压保护装置	1	是	
	过电压保护装置	1	是	
	零序过电压保护装置	1	是	
	过负荷保护装置	1	是	
	操作继电器箱	1	是	

线路保护装置　　　　　　　　操作继电器箱

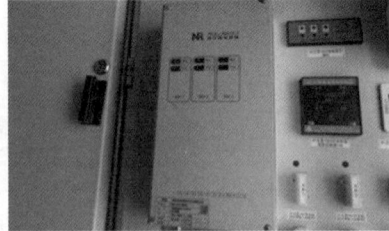

设备	完善点	文件份数	是否完善	完善率
10kV 开关柜文件材料完善率	出厂报告	1	是	100%
	合格证	1	是	
	入网许可证	1	是	
	投产试验报告	7	是	

（左侧纵向）确认过程

续表

对比标准	10kV 开关柜完善率，分为 10kV 开关本体设备完善率，10kV 开关柜计量、测控装置完善率，10kV 开关柜保护装置完善率，10kV 开关柜文件材料完善率四方面现场进行分别统计，均满足《10kV 高压开关柜选型技术原则和检测技术规范》（Q/GDW 11252—2014），其完善率均达到了 100%，符合标准要求。
影响程度分析	10kV 开关柜本体设备完善率，10kV 开关柜计量、测控装置完善率，10kV 开关柜保护装置完善率，10kV 开关柜文件材料完善率中各完善点均满足《10kV 高压开关柜选型技术原则和检测技术规范》（Q/GDW 11252—2014），完善率已达到 100%，能够保证移动变 110kV 组合式开关安全稳定运行，不需要进行改进
确认结论	非要因

确认八：110kV 移动变电站保护装置完善率低，见表 6−44。

表 6−44　　　　　　　　末 端 因 素 8 确 认 表

确认八	110kV 移动变电站保护装置完善率低
确认标准	主变压器保护装置完善率、母线保护装置完善率、10kV 出线保护装置完善率 100%
确认过程	小组对 110kV 移动变电站保护装置完善率进行统计分析的过程中，将保护装置完善率分为主变压器保护装置完善率、母线保护装置完善率、10kV 出线保护装置完善率三方面现场进行分别统计，统计结果如下： （见下表）

设备	完善点	保护数量	是否完善	完善率
110kV 移动变电站保护装置完善率	主变压器保护装置	10	是	100%
	10kV 出线保护装置	36	是	
	备自投装置	2	是	

110kV 进线保护屏　　　　　　　　　　备自投装置

对比标准	110kV 移动变电站保护装置完善率,分为主变压器保护装置完善率、母线保护装置完善率、10kV 出线保护装置完善率三方面,经过现场进行分别统计,均满足《浙江电网继电保护验收规范》(Q/ZDJ 06—2001),其完善率均达到了 100%,符合标准要求。
影响程度分析	110kV 移动变电站保护装置中主变压器保护装置、母线保护装置、10kV 出线保护装置三个完善点均满足《浙江电网继电保护验收规范》(Q/ZDJ 06—2001),完善率已达到 100%,能够保证 110kV 移动变电站保护装置安全稳定运行,不需要进行改进
确认结论	非要因

确认九:温湿度告警装置完善率低,见表 6-45。

表 6-45　　　　　　　末 端 因 素 9 确 认 表

确认九	温湿度告警装置完善率低
确认标准	10KV 开关室温湿度告警装置完善率、保护室温湿度告警装置完善率、安全工器具室温湿度告警装置完善率 100%,各小室内温度在 20~30℃,湿度在 50%~60%
确认过程	小组对温湿度告警装置完善率进行现场统计分析的过程中,将温湿度告警装置完善率分为 10KV 开关室温湿度告警装置完善率、保护室温湿度告警装置完善率、安全工器具室温湿度告警装置完善率三方面现场进行分别统计,统计结果如下:

设备	完善点	安装数量	是否完善	完善率
温湿度告警装置完善率	10KV 开关室温湿度告警装置	0	否	0%
	保护室温湿度告警装置	0	否	
	安全工器具室温湿度告警装置	0	否	

10kV 开关室　　　　　　　　　　　保护室

续表

同时，小组于 2016 年 2 月 19 日至 3 月 20 日，对移动变 10kV 开关室、保护室及安全工器具室内的温、湿度进行了统计，统计结果如下：

10kV 开关室、保护室及安全工器具室内温度测量表

测量日期	1	2	3	4	5	6	7	8	9	10
10kV 开关室（℃）	22.7	23.0	23.6	23.3	23.4	23.4	23.9	23.1	22.2	23.6
保护室（℃）	22.8	22.4	23.1	22.2	22.9	23.2	22.1	22.7	23.9	22.6
安全工器具室（℃）	22.4	23.0	22.9	23.1	23.2	23.4	22.9	22.5	22.8	22.1
测量日期	11	12	13	14	15	16	17	18	19	20
10kV 开关室（℃）	24.2	24.1	24.5	23.1	23.4	23.9	24.0	24.4	23.9	23.8
保护室（℃）	23.2	24.7	23.1	23.6	23.8	24.4	24.7	24.2	24.5	24.6
安全工器具室（℃）	24.0	24.7	23.8	24.3	24.3	24.9	24.7	24.4	23.9	24.2
测量日期	21	22	23	24	25	26	27	28	29	30
10kV 开关室（℃）	24.9	26.0	24.3	24.1	24.4	25.8	27.1	32.2	35.6	38.0
保护室（℃）	25.8	24.4	26.0	25.9	25.7	25.7	24.1	24.5	25.1	25.6
安全工器具室（℃）	25.3	25.6	24.8	25.3	24.8	25.3	25.0	25.8	25.1	25.2

10kV 开关室、保护室及安全工器具室内湿度测量表

测量日期	1	2	3	4	5	6	7	8	9	10
10kV 开关室（%）	58.7	55.5	56.2	58.0	59.6	55.6	56.1	57.5	57.7	56.7
保护室（%）	59.5	59.0	57.8	58.9	57.3	59.4	56.7	56.8	57.8	56.3
安全工器具室（%）	58.6	56.2	58.4	55.1	55.4	58.6	57.6	57.7	57.8	57.1
测量日期	11	12	13	14	15	16	17	18	19	20
10kV 开关室（%）	56.4	57.5	57.7	57.6	54.4	53.1	54.4	55.3	54.5	54.1
保护室（%）	57.0	56.9	56.7	56.3	54.9	55.8	55.5	55.3	54.9	54.9
安全工器具室（%）	57.0	56.1	57.8	57.5	54.1	53.3	53.3	55.9	54.2	55.5
测量日期	21	22	23	24	25	26	27	28	29	30
10kV 开关室（%）	55.6	54.2	52.2	52.2	52.2	54.7	55.8	56.5	55.5	55.4
保护室（%）	52.7	54.3	54.7	52.9	53.9	54.7	54.4	55.9	55.4	55.6
安全工器具室（%）	54.7	53.6	53.0	53.4	52.5	55.3	55.1	54.1	57.0	55.2

确认过程

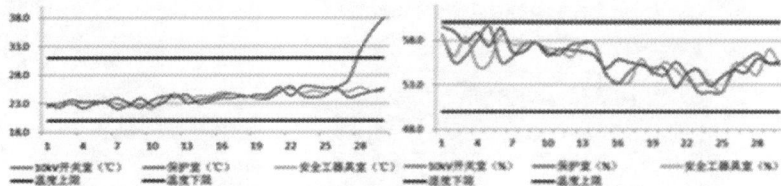

各小室温度曲线图

各小室湿度曲线图

对比标准	小组在分析过程中发现，在移动变电站 10kV 开关室、保护室、安全工器具室，均未配备温湿度告警装置。同时小组在对 10kV 开关室、保护室、安全工器具室进行温湿度测量时发现，10kV 开关室在第 28 日至第 30 日，温度最高达到了 38.0℃，超出了 30℃的温度上限，不满足《110kV 变电站通用设计规范》（Q/GDW 203—2008）中规定的 20～30℃的范围。因此，小组认为 110kV 移动变温湿度告警装置不完善，完善率为 0，不符合标准 100% 的要求。
影响程度分析	未设置温湿度告警装置，会导致室内温湿度超过限度时不能及时发现。若室内湿度过高，一方面会使空气的绝缘性能降低，另一方面空气中的水分附着在绝缘材料表面，使电气设备的绝缘电阻降低，影响设备的安全运行。若室内温度过高，一方面会使得设备内部损耗增大、发热增加，热量不能及时散开，导致设备过热引起跳闸设置烧毁设备；另一方面会使金属材料软化，机械强度将明显下降，绝缘材料老化、脆化，绝缘材料吸能下降，甚至击穿。因此 110kV 移动变电站未设置温湿度告警装置存在安全隐患，威胁到人身和设备的安全，必须提高其完善率
确认结论	要因

确认十：五防机完善率低，见表 6-46。

表 6-46　　　　　　　　末 端 因 素 10 确 认 表

确认十	五防机完善率低
确认标准	微机"五防"电脑完善率、微机"五防"钥匙完善率、"五防"编码锁完善率、"五防"机械锁完善率 100%
确认过程	小组对五防机完善率进行现场统计分析的过程中，将五防机完善率分为微机"五防"电脑完善率、微机"五防"钥匙完善率、"五防"编码锁完善率、"五防"机械锁完善率四方面现场进行分别统计，统计结果如下： 表格见下方

设备	完善点	安装数量	是否完善	完善率
移动变五防机完善率	微机"五防"电脑	1	是	100%
	微机"五防"钥匙	1	是	
	"五防"编码锁	7	是	
	"五防"机械锁	46	是	

微机"五防"电脑及钥匙　　　　　　　　"五防"机械锁

对比标准	110kV 移动变电站五防机完善率，分为微机"五防"电脑完善率、微机"五防"钥匙完善率、"五防"编码锁完善率、"五防"机械锁完善率四方面，经过现场进行分别统计，均满足《国家电网 110kV 变电站通用设计规范》（Q/GDW 203—2008），其完善率均达到了 100%，符合标准要求。
影响程度分析	110kV 移动变电站的五防机中，包括微机"五防"电脑和 "五防"钥匙、五防编码锁、五防机械锁，在投入使用前都经过反复严密的逻辑检查，并且在投入使用后，微机五防系统与外界系统完全隔离，不存在被侵入的威胁，因此，不存在因微机"五防"装置不完善影响移动变电站安全稳定运行，满足《国家电网 110kV 变电站通用设计规范》（Q/GDW 203—2008），其完善率已达到 100%，不需要进行改进
确认结论	非要因

确认十一：直流蓄电池组完善率低，见表 6-47。

表 6-47 末 端 因 素 11 确 认 表

确认十一	直流蓄电池组完善率低				
确认标准	直流蓄电池组完善率 100%，蓄电池单体电压满足 2.150～2.250V				
确认过程	小组对 110kV 移动变电站直流蓄电池组完善率进行统计分析的过程中，将直流蓄电池组完善率分为蓄电池交流配电单元完善率、蓄电池充电模块单元完善率、蓄电池降压硅链单元完善率、蓄电池监控单元完善率、蓄电池直流馈电单元完善率五个方面现场进行分别统计，统计结果如下：				

设备	完善点	安装数量	完善率	完善率
110kV 移动变直流蓄电池组完善率	交流配电单元	1	是	100%
	充电模块单元	1	是	
	降压硅链单元	1	是	
	监控单元	1	是	
	直流馈电单元	1	是	

交流系统监控器

充电模块单元

| 确认过程 | 同时，小组于 2016 年 2 月至 3 月，每周对移动变 54 块蓄电池电压进行一次数据采集，得到结果如下： |

移动变电站直流蓄电池单体电压情况表

蓄电池电压（V）	2.239	2.231	2.222	2.230	2.238	2.241	2.233	2.242	2.211
蓄电池电压（V）	2.243	2.232	2.210	2.238	2.224	2.249	2.230	2.234	2.228
蓄电池电压（V）	2.240	2.234	2.228	2.205	2.215	2.239	2.219	2.222	2.204
蓄电池电压（V）	2.23	2.230	2.24	2.232	2.226	2.227	2.218	2.235	2.223
蓄电池电压（V）	2.236	2.228	2.221	2.222	2.225	2.238	2.225	2.239	2.230
蓄电池电压（V）	2.247	2.227	2.228	2.221	2.233	2.225	2.234	2.230	2.224
蓄电池电压（V）	2.241	2.239	2.226	2.217	2.237	2.250	2.219	2.230	2.244
蓄电池电压（V）	2.213	2.228	2.229	2.226	2.196	2.227	2.225	2.230	2.259
蓄电池电压（V）	2.229	2.241	2.231	2.222	2.245	2.221	2.226	2.226	2.223
蓄电池电压（V）	2.232	2.199	2.232	2.215	2.226	2.232	2.234	2.228	2.228
蓄电池电压（V）	2.218	2.225	2.232	2.239	2.234	2.210	2.222	2.232	2.234
蓄电池电压（V）	2.246	2.237	2.250	2.221	2.234	2.222	2.250	2.238	2.236
蓄电池电压（V）	2.256	2.229	2.224	2.206	2.244	2.223	2.222	2.232	2.226
蓄电池电压（V）	2.243	2.230	2.241	2.238	2.231	2.225	2.216	2.228	2.222
蓄电池电压（V）	2.226	2.237	2.225	2.239	2.241	2.222	2.237	2.223	2.205
蓄电池电压（V）	2.234	2.240	2.241	2.232	2.243	2.205	2.240	2.227	2.233
蓄电池电压（V）	2.234	2.226	2.236	2.242	2.257	2.219	2.229	2.216	2.231
蓄电池电压（V）	2.232	2.245	2.223	2.252	2.221	2.222	2.244	2.242	2.229

蓄电池单体电压分布图

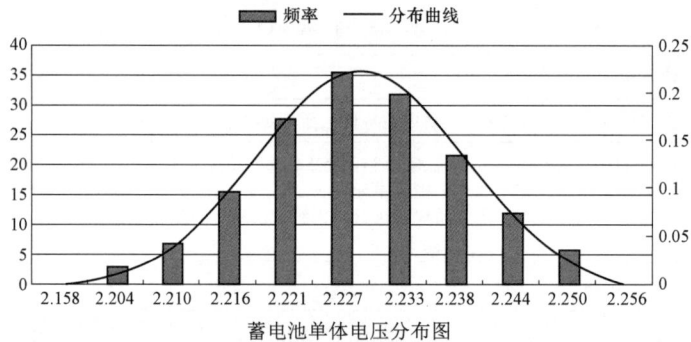

| 对比标准 | 110kV 移动变电站直流蓄电池组完善率，经过现场统计发现，满足《变电站直流电源系统技术标准》（Q/GDW 11310—2014），并且小组对蓄电池单体电压进行测量，从蓄电池单体电压分布图中可以看出，蓄电池电压分布呈正态分布，蓄电池电压最高为 2.204V，最低为 2.250V，均满足标准中规定的 2.150～2.250V 的要求，因此，其完善率均达到了 100%，符合标准要求。

 |

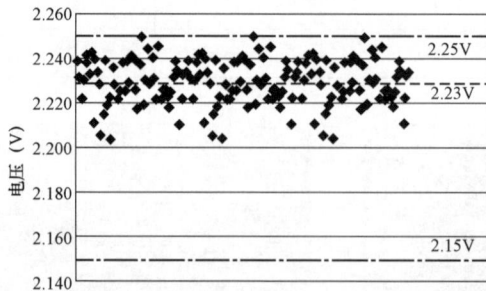

| 影响程度分析 | 110kV 移动变电站直流蓄电池组中交流配电单元、充电模块单元、降压硅链单元、监控单元、直流馈电单元五个完善点均满足《变电站直流电源系统技术标准》（Q/GDW 11310—2014），完善率已达到 100%，能够保证移动变直流蓄电池组安全稳定运行，不需要进行改进 |

| 确认结论 | 非要因 |

确认十二：接地网完善率低，见表 6-48。

表 6-48　　　　　　　　　　末 端 因 素 12 确 认 表

确认十二	接地网完善率低			
确认标准	变电所内工作时完善率、变电所附近工作时完善率、高压线下工作时完善率 100%			
确认过程	小组对接地网完善率进行统计分析的过程中，将接地网完善率按照移动变电站工作地点分为在变电所内工作时完善率、在变电所附近工作时完善率以及在高压线下工作时完善率三个方面，小组对现场进行分别统计，统计结果如下：			

设备	完善点	有无接地点	完善率	完善率
接地网完善率	变电所内工作时	有	是	100%
	变电所附近工作时	有	是	
	高压线下工作时	有	是	

变电所内工作时线路接地线　　　　　　变电所附近工作时线路接地线

对比标准	考虑到移动变电站本身不存在接地网，需要就地与接地网相连，且移动变电站只会在变电站内、变电站外、高压线下三类地点进行作业，因此，小组将接地网完善率按照其作业地点，分为在变电所内工作时完善率、在变电所附近工作时完善率以及在高压线下工作时完善率三个方面进行统计分析。经过小组确认发现，均满足《国家电网 110kV 变电站通用设计规范》（Q/GDW 203—2008），其完善率均达到了 100%，符合标准要求。

影响程度分析	接地网，在 110kV 移动变电站在变电所内工作时、在变电所附近工作时以及在高压线下工作时三个完善点均满足《110kV 变电站通用设计规范》（Q/GDW 203—2008），完善率已达到 100%，能够保证移动变电站在各个工作地点均能安全可靠接地，不需要进行改进
确认结论	非要因

结论：确认四条要因：

（1）水平平衡报警系统完善率低。

（2）红外报警围栏完善率低。

（3）移动值班室完善率低。

（4）温湿度告警装置完善率低。

六、制定对策

（一）提出对策

针对不同要因，分别提出解决对策，见表6-49。

表6-49　　　　　　　　　　要 因 及 对 策 确 认

要　　因	对　　策
封闭式报警围栏完善率低	设置震动式报警围栏
	设置高压电子报警围栏
	设计制作红外报警围栏
水平平衡支撑系统完善率低	现场安装水平仪
	设计制作水平平衡告警系统
值班室完善率低	设计制作折叠帐篷式值班房
	设计制作临时活动板房做值班房
	设计制作可移动值班室
温湿度告警装置完善率低	设计制作温湿度后台告警系统
	设计制作温湿度手机告警系统

（二）对策评估

（1）针对报警围栏完善率低，其对策评估表见表6-50。

表6-50　　　　　　　　　　对策方案评估表（一）

序号	方案	方案1：设置震动式报警围栏	方案2：设置高压电子报警围栏	方案3：设计制作红外报警围栏
1	图例			
2	方案描述	在移动变电站周围设置振动式报警围栏，实现围栏振动时自动报警的功能，以保证移动变电站安全	在移动变周围设置高压电子围栏，实现围栏有接地时自动报警，从而防止有人或动物误入移动变电站工作区域，来保证移动变电站的安全	结合移动变电站的实际环境设计制作利用红外线感应的红外报警围栏，实现在规定区域被入侵后报警并远程通知的功能，以保证移动变电站的安全运行
3	技术难度	有专门的厂家生产此类振动围栏，可以成套购买	有专门的厂家生产此类振动围栏，可以成套购买	无厂家生产，需自主研制。QC小组项目经验丰富，技术难度不大

续表

序号	方案	方案1：设置振动式报警围栏	方案2：设置高压电子报警围栏	方案3：设计制作红外报警围栏
4	报警准确性	移动变电站在不同的工作要求下工作条件不同，工作环境复杂，此围栏在特殊环境下易发生误报警	该围栏为接触式报警围栏，在有接触式入侵情况下报警较为准确	采用红外远距离报警，对于各种入侵工作区域的行为都能够准确报警
5	试验安装对比时间（min）	172	208	75
		167	213	81
		152	212	76
		166	206	77
		166	221	78
		161	215	82
		158	213	78
		153	218	80
		168	215	79
		166	216	76

试验安装时间的对比结果

—— 震动围栏安装时间　　- - - 高压电子围栏安装时间
-·-·- 红外报警围栏安装时间

6	有无远方报警功能	报警信号主要通过就地鸣叫和通信线路传输后台发出警报	报警信号主要通过就地鸣叫和通信线路传输后台发出警报	发生入侵行为时，报警信号可以就地发出警报、通信线路传到后台并短信远方报警
7	价格成本	一套约4000元	一套约5000元	一套约7000元
	方案优缺点：	优点：1. 技术简单； 2. 价格适中。 缺点：1. 可靠性低； 2. 只能就地报警	优点：1. 技术简单； 2. 可靠性较好； 3. 价格适中。 缺点：1. 只能就地报警； 2. 安装速度较慢	优点：1. 报警信号准确； 2. 可靠性高； 3. 可以实现远方报警； 4. 有相关技术经验； 5. 快速安装。 缺点：价格稍贵
	是否采用	否	否	是

（2）针对水平平衡支撑系统完善率低，其对策评估表见表6-51。

表 6-51　　　　　　　　　　对策方案评估表（二）

序号	方案	方案1：现场安装水平仪		方案2：设计制作水平平衡告警系统	
1	图例				
2	方案描述	现场安装水平仪，并安排专门人员定时利用专业工具对移动变电站车载平台水平角度进行测量和记录，保证移动变电站的工作环境安全		设计制作水平感应告警系统，能够实现不间断检测车载平台水平角度，同时实时传输数据，并能在水平角度不满足要求时进行告警，进一步提高移动变电站的运行安全性	
3	技术难度	选择并购买较高精度水平仪，安装后派专人定期巡视		针对移动变电站特殊复杂的工作环境和要求设计制作，QC团队具有相关的设计经验	
4	数据更新时间	2016年3月1日	第1次检查	3月22日14时	第1次更新
		2016年3月8日	第2次检查	3月22日15时	第2次更新
		2016年3月15日	第3次检查	3月22日16时	第3次更新
		2016年3月18日	第4次检查	3月22日17时	第4次更新
		2016年3月22日	第5次检查	3月22日18时	第5次更新
		2016年3月24日	第6次检查	3月22日19时	第6次更新
		2016年3月29日	第7次检查	3月22日20时	第7次更新
		2016年4月1日	第8次检查	3月22日21时	第8次更新
		2016年4月5日	第9次检查	3月22日22时	第9次更新
		2016年4月12日	第10次检查	3月22日23时	第10次更新
		平均更新周期	4.3d	平均更新周期	1h
5	实时性	人工巡视的平均周期约4.3d		检测系统通过通信线路实时测量实时传输测量值，1h的测量周期完全可以实现	
6	速动性	问题发现速度受巡视周期影响，问题发生到运维人员到达解决时间最长可能达到7d		检测异常到运维人员收信后到达时间，最长约1h，最短约15min	
7	数据准确性	由于仪器仪表有折射和光线的影响，人工肉眼识别还受角度位置等影响，因此数据误差大		该系统采用水平陀螺仪感应系统，角度测量准确可靠，测量值与实际值差别较小	
8	一次成本	500元左右		大约800元	
9	维护成本	专人巡视带来的人力成本每年可以达到5万元		后期主要是检查和维修的成本，维护成本大约每年300元	
	方案优缺点：	优点：1. 技术简单； 2. 一次投入成本较低。 缺点：1. 后期维护成本高； 2. 实时性差； 3. 准确度低		优点：1. 实时性好； 2. 数据准确度高； 3. 维护成本低。 缺点：1. 一次投入成本较高； 2. 技术相对复杂	
	是否采用	否		是	

（3）针对值班室完善率低，其对策评估表见表6-52。

表 6-52　　　　　　　　　　　对策方案评估表（三）

序号	方案	方案1：设计制作折叠帐篷		方案2：设计制作临时活动板房		方案3：设计制作可移动值班室	
1	图例						
2	方案描述	设计制作可折叠的帐篷，在移动变电站工作范围内的指定区域进行搭建，为安保人员提供值班的处所		设计制作临时活动板房，在移动变电站工作范围内的指定区域进行搭建，为安保人员提供值班的处所		设计制作专业的可移动安保值班室，按照移动变电站的工作要求随时运输到指定位置安放	
3	安防功能是否完全	只能满足挡风遮雨的功能要求，无法实现资料、安防设备和生活用品的有效安置		需再单独配备相关柜具来完全值班室的功能		配套设施健全，功能完善	
4	值班条件	对于恶劣天气无法保证安保人员的正常工作		能够较好地满足安保人员的正常需求		能够较好地满足安保人员的正常需求	
5	安放速度	厂家	搭建时间	厂家	搭建时间	集装箱港口	吊装平均时间
		华龙盛宇	3.5h	合肥华亚	2d	天津港	30min
		泰州增荣	4.5h	文安丰利	2.5d	宁波舟山	20min
		秦兴装具	3.5h	七狼方仓	3d	上海	35min
		威度	4h	青岛鲲鹏	2d	深圳	30min
		唐山浩宇	4h	上海豪阁	1.5d	青岛	30min
		平均时间	3.9h	平均时间	2.2d	平均时间	29min
6	价格成本	约5000元		每次约22 000元		约20 000元	
	方案优缺点：	优点：1. 成本低；　　2. 搭建速度快。缺点：1. 值班条件差；　　2. 安防功能不完全		优点：安防功能完善。缺点：1. 搭建速度较慢；　　2. 施工存在危险；　　3. 成本较高		优点：1. 值班条件较好；　　2. 安防功能完整；　　3. 安放速度非常快。缺点：成本偏高	
	是否采用	否		否		是	

（4）针对温湿度告警系统完善率低，其对策评估表见表6-53。

表6-53　　　　　　　　　　　对策方案评估表（三）

序号	方案	方案1：现场安装温湿度测量表计		方案2：设计制作水平平衡告警系统	
1	图例				
2	方案描述	现场安装温湿度测量表计，并安排专门人员定时对移动变电站车载平台的温湿度数据进行测量和记录，保证移动变电站的工作环境安全		设计制作温湿度告警系统，能够实现不间断检测车载平台水平角度，同时实时传输数据，并能在水平角度不满足要求时通过信号发生器发出短信信号进行告警，进一步提高移动变电站的运行安全性	
3	技术难度	选择并购买较高精度温湿度计，安装后派专人定期巡视		根据实测数值就地判断是否报警，同时将实测值按照一定周期发送至管理人员手机，当温湿度值达到报警值时，将报警信号和具体数值发送管理人员和值班人员手机，并在主控室报警	
4	数据更新时间	2016年3月1日	第1次检查	4月1日14时	第1次更新
		2016年3月8日	第2次检查	4月1日15时	第2次更新
		2016年3月15日	第3次检查	4月1日16时	第3次更新
		2016年3月18日	第4次检查	4月1日17时	第4次更新
		2016年3月22日	第5次检查	4月1日18时	第5次更新
		2016年3月24日	第6次检查	4月1日19时	第6次更新
		2016年3月29日	第7次检查	4月1日20时	第7次更新
		2016年4月1日	第8次检查	4月1日21时	第8次更新
		2016年4月5日	第9次检查	4月1日22时	第9次更新
		2016年4月12日	第10次检查	4月1日23时	第10次更新
		平均更新周期	4.3d	平均更新周期	1h
5	实时性	人工巡视的平均周期约4.3d		检测系统通过通信线路实时测量实时传输测量值，1h的测量周期完全可以实现	
6	速动性	问题发现速度受巡视周期影响，问题发生到运维人员到达解决时间最长可能达到7d		检测异常到运维人员收信后到达时间，最长约1h，最短约15min	
7	数据准确性	采用温湿度感应装置进行测量，数据值较为准确		采用温湿度感应装置进行测量，数据值较为准确	
8	一次成本	200元左右		大约800元	
9	维护成本	专人巡视带来的人力成本每年可以达到5万元		后期主要是检查和维修的成本，维护成本大约每年300元	
	方案优缺点：	优点：1. 技术简单； 　　　2. 一次投入成本较低。 缺点：1. 后期维护成本高； 　　　2. 实时性差； 　　　3. 准确度低		优点：1. 实时性好； 　　　2. 数据准确度高； 　　　3. 维护成本低。 缺点：1. 一次投入成本较高； 　　　2. 技术相对复杂	
	是否采用	否		是	

　　确定上述四个方案以后，小组进行了国内、外科技查新（见图 6-21），本课题的研究内容在目前还是空白的科技领域。不仅如此，小组成员通过查新进一步了解了科技前沿知识，为我们的课题研究提供了新的思路和启发。小组还通过发明专利申请进行知识产权保护。

图 6-21　查新报告

（三）制定对策计划表

　　相关对策的计划见表 6-54。

表 6-54　　　　　　　　　　　　　　　　　对 策 计 划 表

序号	要因	对策	目标	措施	地点	完成日期
1	报警围栏完善率低	设计制作红外报警围栏	1. 实现入侵报警正确率达到 100%，短信 1s 内发出； 2. 实现红外收发装置报警范围至少 20m； 3. 实现 30min 内安装完成	1. 设计红外报警围栏的基本功能与工作界面图纸 2. 电路实现方法确定，绘制电路图 3. 根据图纸，制作红外报警围栏的各个模块 4. 根据各模块基本构成和功能要求进行程序编写 5. 将红外报警围栏在移动变电站工作区域进行安装调试 6. 效果验证	资料室、工作室	7 月 20 日
2	水平平衡支撑系统完善率低	设计制作水平平衡告警系统	1. 实现测量角度与实际角度偏差不超过 ±0.5°； 2. 实现远方测量值更新周期小于 1min； 3. 实现测量值达到整定值后 100% 发出报警信号，1s 内发出报警短信	1. 设计水平平衡支撑系统的基本功能与工作界面图纸 2. 确定水平平衡支撑系统电路实现方法，绘制电路图 3. 根据图纸，制作红外报警围栏的各个电路板模块 4. 根据各模块基本构成和功能要求进行程序编写 5. 将水平报警装置在移动变工作区域进行安装调试 6. 效果验证	资料室、工作室	8 月 30 日

序号	要因	对策	目 标	措 施	地点	完成日期
3	值班室完善率低	设计制作可移动值班室	1. 实现满足单人 24h 值班基本需求； 2. 实现 3h 内快速投运； 3. 值班床 1 张、安全工器具柜 1 个、资料柜 1 个、办公桌 1 张、椅子 2 把、安保设备柜 1 个、空调 1 台	1. 小组按照 110kV 移动变电站的基要求设计可移动值班室的图纸	资料室、工作室	8月30日
				2. 小组根据设计好的图纸，制作可移动值班室		
				3. 在制作完成移动值班室后将可移动值班室投运		
				4. 效果验证		
4	温湿度告警系统完善率低	设计制作温湿度告警装置	1. 实现测量温度与实际温度偏差不超过±2°； 2. 实现测量湿度与实际湿度偏差不超过±3%； 3. 实现远方测量值更新周期小于 1min； 4. 实现测量值达到整定值后 100%发出报警信号，1s 内发出报警短信	1. 设计温湿度告警系统的基本功能与工作界面图纸	资料室、工作室	8月30日
				2. 确定温湿度告警系统电路实现方法，绘制电路图		
				3. 根据图纸，制作红外报警围栏的各个模块		
				4. 根据各模块基本构成和功能要求进行程序编写		
				5. 将温湿度告警装置在移动变工作区域进行安装调试		
				6. 效果验证		

七、对策实施

（一）实施一：设计制作红外报警围栏

设计制作红外报警围栏，其实施表见表 6-55。

表 6-55　　　　　　　　　设计制作红外报警围栏实施表

步骤	实施方法	图纸与数据
步骤 1：设计红外报警围栏的基本功能与工作界面图纸	对红外报警围栏的功能等方面进行了设计，并做到简洁美观，不影响工作人员和安保人员的日常工作	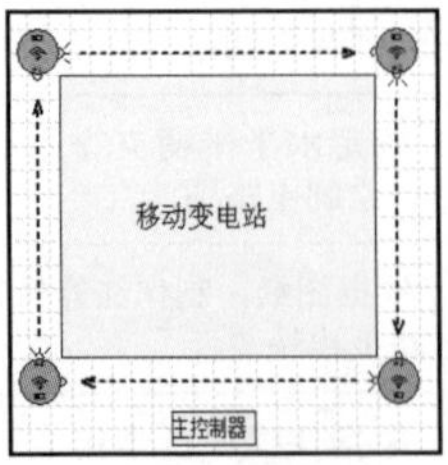 基本结构布局 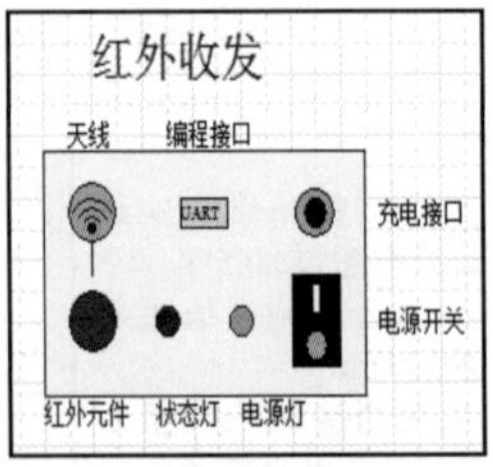　　　红外收发装置 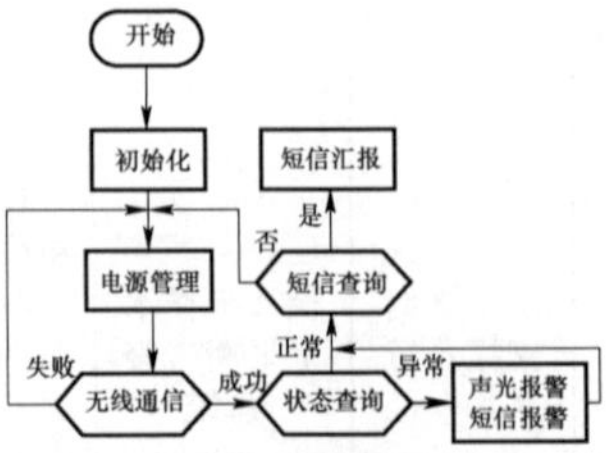　　　主控制器逻辑 如图所示为红外报警围栏的基本结构图、红外收发装置截面图、主控制器逻辑图

续表

步骤	实施方法	图纸与数据
步骤2：电路实现方法确定，绘制电路图	根据所设计的红外报警围栏基本功能和电路基本知识进行电路图设计以制作电路板	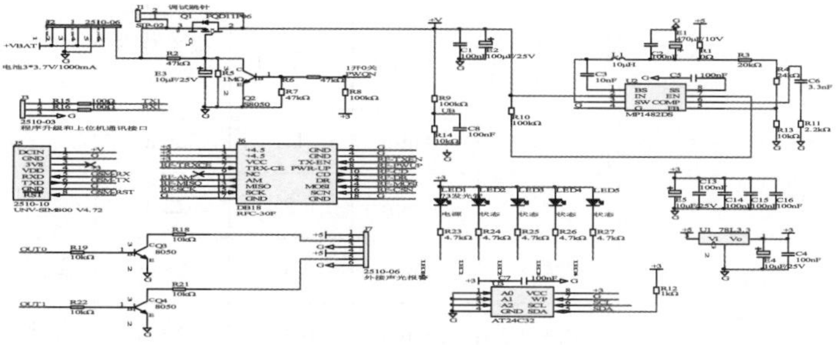 主控制器设计图
步骤3：根据图纸，制作红外报警围栏的各个模块	严格按照图纸的设计制作各个模块，制作过程中要保证各模块功能完善优良	   红外报警围栏各模块电路板 如图所示为小组按照电路设计图焊接而成的红外报警围栏各模块电路板
步骤4：根据各模块基本构成和功能要求进行程序编写	设计好的各个模块电路板，针对功能要求进行程序编写	   红外报警围栏软件代码 如图所示为小组按照电路图和基本功能要求编写的程序代码
步骤5：将红外报警围栏在移动变工作区域进行安装调试	将红外报警围栏在移动变电站工作区域安置，检查各部分安装是否适应真实工作环境，并对红外报警围栏进行现场调试，完善其安保功能	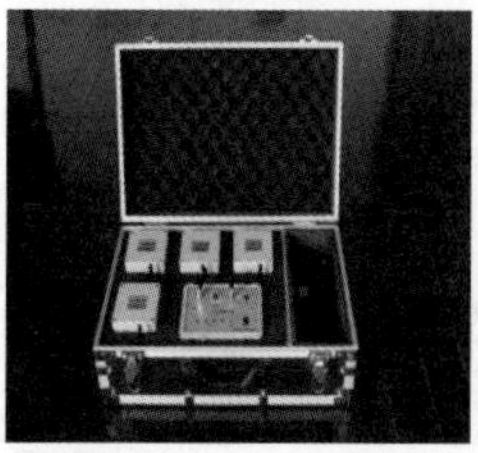   红外报警围栏现场安装调试图 在110kV移动变电站的周围安装红外报警围栏，围栏立杆装有红外感应器，各感应器实时将该位置的红外检测信号传输至控制器。当发生入侵情况时，红外感应器发出就地发出报警信号，同时主控制器通过短信发出装置发出远方告警信号至值班人员手机

步骤	实施方法	图纸与数据		

步骤6: 效果验证	根据设定的目标值进行效果的验证	目标	安装时间 ≤30min	短信发出 时间≤1s	红外装置 报警范围 ≥20m
		目标值	30 min	1 s	20 m
		实测值1	24 min	0.8 s	22 m
		实测值2	27 min	0.6 s	25 m
		实测值3	29 min	0.7 s	31 m
		实测值4	26 min	0.9 s	30 m
		实测值5	21 min	0.5 s	29 m
		实测值6	25 min	0.8 s	28 m
		实测值7	23 min	0.7 s	24 m
		实测值8	22 min	0.6 s	25 m
		实测值9	24 min	0.8 s	26 m
		实测值10	28 min	0.7 s	27 m
		实测值11	26 min	0.5 s	28 m
		实测值12	27 min	0.8 s	25 m
		结论	符合要求	符合要求	符合要求

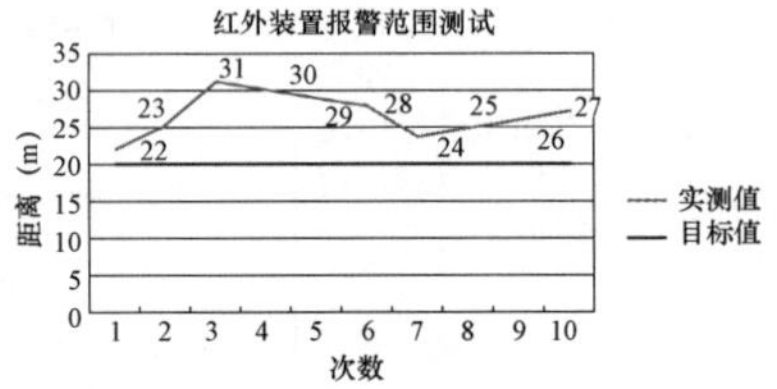

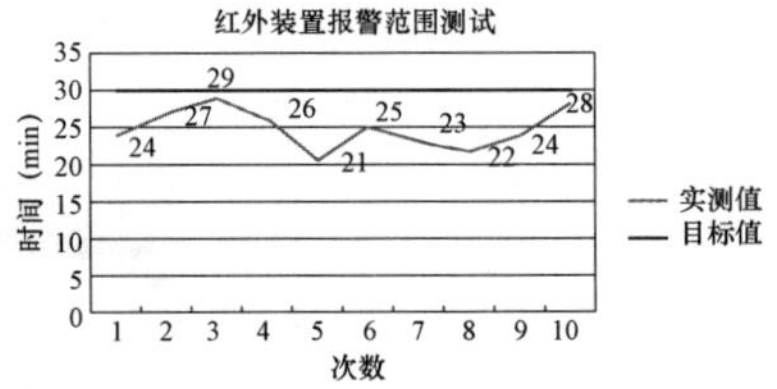

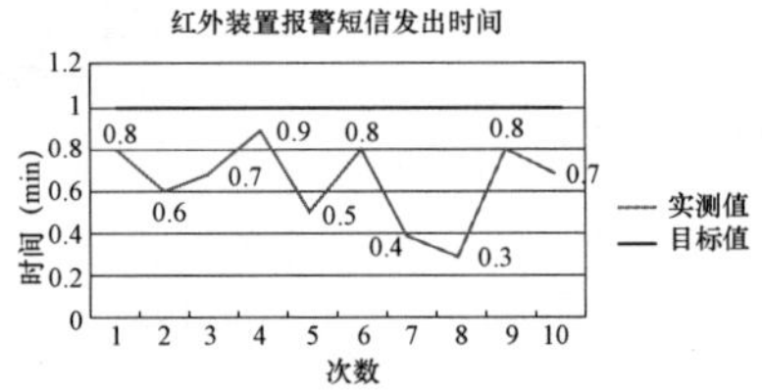

图纸与数据栏附图:

红外装置报警范围测试(距离m 实测值:22、23、31、30、29、28、25、24、26、27;目标值20m)

红外装置报警范围测试(时间min 实测值:24、27、29、26、21、25、23、22、24、28;目标值)

红外装置报警短信发出时间(时间min 实测值:0.8、0.6、0.7、0.9、0.5、0.8、0.4、0.3、0.8、0.7;目标值)

（二）实施二：设计制作水平告警装置

设计制作水平告警装置，其实施表见表6—56。

表6—56 **设计制作水平告警装置实施表**

步骤	实施方法	图纸与数据
步骤1: 设计水平平衡支撑系统的基本功能与工作界面图纸	根据工作环境情况,对水平报警的基本功能、保护范围等方面进行了设计,并做到简洁美观,不影响工作人员和安保人员的日常工作	基本结构布局（移动变电站、主控制器）　主控制器面板　主控制器逻辑（开始、初始化、电源管理、按键扫描、按键处理、无线通信、水平度显示、阈值判断、短信汇报、短信查询、声光报警、短信报警） 如图所示为水平平衡系统的基本结构布局图、主控制器界面和主控制器逻辑图

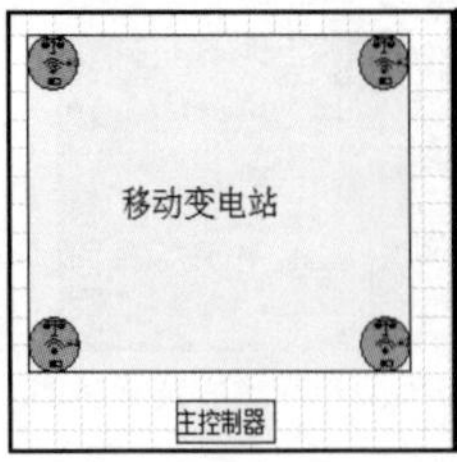

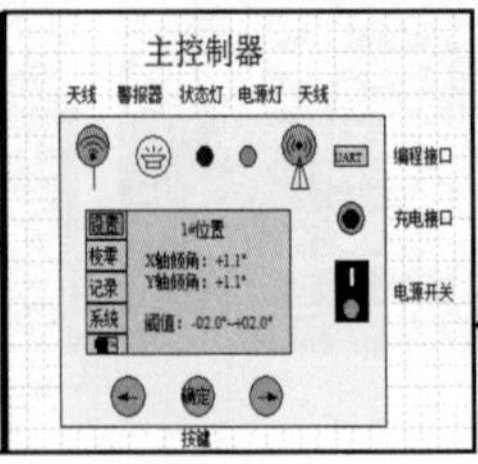

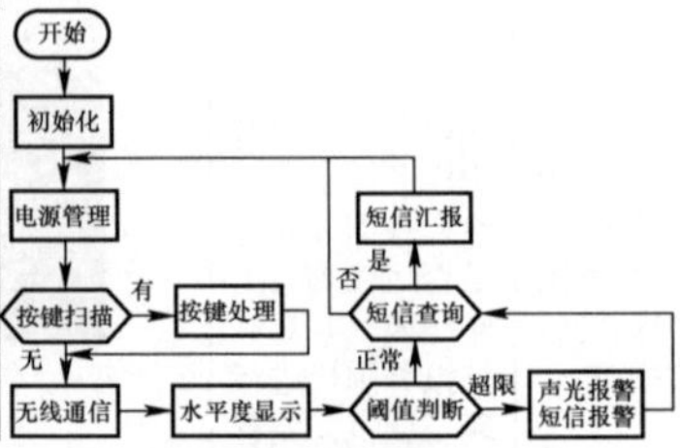

续表

步骤	实施方法	图纸与数据
步骤 2：确定水平平衡支撑系统电路实现方法，绘制电路图	根据移动变电站的基本要求和水平平衡支撑系统的功能实现，结合已有的电路知识设计了一套电路接线方法	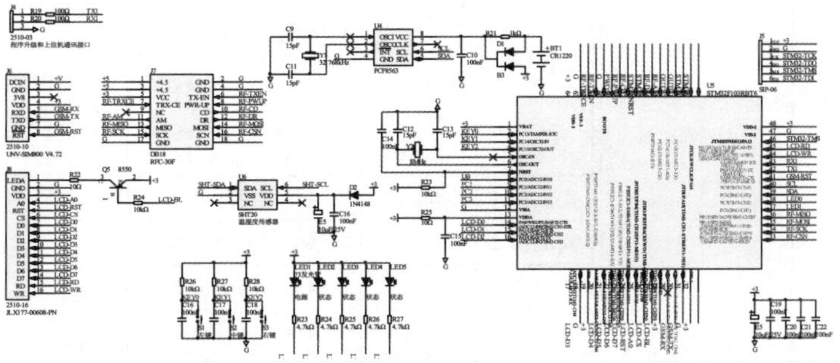 主控制器电路图 如图所示为主控制器电路图
步骤 3：根据图纸，制作红外报警围栏的各个电路板模块	根据设计好的图纸，严格按照图纸的设计制作各个电路板模块，制作过程中要保证各模块功能完善优良	 水平告警装置实物图 三张图分别为水平告警装置主控制器与各感应器内部结构电路板
步骤 4：根据各模块基本构成和功能要求进行程序编写	设计好的各个模块电路板，针对功能要求进行程序编写	 红外报警围栏软件代码 如图所示为小组按照电路图和基本功能要求编写的程序代码
步骤 5：将水平报警装置在移动变工作区域进行安装调试	将红外报警围栏在移动变电站工作区域安置，检查各部分安装是否适应真实工作环境，对红外报警围栏进行现场调试，完善其安保功能	 水平告警装置现场安装调试图 如图为水平告警装置在 110kV 移动变电站中的应用情况，各感应器放置在关键位置，多方位检测水平情况，同时传输水平信息至主控制器。主控制器通过数据处理和逻辑判断对移动变电站的水平情况进行评估，如发现问题则立刻就地报警和远方短信告警

步骤	实施方法	图纸与数据			
步骤6：效果验证	根据设定的目标值进行效果的验证	目标	测量角度与实际角度偏差≤±0.5°	远方测量值更新周期≤1min	发出报警短信时间≤1s
		目标值	±0.5°	60s	1s
		实测值1	0.2°	45s	0.8s
		实测值2	0.3°	46s	0.6s
		实测值3	−0.2°	43s	0.7s
		实测值4	−0.1°	41s	0.6s
		实测值5	−0.4°	46s	0.4s
		实测值6	0.3°	40s	0.8s
		实测值7	−0.3°	42s	0.6s
		实测值8	0.1°	41s	0.5s
		实测值9	0°	40s	0.8s
		实测值10	0.2°	43s	0.6s
		实测值11	0.1°	42s	0.8s
		实测值12	−0.2°	45s	0.7s
		结论	符合要求	符合要求	符合要求

水平平衡系统测量角度偏差

水平平衡系统远方测量值更新周期

水平平衡系统短信发出时间

（三）实施三：设计制作移动值班室

设计制作移动值班室，其实施表见表6－57。

表6－57 设计制作移动值班室实施表

步骤	实施方法	图纸与数据
步骤1：设计可移动值班室的图纸	根据实际情况，确定移动值班室的基本功能需求，从值班室各个方面进行设计，做到在尽量小的空间下满足移动变电站安保人员与安保设备、资料等的完善安置	 平面布置图 内部结构图

续表

步骤	实施方法	图纸与数据
步骤2:根据图纸,制作可移动值班室	根据设计图纸,严格按照图纸的设计制作移动值班室,制作过程中要保证移动值班室能够更加完善优良	 　可移动值班室实物图
步骤3:将可移动值班室投运	将移动值班室在移动变电站工作区域安置,检查各部分安装是否适应真实工作环境,完善其安保功能	 　现场内部图
步骤4:效果验证	根据设定的目标值进行效果的验证	(见下表及图)

目标	目标(h)	实测值(h)										结论
安装时间≤3h	3	2.2	2.5	2.3	2.2	2.8	2.5	2.5	2.2	2.8	2.6	符合要求

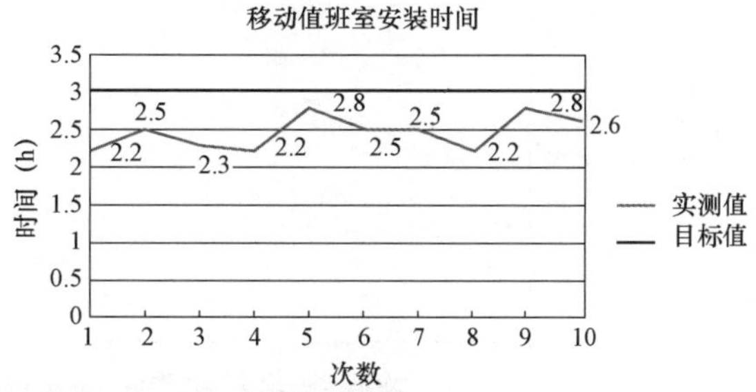

移动值班室安装时间

移动值班室内配备了两个安全工器具柜、两个吊柜、三张办公桌、一组高低床、一个微波炉灶台和三把椅子等,功能完善率100%

（四）实施四:设计制作温湿度告警装置

设计制作温湿度告警装置,其实施表见表6-58。

表 6-58　　　　　　　　　　　设计制作温湿度告警装置实施表

步骤	实施方法	图纸与数据
步骤1：设计温湿度告警系统的基本功能与工作界面图纸	根据移动变电站的要求，对温湿度报警装置的基本功能与工作界面、逻辑方法进行了设计，并做到简洁美观，不影响工作人员正常工作	 温湿度告警装置　　　内部控制模块　　　内部控制逻辑 研制一种温湿度传感告警装置，可监测环境温湿度，设置温湿度的上下限阈值，当检测到的温湿度超出允许范围时，立即通过无线网络向固定移动设备发送告警信号，通知运维人员立即处理，避免保护装置因长时间运行在不适宜温湿度环境下而出现故障
步骤2：确定温湿度告警系统电路实现方法，绘制电路图	小组成员按照温湿度告警系统的功能要求和电路基本知识进行电路图设计工作	 主控制器电路图
步骤3：根据图纸，制作温湿度告警装置的各个模块	根据设计好的图纸，严格按照图纸的设计制作各个模块，制作过程中要保证各模块功能完善优良	 温湿度告警置实物图
步骤4：根据各模块基本构成和功能要求进行程序编写	根据温湿度告警装置的电路图和功能要求，编写与之相对应的程序代码	—
步骤5：将温湿度告警装置在移动变电站工作区域进行安装调试	将温湿度告警装置在移动变电站工作区域安置，检查各部分安装是否适应真实工作环境，并对温湿度告警装置进行现场调试，完善其功能	 温湿度告警装置现场安装图

续表

步骤	实施方法	图纸与数据
步骤 5:将温湿度告警装置在移动变电站工作区域进行安装调试	将温湿度告警装置在移动变电站工作区域安置,检查各部分安装是否适应真实工作环境,并对温湿度告警装置进行现场调试,完善其功能	如图所示为 110kV 移动变电站低压车箱内配置安装温湿度告警装置的照片。由于移动变电站低压车全封闭运行,其内配置有 10kV 开关柜和保护装置,为保证低压车内设备的安全运行环境良好,温湿度告警装置可以实现实时地测量车内的温湿度,并定时传输测量信号、支持短信远方查询和异常情况短信远方告警功能

目标	测量温度与实际温度偏差≤±2°	测量湿度与实际湿度偏差≤±3%	发出报警短信时间≤1s	远方测量值更新周期≤1min
目标值	±2°	±3%	1s	60s
实测值 1	1.3°	2.2%	0.6s	43s
实测值 2	0.8°	−1.3%	0.6s	44s
实测值 3	1.5°	−1.2%	0.8s	43s
实测值 4	−0.7°	−1.4%	0.5s	42s
实测值 5	−1.2°	2.3%	0.7s	46s
实测值 6	−0.9°	1.5%	0.6s	44s
实测值 7	1.3°	−0.8%	0.8s	47s
实测值 8	0.6°	1.1%	0.7s	41s
实测值 9	−0.3°	0%	0.6s	41s
实测值 10	−0.8°	−1.2%	0.7s	44s
实测值 11	0°	2%	0.7s	43s
实测值 12	−0.2°	0.8%	0.8s	45s
结论	符合要求	符合要求	符合要求	符合要求

步骤 6:效果验证 — 根据设定的目标值进行效果的验证

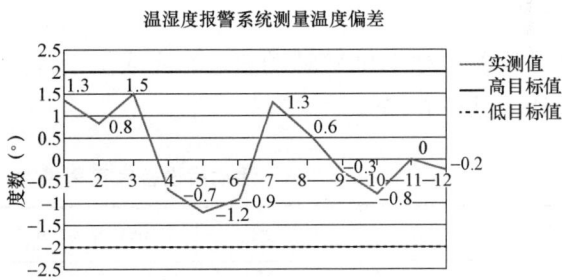

温湿度报警系统测量温度偏差

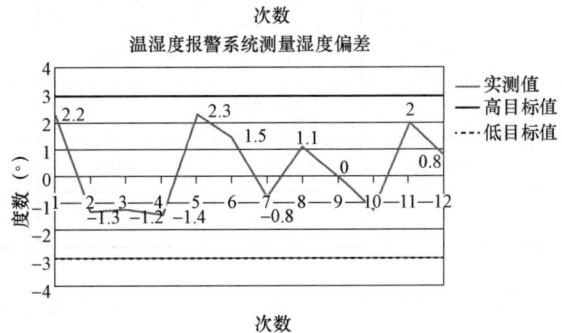

温湿度报警系统测量湿度偏差

步骤	实施方法	图纸与数据
步骤6：效果验证	根据设定的目标值进行效果的验证	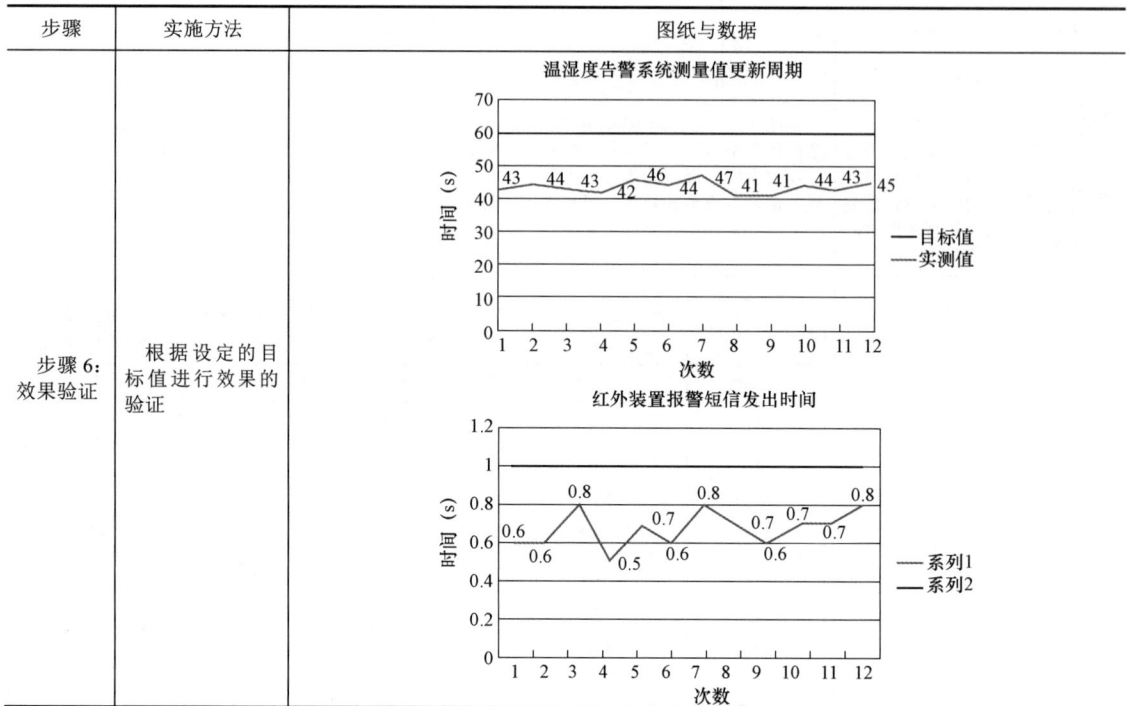

温湿度告警系统测量值更新周期

红外装置报警短信发出时间

在完成设备的设计制作后，为保证成果安全、可靠投入使用，进行了装置的第三方专业检测。小组将装置送至第三方专业检测机构检测认证，通过对各装置的各项数据进行检测，安全距离警示装置、水平度异常检测装置、温湿度报警装置，各项数据合格。

八、检查效果

（一）效果检查

小组经过攻关，对110kV移动变电站完成了设备完善升级改造，并对其改造后的完善率进行了统计，见表6-59。

表6-59　　　　　　　　　　活动后设备完善率情况

末端因素	水平系统	主变	110kV开关	红外围栏	移动值班室	消防设备
活动前完善率	40%	100%	100%	25%	40%	100%
活动后完善率	100%	100%	100%	100%	100%	100%

末端因素	10kV开关柜	温湿度系统	五防机	直流蓄电池	保护装置	接地网
活动前完善率	100%	0%	100%	100%	100%	100%
活动后完善率	100%	100%	100%	100%	100%	100%

在完成设备完善率的同时，小组还及时针对改进后的设备补充和改进了相应的管理制度（见表6-60），从而保证110kV移动变电站的管理制度更加完善。

表 6-60　　　　　　　　　　活动后管理制度完善率情况

末端因素	运行规程	典型操作	事故处置方案	状态交接卡	定期切换记录
完善率					
	100%	100%	100%	100%	100%

因此，小组对 2016 年 9 月的 110kV 移动变电站运维完善率进行了统计，见表 6-61。

表 6-61　　　　　　　2016 年 9 月 110kV 移动变运维完善率统计

110kV 变电站	管理制度完善率	人员素质完善率	"两票"完善率	设备完善率	运维完善率
移动变电站	100%	100%	100%	100%	100%

从表 6-61 得出结论，110kV 移动变设备完善率已从原先的 85.2%，提高到了 100%；目前 110kV 移动变仅在管理制度方面需要根据移动变的运行情况改善其完备程度，需要及时更新，管理制度完善率可以达到了 100%。由此可见，移动变电站的运维完善率能够达到 100%。

结论：

经过小组的攻关，试点 110kV 移动变运维完善率已经从活动前的 85.2%提高到了 100%，实现了公司对 110kV 移动变运维完善率 100%的目标值。2016 年度 QC 课题目标已完成！

（二）推广应用前景及预计经济及社会效益分析

目前，小组已对试点的 110kV 移动变电站完成了运维覆盖情况改造，从设备完善层面上，补充了原有移动变电站所缺少的重要设备，结合移动变电站特殊运行要求，通过创新研制的方式，设计出了移动变电站的一系列专用设备，保证人员和设备安全，为移动变电站的更好运行提供了保障。本课题成果针对性强，效果明显，所针对的问题是目前所有类型的移动变电站的共性问题；本成果推广性强，易于复制，为移动变电站的发展奠定了良好的基础；在效益方面，本成果的投入应用，从很大程度上保证了移动变的安全快速投入和运行，能够大幅降低停电造成的各种经济损失；在安全性上，运维完善率的提高保证了设备与人身的安全，很大程度上避免了由于工作过程中的意外造成的设备与人身伤害；本成果所提出的解决方案是全新的方法和理念，从科技创新的角度解决了现有的难题，是移动变电站发展的重要环节。

九、巩固措施

（一）巩固措施

小组对被实施有效的三项措施进行巩固，具体措施见表 6-62。

表 6-62　　　　　　　　　　成 果 巩 固 措 施

对策措施	巩固项目	巩固内容	巩 固 方 法	文件编号
设计制作红外报警围栏	构件设计	专利申请已受理发明、实用专利4项	已受理发明专利《一种车载移动变电站安全距离警示装置》	201610893020.5
			已受理实用专利《车载移动变电站安全距离警示装置》	201621119327.1
			已受理专利《一种告警信号无线收发装置》	201621096263.8
			已受理专利《一种远程监控电源装置》	201621096542.4
	设计图纸	图纸归档1份	图纸方案、工程样机等设计文件由项目负责人审定后签字归档,移交档案室负责保管	JXEP－BDQC20161201
	加工制作	制定标准3份	已编制《110kV车载移动变电站红外告警围栏技术标准》	YJ－0821004029
			已编制《110kV车载移动变电站红外告警围栏现场作业指导书》	YJ－0821004030
			已编制《110kV车载移动变电站红外告警围栏使用规范》	YJ－0821004031
设计制作水平平衡告警系统	构件设计	专利申请已受理发明、实用专利4项	已受理专利《一种车载移动变电站水平度异常监测装置》	201610892903.4
			已受理专利《移动变电站高压区域探测装置》	201621096541.X
			已受理专利《一种远程监控电源装置》	201621096542.4
	设计图纸	图纸归档1份	图纸方案、工程样机等设计文件由项目负责人审定后签字归档,移交档案室负责保管	JXEP－BDQC20161202
	加工制作	制定标准3份	已编制《110kV车载移动变电站水平平衡支撑系统技术标准》	YJ－0821004032
			已编制《110kV车载移动变电站水平平衡支撑系统现场作业指导书》	YJ－0821004033
			已编制《110kV车载移动变电站水平平衡支撑系统使用规范》	YJ－0821004034
设计制作可移动值班室	构件设计	专利申请,已受理实用专利4项	已受理专利《一种移动变电站配套办公安保工器具一体化活动房》	201621074812.1
	设计图纸	图纸文件归档1份	图纸方案、工程样机等设计文件由项目负责人审定后签字归档,移交档案室负责保管	JXEP－BDQC20161203
	加工制作	制定标准3份	已编制《110kV车载移动变电站可移动值班室运输技术标准》	YJ－0821004035
			已编制《110kV车载移动变电站可移动值班室安装规范》	YJ－0821004036
			已编制《110kV车载移动变电站可移动值班员工作职责》	YJ－0821004037
设计制作温湿度手机告警系统	构件设计	专利申请已受理发明、实用专利4项	已受理发明专利《一种车载移动变电站温湿度远程监测装置》	201610892907.2
			已受理实用专利《一种车载移动变电站温湿度远程监测装置》	201621119193.3
			已受理专利《一种告警信号无线收发装置》	201621096263.8
	设计图纸	图纸文件归档1份	图纸方案、工程样机等设计文件由项目负责人审定后签字归档,移交档案室负责保管	JXEP－BDQC20161204
	加工制作	制定标准3份	已编制《110kV车载移动变电站温湿度告警系统技术标准》	YJ－0821004038
			已编制《110kV车载移动变电站温湿度告警系统现场作业指导书》	YJ－0821004039
			已编制《10kV车载移动变电站温湿度告警系统使用规范》	YJ－0821004040

本项目
已列为:国网嘉兴供电公司管理创新项目
已作为:国网浙江省电力公司《群众性科技创新项目》
已录用、发表3篇技术论文、1篇管理论文
已申报:浙江省科技成果

（二）巩固措施回头看

小组对 2016 年 10 月 1 日至 11 月 1 日公司 110kV 移动变电站运维完善率的完成情况进行跟踪调查，见表 6-63。

表 6-63　　　　　　　110kV 移动变电站运维完善跟踪期时间统计表

（2016 年 10 月 1 日至 11 月 1 日）

110kV 变电站	时间	管理制度覆盖率	人员素质覆盖率	"两票"覆盖率	防误设备覆盖率
移动变电站	10 月 01 日	100%	100%	100%	100%
	10 月 15 日	100%	100%	100%	100%
	11 月 01 日	100%	100%	100%	100%

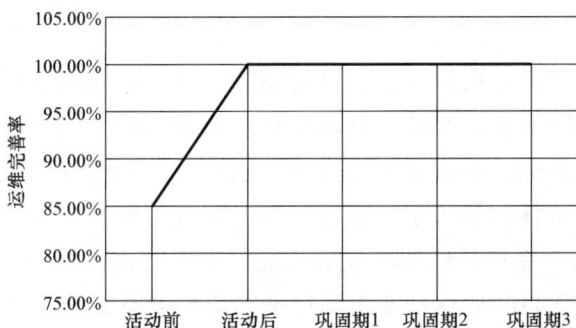

图 6-22　实施前后与巩固期 110kV 移动变设备完善率折线图

从图 6-22 看出，2016 年 10 月 1、15 日，11 月 1 日，110kV 移动变运维完善率在巩固期内分别为 100%、100%、100%，满足公司要求，同时验证了本 QC 课题效果的稳定性，巩固效果良好。

十、总结与下一步打算

（一）总结

本次课题《提高 110kV 移动变电站运维完善率》以提高 110kV 移动变电站运维完善率、消除安全隐患、保证人身和设备安全、提高供电可靠性为目的，通过调查研究并运用调查表、柱状图等方法，对数据进行整理、分类、统计。小组成功设计并研制出了水平平衡支撑报警系统、温湿度远方报警系统、红外电子远程告警围栏和移动值班室等 110kV 移动变电站支撑辅助设备，进一步提高了移动变电站的设备完善率和运维完善率。各活动阶段的总结见表 6-64。

表 6-64　　　　　　　　　　课　题　总　结

活动内容	优　点	运用工具	今后努力方向
课题选择	从客户需求出发，保证供电可靠性	调查表、柱状图	吸收其他小组的经验教训，扩大选题范围
目标设定	深入现场调查，确定基本目标	调查表、折线法	更加精准正确地确定目标

续表

活动内容	优　点	运用工具	今后努力方向
可行性分析	分析目标与症结，评估自身团队能力	柱状图、饼状图	更多角度地进行可行性分析，保证分析结果的正确可信度
原因分析	开展头脑风暴，集思广益，深度剖析现场，分析所有可能原因	关联图	更加深入地分析现场，层层分析，头脑风暴，寻找末端要因
要因确认	用数据说话，对比标准，分析并确认要因	调查表、散布图、折线图、直方图等	进一步贴近现场实际情况，保要因的准确定位
制定对策	进行方法对比，确定最佳方案	PDPC法、折线图、柱状图等方法	开阔眼界，利用最前沿的技术提出更加有效的改进方案
效果检查	通过对课题效果、经济效果、安全效果等方面进行检查	调查表、折线图、柱状图等	利用多种方法更加准确地对课题效果进行评估和检查
巩固措施	对项目成果进行多维度的巩固	制定标准、申请专利等	增加巩固方法，保证课题成果能够更好地巩固

小组对各种可能的因素采用调查表、直方图等方式进行要因分析，确定了水平平衡系统完善率低、红外报警围栏完善率低、移动值班室完善率低、温湿度告警装置完善率低四大要因，并设立了活动目标、制定了解决措施。通过设计制作红外报警围栏、设计制作水平告警装置、设计制作可移动值班室、设计制作温湿度告警装置等一系列的手段，实现了110kV 移动变电站运维全完善；红外线报警功能、水平装置告警功能、温湿度告警功能以及设置移动值班室，使得110kV 移动变电站运维完善率由原来的85.2%提高到了100%。最后，小组通过制定规范；撰写专利、论文，依托群创、科技项目等方式对本成果加以巩固、推广和应用。

通过本次 QC 活动，小组成员不仅解决生产上的安全难题，同时小组成员创新能力、应用质量工具分析问题解决问题能力得到提升，对 QC 小组活动的科学性加深了认识，增加了小组成员对企业管理的投入，提高了团队精神，尤为重要的是在 QC 活动过程中，培养了小组成员各个方面的技能与素质，为员工的成长、成才提供强有力的推动力。

（二）下一步打算

小组针对本QC成果进一步研究，发现还有 2 个有待提高的地方，小组在下一步将对其不断提升，并制订了方案，确定了完成时间节点，落实到人，使本成果更加完美，见表 6-65。

表 6-65　　　　　　　　下 一 步 打 算

序号	问题	方　案	完成时间
1	偏远地区短信传输信号弱	可以另外设计制作一套信号增强器，以作为中继路由器增强各检测装置的传输信号。当 110kV 移动变需要在偏远山区工作时能够更好地保证其运行安全	2017 年 3 月
2	水平平衡、温湿度、安全距离检测模块电池续航问题	对原有检测模块电池进行改善，增大其电池容量，同时对各检测装置的耗电量进行改善，通过开源节流的方法提高其续航能力	2017 年 4 月

今后，我们将在实际工作中，更广泛地开展 QC 活动，针对顾客需求不断改进，不断创新，我们今后将不断用 PDCA 循环的方法来解决电力生产实践中发现的问题，为企业的安全生产添砖加瓦。

十一、《提高 110kV 移动变电站运维完善率》点评

为了解决用户用电量的不断增长和电力系统设备容量有限的矛盾，进一步提升供电服务水平，提升用户满意度，××公司试点引入了首台 110kV 移动变电站。本 QC 小组针对移动变电站在运行维护方面不够完善的突出问题，以《提高 110kV 移动变电站运维完善率》为课题，严格遵循 PDCA 循环，开展质量管理小组活动，活动类型为现场型（指令性目标课题）。活动流程较为规范，突出体现了 QC 小组活动成果"小、实、活、新"的特点，值得广大质量管理小组学习和借鉴。具体优点介绍如下：

（1）移动变电站作为新生事物，由于其结构特殊，设备安装方式、工作地点等不同于常规变电所，因此需要提高其运维完善率、消除安全隐患、保证人身和设备安全。这是典型的从新的技术、设备引入的新问题、新需求入手而选择的课题，适应发展需要，紧扣实际需求，选题具有代表性。

（2）课题较为灵活地运用 QC 工具，采用图、表配合的方式，在目标可行性分析、要因确认、对策实施等过程中，严格地遵循"用数据说话"这一质量管理基本原则，充分运用试验、测试、调查分析得到的详细数据进行分析和阐述，使得论证严谨，结论有力。对策目标中也合理地设定了可量化的目标值，且在对策实施过程中——进行了验证，对实施效果完成情况掌控有力。

（3）流程较为规范，作为指令性目标课题，直接明确课题目标，不做现状调查，而在目标可行性分析中进行了较为细致的阐述。确定要因时针对所有末端原因，进行了较为细致的确认分析。巩固措施较为细致，对于相关工艺标准、图纸、作业指导书、管理制度等纳入了相关标准。

本 QC 小组成果存在着以下几个方面的问题，宜持续加以改进：

（1）小组活动计划表在准则中未做要求，且制定的计划表在逻辑上存在一定的问题，建议不列入成果报告内容中。

（2）原因分析环节，从原因分析图中只能看到可能存在问题的区域或者点，无法明确原因的性质，例如"低压车—五防系统—五防机"，低压车、五防系统、五防机究竟是哪方面的原因一步步导致了设备完善率低？是运转不良？是转速过快？是存在漏油？都没有呈现出来，存在着"没有分析到可以直接采取对策"的问题。且完整率低的原因是否还有"人""法"的问题也没有进行分析，因此还存在"没有从各个角度把产生影响的所有原因都找出来，不能够展示问题的全貌"的问题。

（3）要因确认环节应该根据末端因素对问题症结的影响程度来判断是否为要因，而本课题大多还是先与相关标准进行比较，然后以此为主要判据，确定其是否有显著影响，从而判定其是否为要因。

（4）效果检查未开门见山地检查目标完成情况，仍然在介绍让管理制度更加完善的相关工作，与准则中的要求不匹配。

（5）小组开展的技术查新工作，对课题的开展不具有任何有益促进作用，且准则中未作相关要求，建议剔除。将专利作为了巩固措施，与巩固措施的相关要求不匹配。

案例三　带红外告警的电气屏柜防误装置的研制

一、实施背景

智能电网的快速发展，对电力系统安措布置提出了更高的要求。在电力系统日常工作中，柜屏工作十分普遍，由于柜屏类设备布局较为紧凑，现有的屏柜类设备工作安措已无法满足实际需求。传统的安全围栏由于其自身的局限性，面对复杂工作和狭小环境，不能满足安全需求，存在着安措布置效率低，特殊情况下安措布置不规范的问题；另外一方面，在集中检修工作中，特别是运检合一工作中，主控室、开关室内往往需要重新进行有电区域划分，传统围栏难以实时防护工作人员误入带电区域，无法满足安全生产的要求。这就为电网生产工作带来了安全隐患，同时，降低了工作效率。

为进一步提升工作效率，提高安措防范能力，满足电力生产本质安全需求，小组开展电气屏柜围栏的研究。小组情况见表6－66。

表6－66　　　　　　　　　　小　组　情　况

小组名称	××××QC小组		
活动课题名称	带红外告警的电气屏柜快速安装围栏的研制		
注册时间	2018年1月	课题类型	创新型
活动次数	17次	出勤率	100%
小组成员情况			
姓名	性别	学历	职务	组内分工
×××	男	研究生	组长	设计、技术指导
×××	男	研究生	副组长	设计、技术指导
×××	男	研究生	督导（指导）	设计、课题实施
×××	男	研究生	组员	技术督导、指导
×××	男	本科	组员	课题实施、加工
×××	男	研究生	组员	课题实施、加工
×××	男	研究生	组员	课题实施
×××	男	研究生	组员	课题实施
×××	男	研究生	组员	课题实施
×××	男	本科	组员	课题实施
小组获奖情况				
2018年：获全国质量管理（QC）活动40周年"标杆小组"				
…………				

二、选择课题

在新时期背景下，随着经济发展和人民生活水平的提高，社会对电网提出了高效率、高质量的服务要求。变电站作为电网的支点，承担着不同电压等级电网的连接作用，而变电站内屏柜设备数量巨大，直接关系到用电负荷侧的供电安全与供电质量。小组对 2017 年××公司各变电站内的屏柜类设备工作进行了统计（表 6–67）。

表 6–67　　　　　　　　2017 年××公司各变电站内屏柜类设备工作统计表

序号	变电站等级	变电站名称	开关柜数量	2017 年开关柜相关工作数	开关柜电压	设备屏数量	2017 年屏相关设备工作数
1	35kV	南×变电站	46	35	10kV＋35kV	24	47
2	110kV	汇×变电站	37	36	10kV	28	58
3	110kV	亚太变电站	39	35	10kV	26	49
4	35kV	凤×变电站	36	43	10kV＋35kV	28	61
5	220kV	瓦×变电站	29	44	35kV	52	69
6	220kV	嘉×变电站	32	16	35kV	56	54
7	110kV	焦×变电站	30	35	20kV	26	64
8	110kV	运×变电站	40	45	10kV	28	48
9	110kV	石×变电站	34	16	10kV	28	67
10	110kV	泾×变电站	33	15	10kV	32	48
11	220kV	南×变电站	23	39	35kV	54	49
12	110kV	新×变电站	33	32	10kV	32	48
13	110kV	城×变电站	37	41	10kV	28	47
14	110kV	东×变电站	31	44	10kV	30	70
15	110kV	文×变电站	34	28	10kV	27	42
总计			514	545	10kV＋20kV＋35kV	499	821

表中可以看出，2017 年上述 15 个变电站工作涉及屏柜类设备数量达到 1366 个。也就意味着××地区所辖 186 座变电站，其每年工作将涉及屏柜类设备类 17 000 个。由此可见，变电站内的屏柜类设备设备工作数量巨大，工作频率高。

通过对各变电站内屏柜类设备工作现场进行调研，统计屏柜类设备工作安措布置时间，得到各变电站内屏柜类设备工作安措布置平均时间统计图，如图 6–23 所示。

从图中可以看出，以单个屏柜设备为例，各个工作现场安措布置时间平均为 15min。结合××地区每年开展的变电站工作涉及屏柜类设备设备数量约 17 000 个，可以知道，每年屏柜类设备安措布置将消耗 4200h 的工作时长。

为满足电网精益化发展需求，大幅提升电力安全生产效率，小组对本次课题的利益相关方进行了详细的需求调研（见表 6–68）。

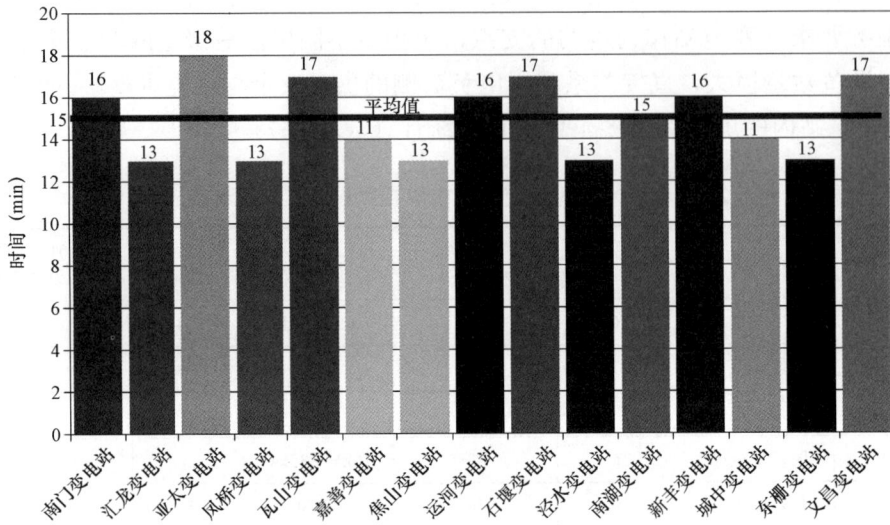

图6-23 屏柜类设备工作安措布置平均时间统计图

表6-68 顾客相关方需求调研

顾客	顾客需求分析	顾客需求量化
工作许可人	屏柜类设备安措布置省时、省力、规范	屏柜类设备安措布置时间不超过5min，重量小于1kg
工作负责人	安措布置规范，工作空间能够满足安全及工作的要求	安措布置空间占用不大于0.1m²
工作班成员	安措能适应不同工作环境的空间大小	

根据各类顾客需求，小组认真分析现有技术、工艺条件下屏柜类设备类设备安措布置（见表6-69）。

表6-69 现有方案技术分析对比

	方案描述	现有技术分析	结论
方案一	立式围栏	 小组对立式围栏方案安措布置进行评估： | 安措耗时	安措占用空间	重量	误入发现时间
16min	1m²	5kg	无法发现	 结论：如果采用立式围栏方案，单项屏柜类设备工作安措布置时间平均为15min，效率较低；且立式围栏由于体积较大，占用空间大，平均所占空间为1m²，当空间狭小时布置安措不规范；立式围栏误入可能性较小，但当万一发生误入情况时，难以及时发现	不满足实际需求

续表

方案描述		现有技术分析				结论
方案二	可伸缩围栏	 小组对可伸缩围栏方案安措布置进行评估：				不满足实际需求

安措耗时	安措占用空间	重量	误入发现时间
16min	0.5m²	7kg	无法发现

结论：如果采用可伸缩围栏方案，单项屏柜类设备工作安措布置时间平均为16min，效率较低；可伸缩围栏可以伸缩，平均所占空间为0.5m²，当空间狭小时布置安措不规范；立式围栏误入可能性较小，但当万一发生误入情况时，难以及时发现

方案描述		现有技术分析				结论
方案三	收缩式围绳	 小组对收缩式围绳方案安措布置进行评估：				不满足实际需求

安措耗时	安措占用空间	重量	误入发现时间
12min	0.05m²	2kg	无法发现

结论：如果采用收缩式围绳方案，单项屏柜类设备工作安措布置时间平均为12min，效率一般；收缩式围绳误入可能性较大，且发生误入情况时，难以及时发现，安全性非常低

综合结论：	现有屏柜类设备设备安措方案的技术、工艺及施工方法无法满足实际需求

所以小组需要研制出一种新设备，改变安措布置关键步骤，缩短改造停电时间，提高电力安全水平，满足顾客需求。

三、确定课题

小组在理解课题相关顾客需求后，通过国家科技图书文献中心、中国知网、国家科技成果网、国家专利局及各类科学杂志刊物检索，并仔细研读学习类似文献。

其中，小组成员对哈尔滨朋来科技开发有限公司的专利《一种带有热敏成像功能的红外告警栅栏》等安全防护技术进行深入调查研究（见表6-70）。

这些专利给了我们使用带红外告警的电气屏柜围栏来提升屏柜类设备安措布置效率、提高屏柜类设备工作安全防护水平的灵感。同时小组成员对日常生活所见所闻细心观察、详细思考，发现收缩式围栏、卷尺、粘贴式挂扣、红外感应门、语音报警装置都对小组方案拟定具有较大的借鉴意义，小组创新思路主要借鉴五方面。

表 6-70 查新借鉴确认研制方案

	查阅借鉴内容	借鉴点	方案优势
借鉴一	 收缩式围栏作为一种可以阻隔的设施，其可以展开进行阻隔，其采用红白相间的颜色设计，警示作用明显，可有效防止人员误入带电区域	收缩式围栏采用的红白带	警示作用强，防止人员误入带电区域
借鉴二	 卷尺的卷式收缩方法，拉开和收缩速度十分迅速，可在 2s 内完成收缩与展开，效率极高。同时，收缩到卷尺内，可以缩减占地空间	卷式收缩方法	体积更小，方便快捷
借鉴三	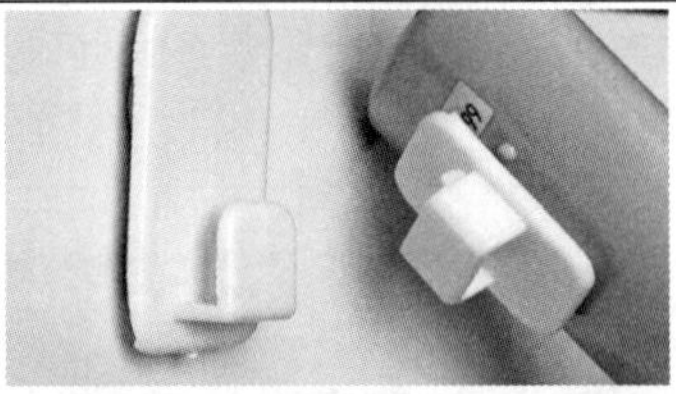 粘贴式挂钩可以方便粘贴在屏柜类设备外，实现不停电改造，安装一个仅需 1s，同时，可以与卷尺结构的围栏进行配合，方便布置屏柜类设备围栏	卡扣安装方便	可解决屏柜类设备卷尺围栏挂设问题，提高安措布置效率
借鉴四	 红外自动门是生活中即为常见的，它通过红外线被阻隔发出信号来实现 1s 自动开门。它灵敏性高，能及时对人员进入情况进行察觉	红外实时监测	可以配合卷尺式伸缩围栏进行安全防护，实现实时监测
借鉴五	 店铺用迎宾门铃，4m 内感应来人，同时发出 85 分贝的高分贝告警，左右水平的感应角度为 110°	声光语音告警	感应范围广，告警效果好

借鉴总结：本小组确定课题《带红外告警的电气屏柜快速安装围栏的研制》

四、设定目标及目标可行性分析

（一）设定目标

根据工作许可人、工作负责人、工作班成员的需求，设定课题目标将单项屏柜类设备工作安措布置平均时间由 15min 缩短至 5min，如图 6-24 所示。

（二）目标可行性分析

从人、机、料、法、环五方面分析课题可行性，见表 6-71。

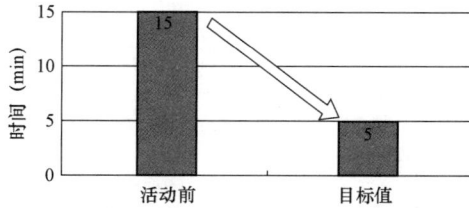

图 6-24　课题目标设定柱状图

表 6-71　　　　　　　　　　可 行 性 分 析 表

要素	可行性分析	小结
技术	单项屏柜类设备工作安措布置平均时间为 15min。对其进行研究发现，传统的安措布置方式主要包括：木质伸缩围栏安措、塑料围栏安措、支架围绳安措。进行现场调研，发现这三种传统方式的安措布置时间分别如图所示 **三种方式安措布置时间** 统计得到安措布置主要分为三个环节，如下图： 统计得到。安措布置平均时间为 15min，三个环节中各环节平均时间如分别为 8min、5min、2min **各环节耗时情况** 可以看到，围栏搬运和围栏布置时间占据了安措布置总时间的 86.7%。所以，改善原有传统方式才能缩短安措布置时间，着重改善的点为：重量小、体积小、布置方便 借鉴的卷尺单根拉伸时间约 2s，卡扣卡入时间单个为 3s，单项屏柜类设备最多需要 6 根收缩围栏，也就是总拉伸安装时间约 30s，即围栏布置时间为 30s。6 个红白收缩围栏的搬运只需一趟，时间约 2min。具体可分析得到下表： <table><tr><td>围栏搬运时间</td><td>围栏布置时间</td><td>标识牌悬挂时间</td><td>总时间</td></tr><tr><td>2min</td><td>0.5min</td><td>2min</td><td>4.5min</td></tr></table> 由此可见，目标值 5min 可以实现	技术上可实现

要素	可行性分析	小结
人	小组中有经验丰富的技师和高学历的员工，研发能力强 小组成员教育程度　　　　　　　　小组成员职称 研究生46%　本科生54%　　　高级职称37%　中级职称63%	小组成员素质高
机	公司具备非常丰富的电力生产实际场所，可支撑小组开展研制设备，并进行相关试验 	实验设备齐全
料	本项目需要采购的物料主要为电子元器件、红白布带和收缩卷尺结构等材料，目标明确，部件均为社会市场中常用零部件，可选择性强，容易把控来料的质量，确保项目质量及安全性 	采购来料易把控
法	安措布置具有明确、详细的技术标准和技术规范可以参照，设计依据充足	技术标准支撑充足
环	工区高度重视，小组成员积极性高，研发环境好，小组成员经常召开讨论会 	工区全力支撑
结论	通过 5 个方面分析，可以看到本小组有时间、信心和能力研制出带红外告警的电气屏柜围栏，实现将单项屏柜类设备工作安措布置平均时间由 15min 缩短至 5min 的目标	

五、提出并确定最佳方案

（一）提出方案

小组通过借鉴查新及多次开会讨论形成成熟方案（见表 6-72）：采用卷尺式收缩围栏和红外告警配合方案研制带红外告警的电气屏柜围栏。

表 6-72   卷尺式收缩围栏和红外告警配合方案描述

方案描述		制作卷尺式收缩红白围栏
		制作粘贴式卡扣
		制作区域误入红外声光告警装置
项目指标	技术要求	1. 红白围栏长度宽度应满足要求，能够起到警示隔离的作用
		2. 围栏挂扣应粘贴牢固，保证红白围栏挂接方便
		3. 在确保红外信号灵敏的基础上，缩小红外装置体积
		4. 告警声音应洪亮，内容可修改（适应各种场合）
		5. 告警灯光亮度应足够引起注意
	优点	1. 挂扣粘贴安装不需要停电
		2. 卷尺式围栏配合挂扣使安措布置更加简洁方便
		3. 红外线告警大幅提升作业现场安全管控力度
		4. 整个系统体积小，能适应各种狭小空间的安措布置

（二）方案分解细化

小组确定方案后，对方案进行分解细化，并绘制方案分解图如图 6-25 所示。

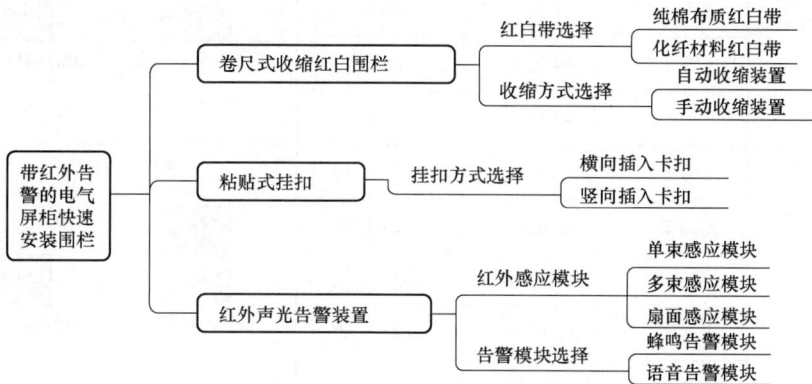

图 6-25 方案细化分解图

（三）方案评价

（1）红白带的选择，见表 6-73。

表 6－73   红 白 带 对 比 分 析 表

选择一	红白带的选择	
查新借鉴	借鉴一：收缩式围栏采用的红白带	
方案目标	1. 红白带宽度应不小于 10cm，长度应不小于 2.5m； 2. 红白带拉伸收缩可用次数不应小于 6000 次； 3. 红白带成本应尽量降低，单根不应大于 1.5 元	
实验方式	现场测量：红白带尺寸可根据要求设计，设计采用尺寸为宽 12cm、长 2.8m；定额成本购买原料制作红白带，从而计算单根平均成本，单根红白带成本设置为 1 元 试验验证：对不同材质红白带的拉伸收缩进行试验得到极限拉伸次数	
	方案一	方案二
方案名称	纯棉布质红白带	化纤材料红白带
方案描述	50 元成本购买纯棉布料，制作尽量多的红白带	
方案图示		

现场测量	1. 现场测量：将固定成本的两种材料按照标准尺寸进行制作	
	对规定价格的纯棉布质材料和化纤材质材料分别按照长 2.8m，宽 12cm 的标准进行裁剪制作，统计得到：	

	序号	纯棉布质	化纤材质	
红白带 数量	来源 1	41 根	80 根	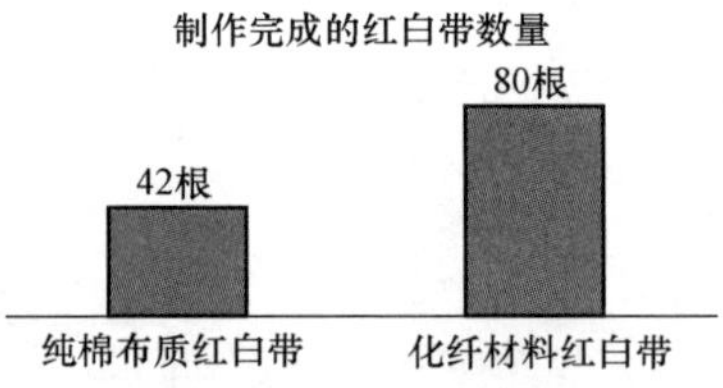 制作完成的红白带数量
	来源 2	40 根	82 根	
	来源 3	42 根	80 根	
	来源 4	44 根	80 根	
	来源 5	43 根	78 根	
单根平 均成本	来源 1	1.34 元/根	0.548 元/根	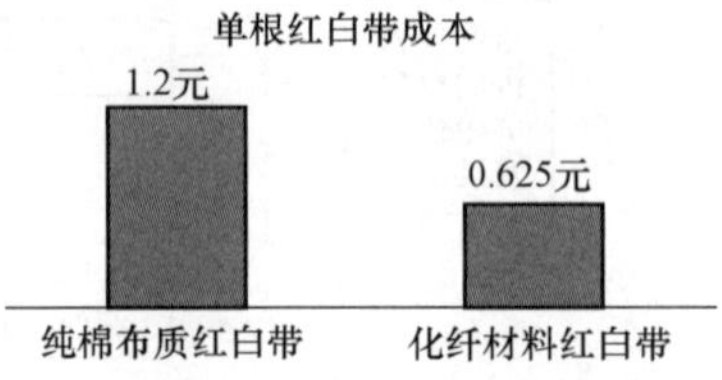 单根红白带成本
	来源 2	1.22 元/根	0.623 元/根	
	来源 3	1.20 元/根	0.621 元/根	
	来源 4	1.11 元/根	0.681 元/根	
	来源 5	1.13 元/根	0.652 元/根	

实验结果：按照规定尺寸制作的红白带成本可以知道	
纯棉布质 1.2 元/根	化纤材质 0.625 元/根

续表

	方案一	方案二

| 试验验证 | 2. 试验验证：对不同材质红白带的拉伸收缩进行试验得到极限拉伸次数

对制作所得的红白带各材质抽取 40 根进行试验，每次试验完成一次红白带的收卷和拉伸，如出现裂纹或缺口即停止试验，试验结果如下： |

	纯棉布质					化纤材质				
序号	1	2	3	4	5	1	2	3	4	5
试验次数	6144	11 379	10 540	6178	7739	9614	9040	11 118	8940	9877
序号	6	7	8	9	10	6	7	8	9	10
试验次数	6486	6760	7933	7723	6650	13 798	7500	9038	9946	9440
序号	11	12	13	14	15	11	12	13	14	15
试验次数	7433	6862	11 021	6856	11 820	11 610	9034	9582	8354	11 855
序号	16	17	18	19	20	16	17	18	19	20
试验次数	7806	6525	6757	11 365	9770	8026	7193	6471	9972	9599
序号	21	22	23	24	25	21	22	23	24	25
试验次数	10 912	8795	8108	0248	9924	10 850	8542	6904	9074	7532
序号	26	27	28	29	30	26	27	28	29	30
试验次数	6824	8102	7646	7358	8359	9827	8930	7787	11 365	6709
序号	31	32	33	34	35	31	32	33	34	35
试验次数	8350	7128	6902	6939	10 112	10 380	11 461	8423	7343	9582
序号	36	37	38	39	40	36	37	38	39	40
试验次数	8930	11 740	11 173	8190	6798	10 062	8707	9645	7358	9946
平均次数	8382					9261				

两种材质方案拉伸试验数据对比：

纯棉布质材料试验情况

化纤材质材料试验情况

实验结果	
纯棉布质试验平均次数为 8382	化纤材质红白带试验平均次数为 9261

综合分析	优点：拉伸次数满足要求 缺点：收缩拉伸平均寿命较低，成本一般	优点：收缩拉伸平均寿命 9261 次，试验合格率达到 100%，成本仅为 0.625 元/根，低廉
结论	不采用	采用

（2）收缩方式选择，见表6-74。

表6-74 　　　　　　　　　　　　收 缩 方 式 分 析 表

选择二	收缩方式选择	
查新借鉴	借鉴二：卷尺的卷式收缩方式	
方案目标	1. 收缩收集方便，单条红白带收集时间小于5s； 2. 收缩收集后体积应小于100cm²； 3. 一个收缩收集机构成本低于2元，可重复利用	
实验方式	1. 现场测量：对比制作完成的两种收集装置的大小； 2. 试验验证：根据不同的收缩方式制作不同的收集收缩装置，试验得到红白带收集时间； 3. 调查分析：调研市场情况，对比价格	
	方案一	方案二
方案名称	自动收缩方式	手动收缩方式
方案描述	采用弹簧片内置式自动收缩结构，红白带可以自动收回	采用手摇圆盘式收缩方式；红白带随着手摇自动缠绕于中轴
方案图示		
现场测量	1. 现场测量：将红白带按各自方式进行缠绕收缩，加上外壳结构，测量其体积 对两种方案进行现场测量，统计得到： （见下表及图） 测量结果： 两个方案无明显差异	

对两种方案进行现场测量，统计得到：

	自动收缩方式	手动收缩方式
单个体积	81cm²	73cm²

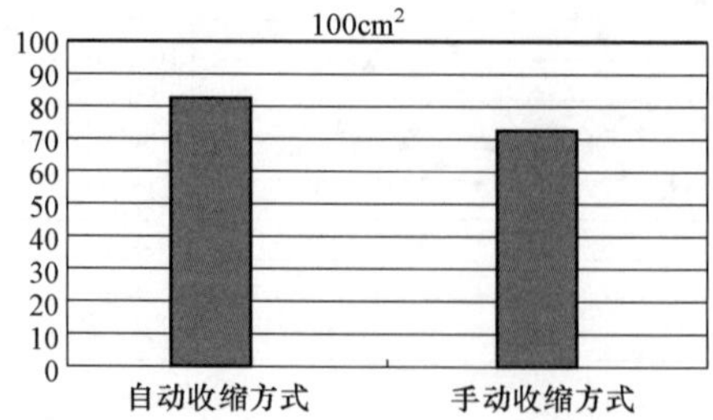

测量结果：

两个方案无明显差异

续表

方案一	方案二

	2. 试验验证：根据不同的收缩方式制作不同的收集收缩装置，试验得到红白带收集时间

对两种方案的收缩收集时间进行试验，现场采用一次试验收集 10 个装置的方法计算单个收集平均时间，共进行 50 次试验，试验结果如下：

试验验证		自动收缩					手动收缩				
	试验序号	1	2	3	4	5	1	2	3	4	5
	时间（s）	0.63	0.54	0.4	0.67	0.54	3.53	4.13	3.55	3.65	3.7
	试验序号	6	7	8	9	10	6	7	8	9	10
	时间（s）	0.74	0.6	0.57	0.75	0.79	4.2	3.67	4.14	3.81	3.78
	试验序号	11	12	13	14	15	11	12	13	14	15
	时间（s）	0.74	0.59	0.66	0.57	0.46	3.73	3.83	3.76	3.86	3.89
	试验序号	16	17	18	19	20	16	17	18	19	20
	时间（s）	0.53	0.7	0.55	0.43	0.42	3.76	4.11	3.76	3.83	3.81
	试验序号	21	22	23	24	25	21	22	23	24	25
	时间（s）	0.57	0.52	0.51	0.55	0.47	3.81	3.89	3.59	4.2	3.92
	试验序号	26	27	28	29	30	26	27	28	29	30
	时间（s）	0.76	0.5	0.72	0.5	0.57	3.64	3.98	3.88	3.7	4.18
	试验序号	31	32	33	34	35	31	32	33	34	35
	时间（s）	0.5	0.73	0.68	0.69	0.46	3.83	3.88	4.11	4.12	3.53
	试验序号	36	37	38	39	40	36	37	38	39	40
	时间（s）	0.46	0.74	0.71	0.58	0.8	3.57	4.04	3.94	4.1	4.11
	试验序号	41	42	43	44	45	41	42	43	44	45
	时间（s）	0.74	0.59	0.66	0.57	0.46	4.17	4.12	3.96	3.65	3.95
	试验序号	46	47	48	49	50	46	47	48	49	50
	时间（s）	0.74	0.45	0.72	0.51	0.65	3.74	3.89	3.59	4.2	3.92
	总平均时间（s）	0.6					3.87				

试验中发现，手摇收缩方式在安措布置完成后极易出现红白带下垂的现象，在作业现场极易被无意间拉扯。自动收缩方式能够有效避免该情况

两种收缩方案拉伸试验数据对比：

手动收缩方案拉伸试验数据　　　　自动收缩方案拉伸试验数据

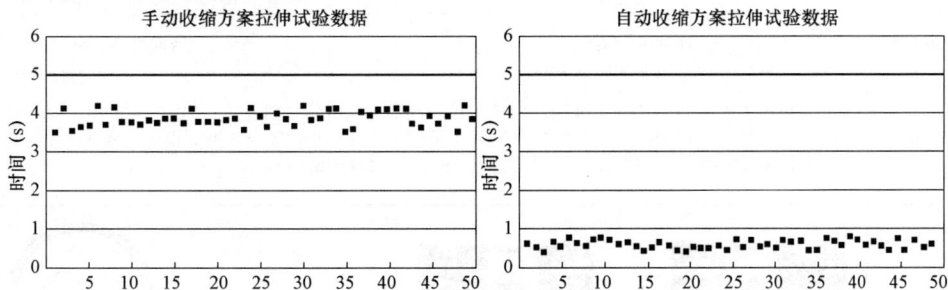

实验结果

自动收缩方式收集时间极短，显著小于手动收缩方式

续表

	方案一	方案二
调查分析：	调查分析：调研市场情况，对比价格	
	两者结构差别在于内部是否有弹簧，通过市场调研发现，单个弹簧价格为 2 元/个  对两种方案的市场价格进行调研，其制作成本均可控制在 5 元/个以内	
	实验结果	
	两个方案无明显差异	
综合分析	优点：成本不高，收集收缩时间极短 缺点：体积略大	优点：成本不高，体积小 缺点：收集时间较长
结论	采用	不采用

（3）卡扣方式选择，见表 6-75。

表 6-75 　　　　　　　　卡 扣 方 式 分 析 表

选择三	收缩方式选择	
查新借鉴	借鉴三：粘贴式挂钩的快速安装方式	
方案目标	1. 安装方便，单个红白带围栏安装时间小于 5s； 2. 拆卸方便，单个红白带围栏拆卸时间小于 5s； 3. 卡扣牢固，红白带安装完成后不易掉落，试验脱落率应小于 2%	
实验方式	试验验证 1：完成 40 各红白带围栏的安装工作，统计时间，计算单个安装平均时间； 试验验证 2：完成 40 各红白带围栏的拆卸工作，统计时间，计算单个拆卸平均时间； 试验验证 3：对完成安装的 40 各红白带围栏进行扫帚扫动干扰，从而模拟人员误碰情况，统计其掉落率	
	方案一	方案二
方案名称	横向卡扣方式	竖向插入方式
方案描述	每个屏柜类设备两侧各一个挂钩，由于采用自动收缩的红白带，可以使红白带两端挂于这两个反向挂钩上，实现安装	利用竖向插入式结构的卡扣结构，如图中 5、6、13 为其主要结构，每个屏柜类设备两侧各一个，红白带两端卡入，实现安装
方案图示	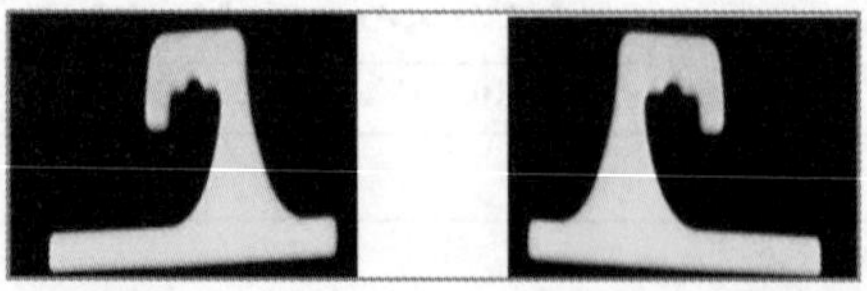	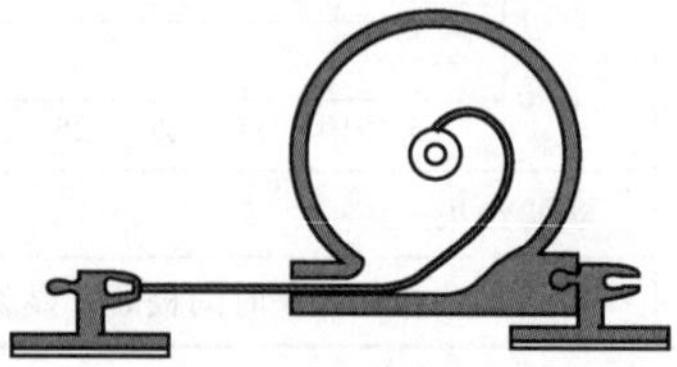

续表

	方案一	方案二

试验验证1	试验验证 1：完成 40 各红白带围栏的安装工作，统计时间，计算单个安装平均时间

对两种方案进行试验验证，统计得到：

	横向卡扣方式					竖向插入方式				
试验序号	1	2	3	4	5	1	2	3	4	5
时间（s）	1.6	1.41	1.42	1.66	1.46	1.54	1.71	1.67	1.51	1.57
试验序号	6	7	8	9	10	6	7	8	9	10
时间（s）	1.53	1.51	1.53	1.6	1.44	1.74	1.59	1.65	1.71	1.76
试验序号	11	12	13	14	15	11	12	13	14	15
时间（s）	1.68	1.58	1.42	1.59	1.43	1.74	1.57	1.76	1.55	1.59
试验序号	16	17	18	19	20	16	17	18	19	20
时间（s）	1.67	1.67	1.46	1.55	1.53	1.8	1.61	1.64	1.75	1.79
试验序号	21	22	23	24	25	21	22	23	24	25
时间（s）	1.62	1.67	1.46	1.68	1.68	1.7	1.61	1.72	1.76	1.67
试验序号	26	27	28	29	30	26	27	28	29	30
时间（s）	1.69	1.47	1.55	1.42	1.52	1.54	1.7	1.64	1.78	1.59
试验序号	31	32	33	34	35	31	32	33	34	35
时间（s）	1.42	1.63	1.43	1.41	1.54	1.59	1.72	1.71	1.78	1.75
试验序号	36	37	38	39	40	36	37	38	39	40
时间（s）	1.66	1.51	1.57	1.7	1.66	1.67	1.69	1.68	1.53	1.67
单个平均安装时间（s）	1.55					1.67				

试验中发现，两种方式的安装时间差别不大，都非常简单便捷

横向卡扣方式方案安装时间试验数据

竖向插入方式方案安装时间试验数据

试验结果：
两种方案试验结果差别不大

	方案一					方案二				
试验验证2	试验验证2：完成40各红白带围栏的拆卸工作，统计时间，计算单个拆卸平均时间									

对两种方案进行试验验证，统计得到：

	横向卡扣方式					竖向插入方式				
试验序号	1	2	3	4	5	1	2	3	4	5
时间（s）	0.74	0.65	0.56	0.5	0.55	0.94	0.77	0.74	0.64	0.92
试验序号	6	7	8	9	10	6	7	8	9	10
时间（s）	0.56	0.53	0.61	0.76	0.58	0.72	0.62	0.92	0.83	0.98
试验序号	11	12	13	14	15	11	12	13	14	15
时间（s）	0.58	0.6	0.54	0.67	0.51	0.66	0.67	0.95	0.92	0.76
试验序号	16	17	18	19	20	16	17	18	19	20
时间（s）	0.61	0.66	0.5	0.52	0.62	0.9	0.79	0.68	0.6	0.9
试验序号	21	22	23	24	25	21	22	23	24	25
时间（s）	0.53	0.5	0.61	0.66	0.6	0.65	0.83	0.97	0.97	0.78
试验序号	26	27	28	29	30	26	27	28	29	30
时间（s）	0.57	0.53	0.62	0.78	0.63	0.79	0.67	0.99	0.91	0.87
试验序号	31	32	33	34	35	31	32	33	34	35
时间（s）	0.7	0.65	0.73	0.75	0.62	0.79	0.6	0.94	0.79	0.81
试验序号	36	37	38	39	40	36	37	38	39	40
时间（s）	0.8	0.53	0.63	0.63	0.52	0.89	0.84	0.97	0.98	0.87
单个平均拆卸时间(s)	0.611					0.83				

横向卡扣方式方案拆卸时间试验数据

竖向插入方式方案拆卸时间试验数据

试验中发现，两种方式的拆卸时间差别不大，都非常简单便捷

实验结果

两个方案差别不大，横向卡扣拆卸时间更短

续表

	方案一	方案二
试验验证3	试验验证 3：对完成安装的 40 各红白带围栏进行人员误碰模拟，统计其掉落率	
	对两种方案进行试验验证，每个红白带围栏进行三次扫动，即共进行 240 次试验，统计得到：	
	<table><tr><td></td><td>横向卡扣方式</td><td>竖向插入方式</td></tr><tr><td>卡扣脱落数量</td><td>2 次</td><td>0 次</td></tr><tr><td>脱落率</td><td>1.67%</td><td>0%</td></tr></table>	
	试验中发现，竖向插入方式的方案在抗干扰方面表现出了极其优良的特性。在试验中发现，一旦有卡扣脱落的情况，横向方式将导致红白带整体掉落，稳定性差。竖向插入方式稳定性远大于横向卡扣方式。	
	实验结果	
	竖向插入方式脱落率为 0，安全性更好	
综合分析	优点：安装、拆卸方便，耗时极短，相较于竖向插入方式更为迅速 缺点：安装后易脱落，且脱落后稳定性差	优点：安全性好，不易脱落 缺点：安装时间略慢
结论	不采用	采用

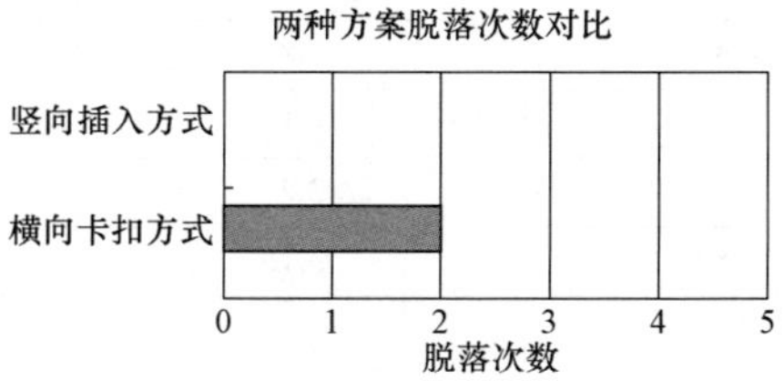

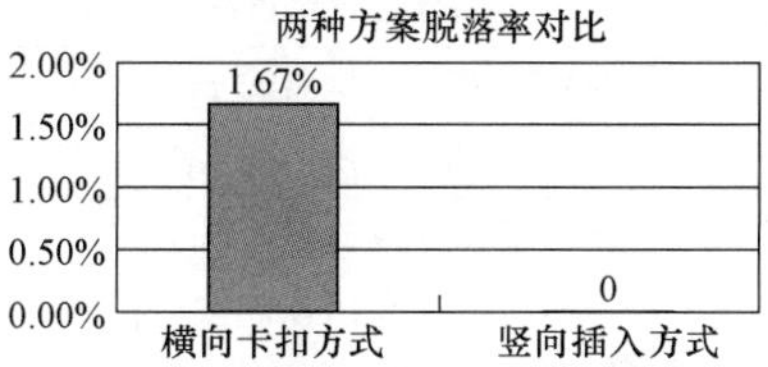

（4）红外感应模块的选择，见表 6-76。

表 6-76   红外感应模块对比分析表

选择四	红外感应模块的选择		
查新借鉴	借鉴四：红外自动门的红外实时监测感应模块		
方案目标	1. 实现入侵感应正确率达到 100%； 2. 入侵反应时间应小于 1s； 3. 入侵感应距离应大于 2.5m		
实验描述	1. 现场测量：两种不同方案进行现场测量，确定其感应距离满足要求； 2. 试验验证：现场进行入侵试验，验证其入侵反应速度和入侵感应正确率		
	方案一	方案二	方案三
方案名称	单束感应	多束感应	扇面感应
方案描述	采用单束红外线方式，实现入侵的实时感应	采用排状多道红外线进行实时监测	采用单个模块扇面发射红外线的感应方式
方案图示	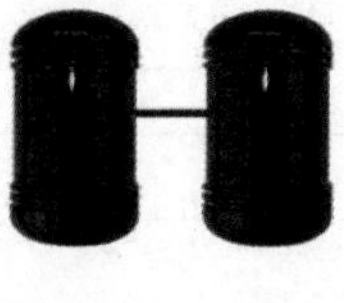	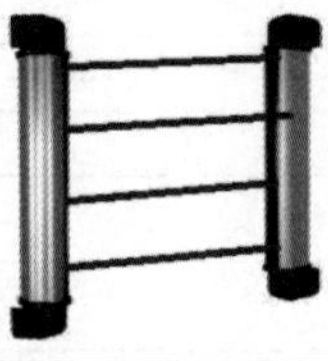	

续表

<table>
<tr><th></th><th>方案一</th><th>方案二</th><th>方案三</th></tr>
<tr><td rowspan="5">现场测试</td><td colspan="3">1. 现场测量：两种不同方案进行现场测量，确定其感应距离满足要求</td></tr>
<tr><td colspan="3">对采购的不同感应方式模块进行现场测量，测量结果如下：
<table>
<tr><th></th><th>单束感应</th><th>多束感应</th><th>扇面感应</th></tr>
<tr><td>感应距离第 1 次测试(m)</td><td>3.2</td><td>4.3</td><td>4.8</td></tr>
<tr><td>感应距离第 2 次测试(m)</td><td>3.9</td><td>4.8</td><td>3.8</td></tr>
<tr><td>感应距离第 3 次测试(m)</td><td>3.8</td><td>3.5</td><td>4.1</td></tr>
<tr><td>感应距离第 4 次测试(m)</td><td>4.1</td><td>3.9</td><td>4.2</td></tr>
<tr><td>感应距离第 5 次测试(m)</td><td>4.3</td><td>3.8</td><td>4.8</td></tr>
<tr><td>感应距离第 6 次测试(m)</td><td>4.8</td><td>3.8</td><td>5.1</td></tr>
<tr><td>感应距离第 7 次测试(m)</td><td>3.6</td><td>4.1</td><td>4.3</td></tr>
<tr><td>感应距离第 8 次测试(m)</td><td>4.3</td><td>3.2</td><td>4.8</td></tr>
<tr><td>感应距离第 9 次测试(m)</td><td>4.8</td><td>3.1</td><td>4.6</td></tr>
<tr><td>感应距离第 10 次测试(m)</td><td>3.6</td><td>3.5</td><td>4.5</td></tr>
<tr><td>平均</td><td>4.04</td><td>3.8</td><td>4.44</td></tr>
</table></td></tr>
<tr><td colspan="3">实验结果：</td></tr>
<tr><td colspan="3">扇面感应距离最大，为 4.44m</td></tr>
<tr><td rowspan="4">试验验证</td><td colspan="3">2. 试验验证：现场进行入侵试验，验证其入侵反应速度和入侵感应正确率</td></tr>
<tr><td colspan="3">对三种方案进行试验验证，首先进行入侵感应时间的试验，统计得到：
<table>
<tr><th></th><th>单束感应</th><th>多束感应</th><th>扇面感应</th></tr>
<tr><td>感应时间第 1 次测试（s）</td><td>0.73</td><td>0.76</td><td>0.56</td></tr>
<tr><td>感应时间第 2 次测试（s）</td><td>0.71</td><td>0.86</td><td>0.62</td></tr>
<tr><td>感应时间第 3 次测试（s）</td><td>0.78</td><td>0.86</td><td>0.58</td></tr>
<tr><td>感应时间第 4 次测试（s）</td><td>0.62</td><td>0.81</td><td>0.53</td></tr>
<tr><td>感应时间第 5 次测试（s）</td><td>0.68</td><td>0.62</td><td>0.61</td></tr>
<tr><td>感应时间第 6 次测试（s）</td><td>0.73</td><td>0.68</td><td>0.52</td></tr>
<tr><td>感应时间第 7 次测试（s）</td><td>0.81</td><td>0.78</td><td>0.58</td></tr>
<tr><td>感应时间第 8 次测试（s）</td><td>0.62</td><td>0.81</td><td>0.66</td></tr>
<tr><td>感应时间第 9 次测试（s）</td><td>0.69</td><td>0.68</td><td>0.56</td></tr>
<tr><td>感应时间第 10 次测试(s)</td><td>0.66</td><td>0.62</td><td>0.60</td></tr>
<tr><td>平均</td><td>0.703</td><td>0.748</td><td>0.582</td></tr>
</table>
再进行感应正确率的试验，共进行 50 次入侵试验，统计得到：
<table>
<tr><th></th><th>单束感应</th><th>多束感应</th><th>扇面感应</th></tr>
<tr><td>正确感应次数</td><td>50</td><td>50</td><td>50</td></tr>
<tr><td>未正确感应次数</td><td>0</td><td>0</td><td>0</td></tr>
<tr><td>感应正确率</td><td>100%</td><td>100%</td><td>100%</td></tr>
</table></td></tr>
<tr><td colspan="3">实验结果：</td></tr>
<tr><td colspan="3">三种方案无差别</td></tr>
</table>

续表

	方案一	方案二	方案三
结果分析	优点：感应正确性高 缺点：感应距离较小，感应速度较慢	优点：感应正确性高， 缺点：感应距离较小、感应速度较慢	优点：感应正确性高，感应距离大、感应速度快
结论	不采用	不采用	采用

（5）告警模块的选择，见表 6－77。

表 6－77 告警模块对比分析表

选择五	告警模块的选择	
查新借鉴	借鉴五：店铺用迎宾门铃的声光语音告警	
方案目标	1. 语音告警应洪亮，距离 1m 处分贝数应大于 80； 2. 体积应尽量小，方便安装，体积小于 120cm³； 3. 告警灯光应在开关室环境下极易辨认，光强不小于 20cd； 4. 重量应尽量小，小于 300g	
实验描述	1. 现场测量：两种不同方案进行现场测量，确定其体积与重量是否符合要求； 2. 试验验证：现场进行告警试验，测量其声音告警分贝数与灯光告警的光强度是否满足要求	
	方案一	方案二
方案名称	蜂鸣告警	语音告警
方案描述	采购市场上已有的蜂鸣报警器	设计制作可语音录入的声光告警装置
方案图示		
现场测试	1. 现场测量：两种不同方案进行现场测量，确定其体积与重量是否符合要求 对采购的告警模块和设计制作的样品模块进行现场测量，测量结果如下： |	蜂鸣告警	语音告警 | |---|---|---| | 单个体积 | 98 cm² | 110 cm² | | 单个重量 | 289g | 243g | 实验结果： 单个体积 98cm²　　单个体积 110cm² 单个重量 289g　　单个重量 243g	

	方案一	方案二
	2. 试验验证：现场进行告警试验，测量其声音告警分贝数与灯光告警的光强度是否满足要求	

对两种方案进行试验验证，每个方案取 9 个模块进行试验，统计得到：

	蜂鸣告警			语音告警		
模块号	1	2	3	1	2	3
光强度	28cd	26cd	25cd	56cd	66cd	54cd
分贝数	103	96	89	113	108	119
模块号	4	5	6	4	5	6
光强度	27cd	29cd	28cd	67cd	52cd	55cd
分贝数	93	99	104	108	113	121
模块号	7	8	9	7	8	9
光强度	25cd	25cd	26cd	65cd	66cd	51cd
分贝数	102	102	94	113	124	108

（左侧栏目：试验验证）

试验中发现，采购的蜂鸣告警模块在声音报警的分贝数方面，虽能满足基本要求，但与语音告警相比，分贝数较小；同时，灯光报警的光强度只能在 25cd 左右徘徊，距离语音告警的强度的相差甚远；设计制作的样品模块能够很好地满足目标的要求。除了这些，由于设计制作的告警模块可以实现语音内容编辑输入的功能，能够更加清晰明确地发出告警，保证误入人员及所有现场人员能明确危险点，适应于各种场合，更加安全可靠

实验结果：

语音告警在分贝数、光强度方面，明显优于采购的蜂鸣告警，且能实现语音内容编辑输入，能更加明确危险点，适应于各种场合

结果分析	优点：外形较小，重量较轻 缺点：灯光强度较小，告警音量较小	优点：可调节音量，可编辑语音内容，报警灯光强度高，更加容易引起注意，外形小，重量轻
结论	不采用	采用

（四）细化后最终方案

针对方案进一步的细化分解，通过对相关参数及优缺点对比分析最终确定细化后最终方案为（见图 6-26）。

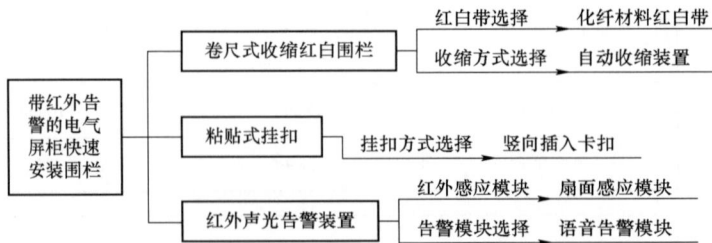

图 6-26 细化后最终方案

六、制定对策

小组根据细化后的最佳方案及 5W1H 原则，制定了详细对策表（见表 6-78）。

表 6-78   对 策 实 施 表

	对策	目 标	措 施	时间
1	化纤材料红白带的制作	1. 红白带宽度误差应小于等于±0.5cm； 2. 红白带长度误差应不大于±1cm； 3. 红白带耐摩擦色牢度应大于等于4级	1. 调查市场上各化纤材料的价格，需要合适的红白带原料厂商 2. 将化纤材料进行切割分块、刷漆染色，完成红白带制作 3. 效果验证	2018 年 5 月
2	自动收缩装置的制作	1. 收缩装置体积误差比例应不大于±1%； 2. 收缩装置收缩耐用次数应大于 6000次	1. 研究弹簧收缩原理，绘制收缩装置原理图 2. 制作尺寸大小合适的弹簧机构 3. 制作收缩装置 4. 效果验证	2018 年 5 月
3	竖向插入式卡扣的制作	1. 粘结强度应不小于1MPa； 2. 卡扣承受拉力应大于等于100N	1. 制作竖向插入式卡槽原理图 2. 制作卡扣模型 3. 效果验证	2018 年 6 月
4	扇面感应模块的制作	1. 工作用电功率应不大于 0.5W； 2. 红外感应角度应不小于120°； 3. 输出信号电压应大于等于1V	1. 调查各开关室环境 2. 红外感应模块原理图设计 3. 根据原理图进行实物制作 4. 效果验证	2018 年 6 月
5	语音告警模块的制作	1. 语音告警应洪亮，距离 2m 处分贝数应不小于80dB； 2. 声强衰减性能优良，6m 处分贝数应大于等于70dB； 3. 工作用电功率小于0.5W； 4. 连续告警时间大于等于3h	1. 绘制告警模块原理图 2. 制作告警模块 3. 录制告警内容，试验告警音量 4. 与红外感应模块配合试验 5. 效果验证	2018 年 6 月

七、对策实施

（一）实施一：化纤材料红白带的制作

化纤材料红白带的制作，其对策实施表见表 6-79。

表 6-79   化纤材料红白带的设计制作实施表

步骤	措施	实 施 结 果
1. 调查市场上各化纤材料的价格，需要合适的红白带原料厂商	对市场上各不同化纤材料进行调查，寻找适合化纤材料及厂家	对市场上的以下化纤材料种类进行调查，并进行了逐项评价，评价结果如下： 	种类	塔丝隆	聚酰胺	牛津布	聚氨基甲酸酯纤维	涤纶
---	---	---	---	---	---
评价结果	价格高	满足要求	太厚	不耐磨	不耐磨 | 通过调查评价，确定聚酰胺为最佳合适面料，针对选定面料进行供货商调查评价： | 供货商	兆兴化纤布料有限公司	广州顺亿纺织品有限公司	恒逸纺织厂	梦达化纤有限公司
---	---	---	---	---
评价结果	质量一般	信用一般	价格高	满足要求	

步骤	措施	实 施 结 果
2. 将化纤材料进行切割分块、刷漆染色，完成红白带制作	对采购完成的化纤材料进行加工，完成切割染色工作，形成红白带成品	红白带尺寸可根据要求设计，设计采用尺寸为宽 12cm 长 2.8m 制作完成后，计算红白带成本，约 0.6 元/根
3. 效果验证	根据设定的目标值进行效果的验证。	首先进行抽样检查，样本数为 40。对制作完成的红白带的宽度、长度进行检查

序号	长度误差	宽度误差	图 例
1	−0.32	−0.17	
2	−0.43	0.41	
3	0.12	0.23	
4	0.02	−0.37	
5	0.15	−0.42	
6	−0.26	0.34	
7	−0.32	−0.38	
8	−0.04	−0.19	
9	−0.41	−0.44	
10	−0.49	0.44	
11	0.22	0.21	
12	−0.42	−0.19	
13	0.37	0.24	
14	−0.02	−0.32	
15	0.21	0.33	
平均值	0.25cm	0.312	

小组针对完成的红白带耐磨色牢度进行试验，摩擦头尺寸：圆形 ϕ12mm；长方形 21mm×16mm；摩擦头垂直压力：15N；动程：80mm；摩擦速度：30 次/min；试样规格：100mm×50mm；摩擦布规格：40mm×40mm。结果如下。

序号	耐摩擦色牢度	序号	耐摩擦色牢度
1	4	16	4
2	4	17	4
3	4	18	5
4	4	19	4
5	4	20	4

续表

步骤	措施	实 施 结 果
3. 效果验证	根据设定的目标值进行效果的验证。	<p align="right">续表</p> 详见下表

序号	耐摩擦色牢度	序号	耐摩擦色牢度
6	5	21	4
7	4	22	4
8	4	23	4
9	4	24	4
10	4	25	5
11	4	26	4
12	4	27	4
13	5	28	4
14	4	29	4
15	4	30	5
结论	所有样品耐摩擦色牢度均大于等于 4 级		

（二）实施二：自动收缩装置的制作

自动收缩装置的制作，其对策实施表见表 6-80。

表 6-80   **自动收缩装置的制作实施表**

步骤	措施	实 施 结 果
1. 研究弹簧收缩原理，绘制收缩装置原理图	查找相关资料，结合自身需求，设计并绘制相关原理图	
2. 制作尺寸大小合适的弹簧机构	根据使用环境和绘制的图纸，制作满足要求的弹簧机构	小组针对变电站内开关室环境进行研究，调查统计的到开关室内全年温度为 20～30℃，湿度为 20%～60%。 根据开关室内环境，结合图纸进行弹簧机构的制作
3. 制作收缩装置	将制作完成的弹簧机构和红白带进行结合，并完成外壳的安装，实现整体拼装	拼装完成的收缩装置体积为 96 cm², 同时，收缩收集机构单个成本约 1.5 元
4. 效果验证	对完成的收缩装置进行现场试验，验证其是否满足收集方便的功能要求	对完成的装置进行采样抽查，误差要求小于等于 1%，因此，体积应在 101cm³ 与 99cm³ 之间，体积统计结果如下：

序号	1	2	3	4	5
体积（cm³）	100.95	101	99	100.72	100.82
序号	6	7	8	9	10
体积（cm³）	100.33	100.91	100.92	99.62	100.14
序号	11	12	13	14	15
体积（cm³）	99.59	99.84	99.94	100.55	100.02

步骤	措施	实 施 结 果
4. 效果验证	对完成的收缩装置进行现场试验,验证其是否满足收集方便的功能要求	续表 **（体积表）** （见下表及统计图） 试验结果满足要求 对收缩装置耐用次数进行验证,采样的收缩装置进行试验,结果如下: （见下表） 试验结果满足要求

续表

序号	16	17	18	19	20
体积（cm³）	99.14	100.31	99.59	99.59	100.9
序号	21	22	23	24	25
体积（cm³）	99.59	99.74	99.99	99.91	99.63
序号	26	27	28	29	30
体积（cm³）	100.93	99.16	99.01	100.14	99.4
序号	31	32	33	34	35
体积（cm³）	100	99.91	100.95	100.98	99.91
序号	36	37	38	39	40
体积（cm³）	100.55	99.04	99.29	99.58	100.9
平均体积	100.06 cm³				

收缩装置体积情况统计图

序号	1	2	3	4	5
次数	13 155	9923	13 571	8504	11 181
序号	6	7	8	9	10
次数	8172	10 793	9887	14 958	11 735
序号	11	12	13	14	15
次数	12 312	9327	13 251	11 909	14 042
序号	16	17	18	19	20
次数	13 684	11 225	10 949	14 379	11 500
序号	21	22	23	24	25
次数	12 069	11 013	11 167	10 540	13 969
序号	26	27	28	29	30
次数	11 677	12 470	13 709	10 949	12 453
序号	31	32	33	34	35
次数	14 907	11 576	11 096	11 271	14 955
序号	36	37	38	39	40
次数	13 179	9976	11 620	9860	9892

（三）实施三：竖向插入式卡扣的制作

竖向插入式卡扣的制作，其对策实施表见表 6-81。

表 6-81 竖向插入式卡扣的制作实施表

步骤	措施	实 施 结 果
1. 制作竖向插入式卡槽原理图	根据收缩装置大小和重量，设计需要的竖向插入式卡扣结构图，保证能够方便快捷的安装和拆卸，同时还能够牢固可靠	
2. 制作卡扣模型	根据设计完成的原理图和结构图，进行实物制作	
3. 效果验证	将制作完成的卡扣进行试验，完成效果验证	（见下方内容）

3. 效果验证：

抽取 40 个挂扣进行试验。结果如下：

序号	1	2	3	4	5
粘结强度（MPa）	1.36	1.77	1.65	1.29	1.8
卡扣拉力（N）	114.94	153.62	135.76	141.86	156.5
序号	6	7	8	9	10
粘结强度（MPa）	1.2	1.48	1.41	1.31	1.57
卡扣拉力（N）	113.63	153.66	122.74	119.29	149.16
			……		
序号	36	37	38	39	40
粘结强度（MPa）	1.54	1.72	1.29	1.7	1.73
卡扣拉力（N）	141.46	142.48	111.79	113.82	141.13
平均粘结强度（MPa）	1.45				
平均卡扣拉力（N）	130.89				

挂扣粘结强度情况统计图

挂扣横向拉力情况统计图

结论：制作完成的挂钩粘结强度和卡扣拉力满足要求

（四）实施四：扇面感应模块的制作

扇面感应模块的制作，其对策实施表见表 6－82。

表 6－82   扇面感应模块的制作实施表

步骤	措施	实 施 结 果
1. 调查各开关室环境	对各变电站内全年温度、湿度变化情况进行调查统计，提出红外模块相关要求	本小组对××地区 10 座变电站开关室内的全年温度、湿度情况进行调查统计，结果如下： 详见下表
2. 对红外感应模块进行原理图设计	根据相关要求设计绘制红外感应模块原理图	现根据相关要求设计逻辑原理图，如下图所示： 根据完成的逻辑原理图，结合相关电气元件知识完成电路原理图，从而完成模块的相应功能
3. 根据原理图进行实物制作	根据绘制完成的逻辑原理图、电路原理图设计制作红外感应模块实物	根据市局需求，购买电子元器件，按照图纸进行焊接，成品如下图所示：
4. 效果验证	将完成制作的红外感应模块放置在开关室实际环境中，检测其红外感应功能情况	测试结果如下所示： 详见下表及图

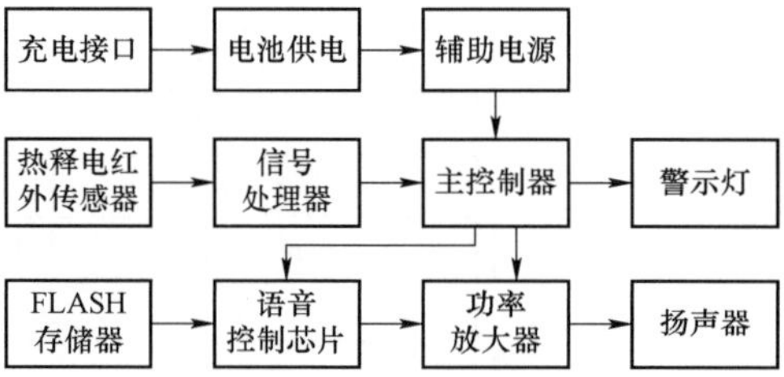

实施结果中的调查表（步骤1）：

变电站	青石变电站	白苎变电站	金鱼变电站	共建变电站	秀清变电站
温度变化范围（℃）	16～32	22～33	21～34	19～31	18～34
湿度变化范围（%）	44～67	40～69	45～70	43～68	49～62
变电站	建设变	新篁变	亚太变	秀水变	烟雨变
温度变化范围（℃）	15～34	20～31	19～34	22～35	18～33
湿度变化范围（%）	48～65	40～62	46～69	51～70	41～64
相关要求	温度 15～35℃，湿度 40%～70%				

效果验证测试结果（步骤4）：

序号	1	2	3	4	5	6	7	8	9	10
工作功率（W）	0.4	0.4	0.3	0.5	0.4	0.3	0.4	0.4	0.4	0.5

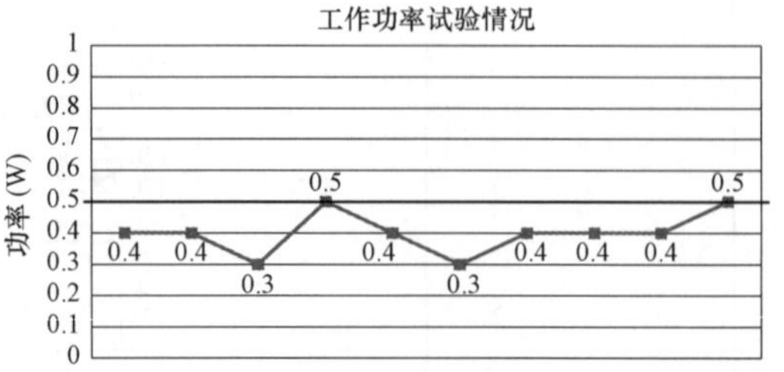

工作功率试验情况

续表

步骤	措施	实　施　结　果
4. 效果验证	将完成制作的红外感应模块放置在开关室实际环境中,检测其红外感应功能情况	续表 感应角度(度) 142 | 151 | 137 | 161 | 148 | 157 | 155 | 154 | 159 | 149 感应角度试验情况 信号电压(V) 1.2 | 1.5 | 1.4 | 1.5 | 1.4 | 1.5 | 1.5 | 1.4 | 1.3 | 1.5 信号电压试验情况

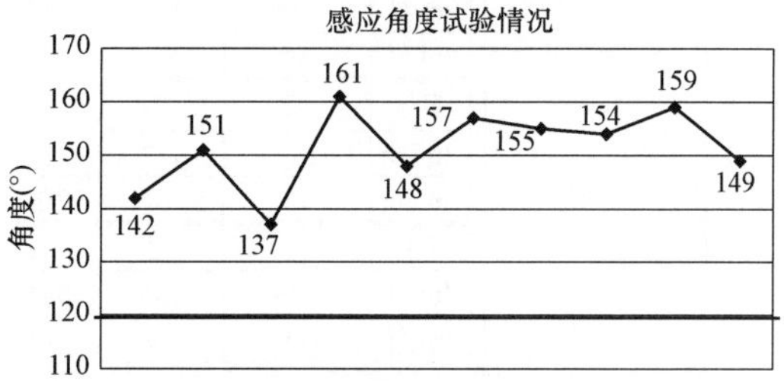

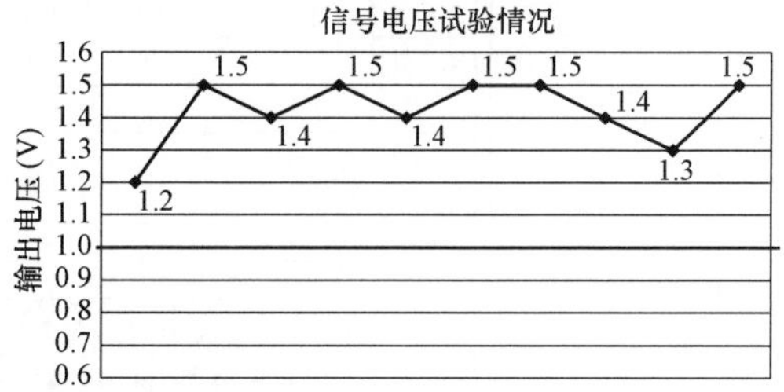

（五）实施五：语音告警模块的制作

语音告警模块的制作,其对策实施表见表 6-83。

表 6-83　　　　　　　　**语音告警模块的制作实施表**

步骤	措施	实　施　结　果
1. 绘制告警模块原理图	根据功能需求设计制作告警模块原理图	为提高装置的利用范围,设计要求装置能够实现语音修改、语音录入、外置储存等功能。根据以上功能要求,设计绘制相关原理图
2. 制作告警模块	根据绘制完成的原理图,购买相关元器件,进行模块制作	根据图纸,完成制作,实物如下图所示: 
3. 录制红外告警内容,试验告警音量	根据实际需求进行语音录制,录制后进行程序写入,实现不同场合语音提示准确到位	录制完成的语音按照规定要求保存至 TF 内存扩展卡中。本模块支持内存卡的热拔插,实现快速方便地完成语音更换
4. 与红外感应模块进行配合试验	制作完成的语音告警模块与红外线模块实现组装,从而形成整个红外线语音告警装置	两个模块分别实现了红外线感应和语音声光报警,两者的结合能够快速将误入情况转变为声光语音信号,提醒工作负责人与误入人员,能够从源头上解决误入带电区域的安全隐患

步骤	措施	实 施 结 果
5. 效果验证	对整个红外告警装置进行试验，验证其语音告警灯相关功能是否满足要求	（见下表和图例）

测量装置不同距离分贝数如下表所示：

序号	1	2	3	4	5	6	7	8	9	10
2m 处	122	157	117	117	135	122	157	117	117	135
4m 处	84	81	78	71	84	84	81	78	71	84
序号	6	7	8	9	10	6	7	8	9	10
2m 处	137	117	123	115	153	137	117	123	115	153
4m 处	73	78	73	81	87	73	78	73	81	87
序号	11	12	13	14	15	11	12	13	14	15
2m 处	145	153	111	115	115	145	153	111	115	115
4m 处	71	69	89	69	86	71	69	89	69	86
				……						
序号	31	32	33	34	35	31	32	33	34	35
2m 处	117	157	118	116	156	117	157	118	116	156
4m 处	80	87	81	71	79	80	87	81	71	79
平均值		2m 处为 132					4m 处为 78.8			

不同距离分贝数测试情况

对装置用电功率和连续告警时间进行效果验证。

序号	功率（W）	时间（h）	图 例
1	0.47	4.2	装置用电功率试验情况
2	0.457	4.1	
3	0.449	3.8	
4	0.441	4.5	
5	0.436	3.7	
6	0.464	4.2	
7	0.487	4.2	
8	0.431	4.1	最大连续报警时间试验情况
9	0.455	4.0	
10	0.481	4.1	
11	0.428	3.9	
12	0.481	4.2	
13	0.448	4.2	
14	0.437	4.1	
15	0.458	4.2	
平均值	0.455	4.1	

现场应用情况如下：

针对完成的围栏进行现场应用，如图6-27所示。

图6-27　现场应用图

同时，本成果在多处现场实践应用，效果良好，经公司相关部门认证，本成果设备在安全、质量、管理、成本等方面均无负面影响。

八、效果检查

（一）目标检查

2018年度××变电运检室各屏柜类设备工作现场中，通过采用带红外告警的电气屏柜围栏，安措布置时间大大缩短，带电区域误入情况大幅降低，统计见表6-84：

表6-84　　　　　　　　　采用带红外告警的电气屏柜围栏停电时间

变电站	汇×	金×	海×	余×	东×	南×	烟×	凤×	运×	屠×
单项安措平均时间	4.2min	4.1min	3.6min	4.5min	3.2min	3.4min	4.3min	3.8min	3.7min	4.5min
平均时间	3.93min									

可以看出，采用带红外告警的电气屏柜围栏后，改变了各变电站屏柜类设备工作中的安措布置时间，因此，停电时间大大减小，成功地将单项屏柜类设备工作安措布置平均时间由15min缩短至3.93min，如图6-28所示。

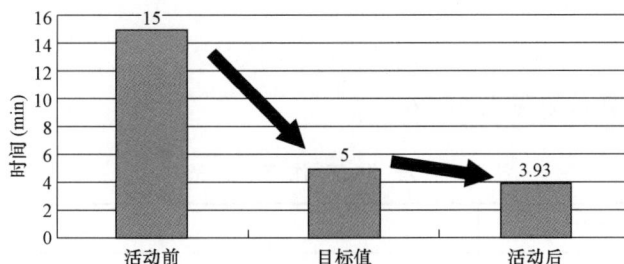

图6-28　活动前后目标量对比

结论：目标超额实现。

（二）效益验证

课题获多方面效益情况见表6-85。

表6-85 效益分析验证与体现表

效益名称	效益分析	结论
经济效益	在屏柜类设备相关工作过程中，采用带红外告警的电气屏柜围栏后，减少安措布置时间，缩短停电时间： 活动后，单项开关柜工作安措布置平均时间由原来的15min缩短至3.93min，7月1日至12月1日，开关柜工作12 400次，安措布置将节省2288h[（15-3.93）×12 400/60]，单个开关柜平均负荷约2MW。项目实施以后，采用带红外告警的电气屏柜围栏，减少停电负荷数计算可得： （15-3.93）×12 400/60×2000=4 575 600kWh 增收电费：4 575 600×0.053 8=24.617万元 活动后实现经济效益24.617万元	经济效益24.617万元
	财务部门计算出具的效益分析报告： 带红外告警的柜用多层防护装置 项目效益分析报告 国网浙江省电力公司嘉兴供电公司 2018年11月10日	
社会责任绩效	（1）带红外告警的电气屏柜围栏可以大幅提升屏柜类设备工作安措布置便捷性，节省了大量的人力物力，提高了工作效率	彰显国企社会责任
	（2）带红外告警的电气屏柜围栏可以提升变电站屏柜类设备工作的安全性，间接提升了供电可靠性	
	（3）带红外告警的电气屏柜围栏所带来的安全性、便捷性降低了事故发生率，为社会稳定和国泰民安提供了保证	
项目推广价值	电网不断发展，开关柜在负荷侧的覆盖率已逐渐接近100%，屏柜类设备相关工作也逐年增加。因此，带红外告警的电气屏柜围栏能够大幅提升工作效率，显著改善屏柜类设备工作安全性，保证人身、电网、设备安全。不仅如此，带红外告警的电气屏柜围栏可复制性好，易于推广，适应于所有的变电站屏柜类设备类设备，具有很好的推广应用前景	推广价值大

九、标准化

课题标准化工作实施表见表6-86。

表6-86 标准化工作实施表

标准化	开展内容	成果编号	成果
编制标准化文件，列入公司日常规范	编制《带红外告警的电气屏柜围栏安装指导书》	YJ-0821004029	—

续表

标准化	开展内容	成果编号	成果
编制标准化文件，列入公司日常规范	编制《带红外告警的电气屏柜围栏技术规范书》	2018-JX-FW0023	
	编制《带红外告警的电气屏柜围栏运维办法》	XD-2018-1024	
	图纸归档	JXEP-XDQC2018 1201	

十、总结与下一步打算

课题总结及下一步打算见表 6-87。

表 6-87　　　　　　　　　　　　课题总结及下一步打算

	总　结
专业技术提升	本次课题《带红外告警的电气屏柜快速安装围栏的研制》以提升工作效率，提高安措防范能力，满足电力生产本质安全要求为目的，设定单项屏柜类设备工作安措布置平均时间由 15min 缩短至 5min 的目标，通过调查研究并运用查新借鉴等活动方式，采用饼图、柱状图等 QC 工具对数据进行整理、分类、统计，成功设计并研制出了卷尺式收缩红白围栏、区域误入红外声光告警装置，实现了单项屏柜类设备工作安措布置平均时间由 15min 缩短至 3.93min，进一步提高了屏柜类设备安措布置效率，缩短了停电时间 此外，本次课题授权了国家实用新型专利 3 项，受理发明专利 2 项，发表论文两篇 _见下表_

	开展内容	成果编号
知识产权及论文情况	授权了国家实用新型专利 3 项，受理发明专利 2 项	ZL201820017622.9 ZL201820017621.4 ZL201820017625.2 201810011204.3 201810012008.1
	发表技术论文	核心期刊论文 2 篇

管理技术提升	通过本次 QC 活动，提升了小组的管理技术。活动后，小组成员明确了每个人的职责，相互之间的配合更加默契，团队精神大幅提高，管理技术得到提升
小组成员素质提升	通过本次 QC 活动，小组成员创新能力，应用质量工具分析问题、解决问题能力得到提升，各方面技能、技术以及综合素质都得到了全面的发展。如：在对图纸的解读方面有了长足的进步；在试验分析上小组对于逻辑性分析有了很大的提升

推广应用提升	目前，成果已在国网××供电公司五县两区全面推广应用，得到使用者的一致好评。如能在更广泛的范围内推广应用，将创造更高的经济及社会效益
特色与不足	小组创新课题源于生产一线，能切实解决生产实际存在的问题，并且课题易复制、可推广。下一步，小组将进一步对成员管控、小组成员特长发挥等方面进行提升
下一步打算	小组将在实际工作中，更广泛地开展QC活动，针对顾客需求不断改进，不断创新。在接下里的QC活动中，小组计划开展《户外电气设备快速安装围栏研制》的课题研究

十一、《带红外告警的电气屏柜防误装置的研制》点评

本 QC 小组针对封闭式铠装设备、移动变电站、柜屏类设备等布局较为紧凑，各项工作开展需要严格规范的安全措施，需要进一步提升工作效率，提高安措防范能力，满足电力生产本质安全要求，以《带红外告警的电气屏柜防误装置的研制》为课题，严格遵循 PDCA 循环，开展质量管理小组活动，活动类型为创新型。课题运用了新的思维，研制了新的产品，体现了创新型课题"追求卓越"的目标。课题成果实用性强、便于推广，流程清晰规范、环环相扣，值得广大 QC 小组学习和借鉴。具体优点介绍如下：

（1）课题选择方面。课题从分析实际需求出发，以需求为导向，对现有的技术方案进行分析，并借鉴查新不同行业和类似专业中的专利、文献、产品等，将课题定为《带红外告警的电气屏柜防误装置的研制》。课题名称一目了然，直接描述了研制对象的特性，技术查新工作呈现了灵感的来源和借鉴的点，均符合新标准要求。

（2）提出方案并确定最佳方案方面。课题提出了可能达到预定目标的各种方案，并对所有的方案进行了整理，方案包括总体方案与分级方案，总体方案具有创新性和相对独立性，分级方案具有可比性，且逐层展开到可以实施的具体方案。小组通过现场测量、试验和调查分析的方法，应用事实和数据对经过整理的方案进行了逐一分析和论证，并最终确定了最佳方案。

（3）对策制定及实施方面。课题针对最佳方案分解中确定的可实施的具体方案，逐项制定了对策，按"5W1H"原则制定对策表，在表中明确了较为具体的对策措施，设定了可测量的对策目标，在每条对策措施实施后，及时检查相应对策目标的实施效果及其有效性，同时还通过第三方对策实施结果在安全、质量、管理、成本等方面有无负面影响进行了验证。

（4）课题总结方面。课题总结从创新的角度对专业技术、管理技术和小组成员素质等方面进行了全面的回顾和总结，对课题实施的各个环节进行了较为具体和全面的回顾和梳理，明确了活动的收获和改进方向。

（5）工具应用和用数据说话方面。课题较为灵活地运用 QC 工具，采用图、表配合的方式，在方案选择、对策实施等过程中，一目了然地将结果进行对比呈现。课题严格地遵循"用数据说话"这一质量管理基本原则，充分运用试验、测试、调查分析得到的详细数据进行分析和阐述，使得论证严谨，结论有力。对策目标中也合理地设定了可量化的目标值，便于对策实施过程中的验证以及对实施效果完成情况的掌控。

本QC小组成果存在着以下几个方面的问题，宜持续加以改进：

（1）查新借鉴内容应进一步完善。目前只是描述了查新借鉴的过程，给了灵感，但是

不具体。例如哈尔滨朋来科技开发有限公司的专利《一种带有热敏成像功能的红外告警栅栏》这项专利借鉴了哪些内容，能否在研制的方案中明确？文献有哪些？给了什么启发？

（2）在方案的对比的综合分析时，都写到了方案的优、缺点，让人难以取舍。建议跟方案目标比较一下，比如自动收缩方式的缺点是比手动收缩方式体积略大，但是在方案目标允许范围内的，是不影响使用的，因而此缺点是可以包容的。

（3）在实施 1：化纤材料红白带的制作步骤 1 中，对几种材料的评价太主观，"太厚""价格高""不耐磨"等结论无客观依据支撑。

（4）目标检查中"带电区域误入情况大幅降低"的表述缺乏依据。

（5）经济效益分析中，"采用带红外告警的电气屏柜围栏，减少停电负荷数计算"时，实际计算的是电量、电费，并非负荷，表述有问题。

（6）将专利申请纳入了标准化的范畴，有悖于准则的要求。